普通高等教育电气电子类工程应用型系列教材

嵌入式系统原理与应用

——基于 Cortex-A53 微处理器

主　编　郑洪庆　程　蔚　陈冬冬
参　编　江月松　张　勇　陈亚婷
　　　　吴春法　万光海　周海滨

机械工业出版社

作为信息领域的核心技术之一——嵌入式技术已经对我国各行各业产生了深远影响。为了促进嵌入式系统设计理论和技术的提高，本书以当前嵌入式系统领域里具有代表性的Cortex-A53微处理器为核心，以Linux操作系统为基础，从嵌入式系统的特点和应用出发，介绍了嵌入式系统的发展历程、开发环境安装与配置、Linux常用编程工具、裸机开发、系统移植、设备驱动程序设计、Qt界面设计、嵌入式应用开发等，内容涵盖了完整的嵌入式产品开发过程。本书内容由浅入深，循序渐进，图文并茂，采用项目式教学，操作过程翔实，能够使读者很快掌握相应的知识，以实用技术为主，通俗易懂，实例丰富，特别适合初学者和从事嵌入式系统设计工作的读者使用。

本书配套丰富的实例源代码，每个代码都在GEC6818开发板上调试通过。书中用到的所有软件工具、程序源代码、文档学习资料，以及所有的GEC6818的裸机程序、内核代码、根文件系统等学习资源都可以提供给选用本书作为教材的老师。

本书可作为应用型高校、职业技术大学的物联网工程、人工智能工程、电子信息工程等与嵌入式相关专业本科生、专科生的教材，同时适合嵌入式系统初级开发者使用。

图书在版编目（CIP）数据

嵌入式系统原理与应用：基于Cortex-A53微处理器 /
郑洪庆，程蔚，陈冬冬主编 . -- 北京：机械工业出版社，
2024. 8. --（普通高等教育电气电子类工程应用型系列
教材）. -- ISBN 978-7-111-76110-5

Ⅰ. TP360.21

中国国家版本馆 CIP 数据核字第 20241J5Q59 号

机械工业出版社（北京市百万庄大街22号　邮政编码100037）

策划编辑：王雅新	责任编辑：王雅新　刘琴琴	
责任校对：甘慧彤　张雨霏　景　飞	封面设计：王　旭	
责任印制：张　博		

北京雁林吉兆印刷有限公司印刷

2024 年 9 月第 1 版第 1 次印刷

184mm×260mm · 19 印张 · 471 千字

标准书号：ISBN 978-7-111-76110-5

定价：55.00 元

电话服务　　　　　　　　网络服务

客服电话：010-88361066　机　工　官　网：www.cmpbook.com
　　　　　010-88379833　机　工　官　博：weibo.com/cmp1952
　　　　　010-68326294　金　书　网：www.golden-book.com

封底无防伪标均为盗版　机工教育服务网：www.cmpedu.com

前言

随着人工智能、物联网、5G 等新技术的不断发展，嵌入式技术在各个领域得到了广泛的应用，如智能家居、智能制造、智慧城市等。嵌入式系统无疑成为当前最热门、最有发展前景的 IT 应用领域之一，因此近几年来各大院校纷纷开设了嵌入式相关的课程。虽然目前市场上有关嵌入式开发的书籍比较多，但都是针对有一定基础的行业内研发人员编写的，没有充分考虑学生现有知识基础和接受度，并不完全符合院校教学要求。

从国内嵌入式系统教材来看，一是有一部分嵌入式硬件系统仍然采用 ARM9 体系作为核心处理器架构，甚至还有 ARM7 体系架构，与市场脱节严重；二是目前国内高校进入嵌入式系统实验实训平台更新周期，其中 Cortex-A 系列处理器已经占据所有的嵌入式处理器的中高端产品市场。本书以 Cortex-A53 系列处理器为平台，介绍嵌入式系统开发。

本书为闽南理工学院的"工业自动化控制技术与应用福建省高校重点实验室"的研究成果，同时也是 2020 年福建省省级新工科研究与改革实践项目——面向"嵌入式人工智能应用"的电子信息工程专业改造升级探索与实践（闽教高〔2020〕4 号）的研究成果。

本书特色：

1. 内容由浅入深、循序渐进，采用项目式教学

从开发环境的安装、配置，Linux 常用命令，Makefile 工程管理，文件 I/O 操作，进程与线程，设备驱动程序设计，Qt 界面编程，综合项目等，带领读者一步一步进入嵌入式系统开发殿堂。

2. 传承经典，突出前沿

本书详细探讨 Cortex-A53 架构的嵌入式系统开发过程。市面上大多数是 Cortex-A8架构的书籍。

3. 例程丰富，资源共享

本书配套丰富的实例源代码，每个代码都在 GEC6818 开发板上调试通过。书中用到的所有软件工具、程序源代码、文档学习资料，以及所有的 GEC6818 的裸机程序、内核代码、根文件系统等学习资源都可以共享。

本书第 1 章由江月松编写，第 2 章由陈亚婷编写，第 3、6 章由程蔚编写，第 4 章由吴春法编写，第 5 章由陈冬冬编写，第 7 章由张勇编写，第 8 章由郑洪庆编写，第 9 章由周海滨和万光海共同编写。全书由郑洪庆统稿。感谢广东粤嵌通信科技股份有限公司的万光海高级工程师提供设备和实验案例，以及厦门蚨祺自动化设备有限公司的周海滨总经理提供企业生产案例。

由于编者水平有限，书中难免存在错误和不足之处，敬请各位同仁不吝批评指正。

编　者

目录

第 1 章 绪 论

教学目标

1. 了解嵌入式系统的定义、特点、结构及发展趋势；
2. 掌握常见嵌入式微处理器；
3. 掌握常见嵌入式操作系统；
4. 能够学会自己安装软件。

重点内容

1. 嵌入式系统的定义、特点、结构；
2. 嵌入式系统微处理器，嵌入式操作系统；
3. 软件安装。

1.1 嵌入式系统简介

1.1.1 嵌入式系统的定义

嵌入式经过几十年的发展，已经应用到人们生活中的各个方面。什么是嵌入式系统（Embedded System）呢？目前还没有统一的定义，因为其涉及范围广，如家用电器、手持通信设备、平板电脑、信息终端、仪器仪表、工业制造、航空航天、军事装备等都有嵌入式系统的身影。

按照国际电气电子工程师学会（the Institute of Electrical and Electronics Engineers，IEEE）的定义，嵌入式系统是"用于控制、监视或者辅助操作机器和设备的装置"，表明嵌入式系统是软件和硬件的综合体，还可以覆盖机械等附属装置，是从嵌入式系统的应用领域来定义的，此定义比较宽泛，也没有规定用什么方法实现。目前，国内普遍认同的嵌入式系统的定义是"以应用为中心，以计算机技术为基础，软硬件可裁剪，应用系统对功能、可靠性、成本、体积、功耗等有严格要求的专用计算机系统"。

通俗的理解：第一，嵌入式系统是一个计算机系统；第二，嵌入式系统是针对某个应用的，即"专用性"，如数字广告机、地铁或火车站的自助售票机、人脸测温一体机，是针对某个应用的计算机系统。从定义可以看出，人们日常广泛使用的手机、平板电脑、电视机顶盒等都属于嵌入式系统设备；车载GPS、智能家电、机器人也属于嵌入式系统。嵌入式系统设备如图 1.1 所示。

a）电话手表　　　　　　b）智能扫地机器人

图 1.1　嵌入式系统设备

1.1.2 嵌入式系统的结构

一个完整的嵌入式系统由硬件和软件两部分组成，硬件是整个系统的物理基础，提供软件的运行平台和通信接口，软件用于控制系统的运行。

1. 硬件

嵌入式系统的硬件结构分为 3 部分，即微处理器、外围电路和外部设备，如图 1.2 所示。微处理器是嵌入式系统硬件的核心部件，负责控制整个嵌入式系统的执行；外围电路的功能是与微处理器一起组成一个最小系统，包括嵌入式系统的内存、I/O 端口、复位电路、时钟电路和电源等；外部设备是必须通过接口电路与微处理器进行通信的设备，也是与外界环境交互的接口，包括通信外设（USB、RS–232、RS–485、以太网、IIC 等）、键盘、鼠标、显示设备（LCD）等。

2. 软件

嵌入式系统的软件结构分为 4 个层次，即应用程序（Application Program）、应用程序接口（Application Programming Interface，API）、实时操作系统（Real Time Operating System，RTOS）和板级支持包（Board Support Package，BSP），如图 1.3 所示。

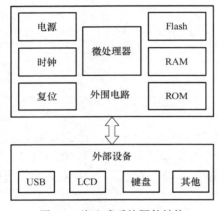

图 1.2　嵌入式系统硬件结构

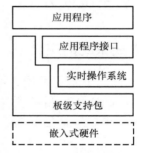

图 1.3　嵌入式系统软件结构

（1）应用程序

应用程序是最终运行在目标机上的应用软件，如嵌入式文本编辑、游戏、家电控制软件、多媒体播放软件等。

（2）应用程序接口

应用程序接口也可称为嵌入式应用编程中间件，由嵌入式应用程序提供的各种接口库（Lib）或组件（Component）组成，可针对不同应用领域、不同安全要求分别构建，从而减轻应用开发人员的负担。

（3）实时操作系统

实时操作系统是针对多任务嵌入式系统进行有效管理的核心部分，可分成基本内核和扩展内核，前者提供操作系统的核心功能，负责整个系统的任务调度、存储分配、时钟管理、中断管理，也可提供文件、图形用户界面（Graphical User Interface，GUI）、网络等服务；后者根据应用领域需要，为用户提供面向领域或面向具体行业的操作系统扩展功能，如图形图像处理、汽车电子、信息家电等领域的专用扩展服务。

（4）板级支持包

板级支持包是介于嵌入式硬件和上层软件间的一个底层软件开发包，主要目的是屏蔽下层硬件。有两部分功能，一是系统引导功能，包括嵌入式微处理器和基本芯片的初始化；二是提供设备的驱动接口（Device Driver Interface，DDI），负责嵌入式系统和外部设备之间的信息交互。

1.1.3　嵌入式系统的特点

嵌入式系统是完成某一特定功能的专用计算机系统，与 PC 系统有什么区别呢？主要区别在于硬件和软件，如表 1.1 所示。

表 1.1　嵌入式系统和 PC 系统的区别

区别	比较项目	嵌入式系统	PC 系统
硬件	CPU	ARM、MIPS 等	Pentium、Athlon 等
	内存	SDRAM、DDR 芯片	SDRAM、DDR 内存条
	存储设备	Flash、eMMC 芯片	硬盘、固态硬盘
	输入设备	按键、触摸屏	键盘、鼠标
	输出设备	LCD	显示器
	音频设备	音频芯片	声卡
	接口	MAX232 芯片等	主板集成
	其他设备	USB 芯片、网卡芯片	主板集成或外接板卡
软件及其他差异	引导代码	BootLoader 引导、针对不同电路板进行移植	主板的 BIOS 引导、无须改动
	操作系统	Linux、Android、VxWorks 等，需要移植	Windows、Linux 等，不需要移植
	驱动程序	每个设备都必须针对硬件进行开发或移植，一般不能直接下载使用	操作系统包含大部分驱动程序，或从网上直接下载使用
	协议栈	需要移植	操作系统包括或第三方提供
	开发环境	借助服务器进行交叉编译	在本机就可开发调试
	仿真器	需要	不需要

嵌入式系统与通用计算机相比具有以下特点。

1）面向特定应用。嵌入式系统中的处理器大多数是专门为特定应用设计的，具有低功耗、体积小、集成度高等特点，一般包含各种外围设备接口的片上系统。

2）涉及先进的计算机技术、半导体技术、电子技术、通信技术和软件技术等。嵌入式系统是一个技术密集、资金密集、高度分散、不断创新的知识集成系统。在通用计算机行业中，占整个计算机行业 90% 的个人计算机产业，绝大部分采用的是 x86 体系结构的 CPU，厂商集中在 Intel、ADM 等几家公司，操作系统被微软占据垄断地位。但这种情况不会在嵌入式系统领域出现，这是一个分散的，充满竞争、机遇与创新的领域，没有哪个公司的操作系统和处理器能够垄断市场。

3）硬件和软件都必须具备高度可定制性（可裁剪、移植、优化）。嵌入式系统为了实现低成本、高性能，通常软、硬件的种类繁多、功能各异、系统不具有通用性，通常一套硬件配一套操作系统，比较有针对性，在设计时需要精心构思、量身定做、去除冗余，只有这样才能适用嵌入式系统应用的需要，在产品价格和性能等方面具备竞争力。

4）运行环境差异大。嵌入式系统的运行环境差异很大，可运行在飞机上、冰天雪地的两极中、要求温度恒定的实验室内等，特别是恶劣环境或突然断电的情况下，也要求系统能正常工作。

5）高实时性。很多嵌入式产品都有实时性要求，在特定的空间或时间内及时作出处理，比如温度监控系统等。这就要求其软件要固态存储，而不是存储在磁盘等载体，且对软件代码的质量和可靠性也有较高要求。

6）多任务的操作系统，嵌入式系统的应用程序可以没有操作系统而直接在芯片上运行，但为了合理地调度多任务，利用系统资源、系统函数及库函数接口，用户需自行选配 RTOS 开发平台，这样才能保证程序执行的实时性、可靠性，并减少开发时间，保障软件质量。

7）专门的开发工具和环境。嵌入式系统开发需要专门的开发工具和环境，比如做 ARM 嵌入式开发，就要有适合 ARM 架构的编译环境；要做 MIPS 开发，就要有适合 MIPS 架构的编译环境。

1.1.4　嵌入式系统的发展

嵌入式系统的发展历程可以大致分为以下几个阶段。

第一阶段大致在 20 世纪 70 年代前后，嵌入式系统的萌芽阶段。这一阶段的嵌入式系统是以单芯片为核心的可编程控制器形式的系统，同时具有与监测、伺服、指示设备相配合的功能。这种系统大部分应用于一些专业性极强的工业控制系统，一般没有操作系统的支持，通过汇编语言编程对系统进行直接控制，运行结束后会清除内存。这一阶段系统的主要特点是系统结构和功能相对单一、处理效率较低、存储容量较小，只有很少的用户接口。这种嵌入式系统使用简单、价格低，以前在国内外工业领域应用非常普遍，即使到现在，在简单、低成本的嵌入式应用领域依然大量使用，但它已经远不能适应高效的、需要大容量存储的现代工业控制和新兴信息家电等领域的需求。

第二阶段是以嵌入式微处理器为基础，以简单操作系统为核心的嵌入式系统。此阶段嵌入式系统的主要特点是微处理器种类繁多，通用性比较弱；系统开销小，效率高；高端应用所需操作系统已经具有一定的实时性、兼容性和扩展性；应用软件较为专业，用户界面不够友好。

第三阶段是以嵌入式操作系统为标志的嵌入式系统，也是嵌入式应用开始普及的阶段。这一阶段嵌入式系统的主要特点是嵌入式操作系统能运行于各种不同类型的微处理器上，兼容性好；操作系统内核小、效率高，并且具有高度的模块化和扩展性；具备文件和目录管理、设备支持、多任务、网络支持、图形窗口以及用户界面等功能；具有大量的应用程序接口，开发应用程序简单；嵌入式应用软件丰富。

第四阶段是基于 Internet 的嵌入式系统，这是个正在迅速发展的阶段。目前还有很多嵌入式系统孤立于 Internet 之外，但随着 Internet 的发展以及 Internet 技术与信息家电、工业控制技术等日益密切的结合，嵌入式设备与 Internet 的结合将预示着嵌入式技术的真正未来。

1.2　嵌入式微处理器

嵌入式处理器是嵌入式系统硬件的核心，运行嵌入式系统的系统软件和应用软件，具有品种多、体积小、集成度高、功耗低等特点。

1.2.1　嵌入式处理器的分类

嵌入式处理器有多种不同分类方式，根据嵌入式处理器的字长宽度，可分为 4 位、8 位、16 位、32 位和 64 位。一般把 16 位及以下的称为嵌入式微控制器，32 位及以上的称为嵌入式微处理器。根据系统集成度，可分为两类，一类是微处理器内部包含单纯的中央处理器单元，称为一般用途型微处理器，另一类是将 CPU、ROM、RAM、I/O 等部件集成到同一块芯片上，称为单芯片微处理器。根据组织结构和功能用途，可分为嵌入式微控制器、嵌入式微处理器、嵌入式 DSP 处理器和嵌入式片上系统。

1. 嵌入式微控制器（MicroController Unit，MCU）

嵌入式微控制器又称单片机，就是将整个计算机系统集成到一块芯片中，一般以某种微处理器内核为核心，芯片内部集成 ROM/EEPROM、RAM、总线、总线逻辑、定时 / 计数器、看门狗、I/O、串行口、脉宽调制输出、A/D、D/A、Flash RAM、EEPROM 等各种必要功能和外设，适合于控制，因此称为微控制器。和嵌入式微处理器相比，微控制器的最大特点是单片化，体积大大减小，从而使功耗和成本下降、可靠性提高。嵌入式微控制器价格低廉，功能优良，品种和数量较丰富，如 8051、MCS-251、MCS-96/196/296、P51XA、C166/167、68K 系列及 MCU 8XC930/931 等，并且有支持 IIC、CAN-BUS、LCD 及众多专用嵌入式微控制器和兼容系列，微控制器是目前嵌入式系统领域的主流。

2. 嵌入式微处理器（MicroProcessor Unit，MPU）

嵌入式微处理器是由通用计算机中的 CPU 演变而来的，它的特征是具有 32 位以上的处理器，具有较高的性能。与计算机处理器不同的是，在实际嵌入式应用中，只保留和嵌入式应用紧密相关的功能硬件，去除其他的冗余功能部分，以最低的功耗和资源实现嵌入式应用的特殊要求。嵌入式微处理器虽然在功能上和标准微处理器基本一样，但在工作温度、抗电磁干扰、可靠性等方面做了各种增强处理。目前，主要的嵌入式微处理器类型有 ARM、MIPS、PowerPC 等。

3. 嵌入式 DSP 处理器（Embedded Digital Signal Processor，EDSP）

嵌入式 DSP 处理器是专门用于信号处理方面的处理器，其在系统结构和指令算法方面进行了特别设计，在数字滤波、FFT、频谱分析等各种仪器上 DSP 获得了大规模的应用。DSP 属于 Modified Harvard 架构，即它具有两条内部总线：数据总线、程序总线。DSP 处理器经过单片化、EMC 改造、增加片上外设，在通用单片机或 SoC 中增加 DSP 协处理器，从而发展成为嵌入式 DSP 处理器，推动嵌入式 DSP 处理器发展的因素主要是嵌入式系统的智能化。

嵌入式 DSP 处理器比较有代表性的产品是 TI 公司的 TMS320 系列。TMS320 系列处理器包括用于控制的 C2000 系列、移动通信的 C5000 系列，以及性能更高的 C6000 系列。

4. 嵌入式片上系统（System on Chip，SoC）

SoC 嵌入式系统微处理器就是一种电路系统，它结合了许多功能区块，将功能做在一块芯片上，如 ARM RISC、MIPS RISC、DSP 或其他的微处理器核心，加上通信的接口单元，如通用串行端口（USB）、TCP/IP 通信单元、GPRS 通信接口、GSM 通信接口、IEEE1394、蓝牙模块接口等，这些单元以往都是依照各单元的功能做成一块独立的处理芯片。SoC 的应用十分广泛，最为常见的当属我们日常生活中使用的智能手机。例如高通公司的骁龙 845 芯片，该芯片集成了 CPU、GPU、SP、ISP、内存、WiFi 控制器、基带芯片以及音频芯片等，将手机系统所需功能都在这块芯片上实现，从而降低了产品成本和功耗，减少了产品体积。

1.2.2　典型的嵌入式处理器

1. Intel 公司 MCS-51 系列微控制器

MCS-51 是 Intel 公司 1980 年推出的 8 位微控制器。Intel 公司后来将工作重心转移到个人计算机及高性能通用微处理器上，就将 MCS-51 内核的使用权以专利互换或出售等不同方式转给许多世界著名的半导体制造厂商，如 PHILIPS、Atmel、Dallas、infineon 和 ADI 等公司，使得 MCS-51 逐渐发展为众多厂商支持的具有上百个品种的大家族。

MCS-51 微控制器的总线结构是冯诺依曼结构，主要应用于家用电器等经济型微控制器产品。按功能强弱，MCS-51 系列可以分为基本型和增强型两大类，其中 8031/8051/8751、80C31/80C51/87C51 等为基本型，8032/8052/8752、80C32/80C52/87C52 等为增强型。80C51 是 MCS-51 系列中采用 CHMOS 工艺生产的一个典型品种，与其他厂商以 8051 为基础开发的 CMOS 微控制器一起被统称为 80C51 系列。目前，常见的 80C51 系列产品包括 Intel 公司的 80C31/80C51/87C51、80C32/80C52/87C52，Atmel 公司的 89C51、89C52、89C2051，PHILIPS、Dallas、infineon 等公司的一些产品。

2. Microchip 公司 PIC 系列微控制器

美国 Microchip 公司生产的 PIC 系列 8 位微控制器，以全面覆盖市场为目标，强调节约成本的最优化设计，是目前世界上最有影响力的嵌入式微处理器之一。它最先使用精简指令集计算机（Reduced Instruction Set Computer，RISC）结构的 CPU，采用双总线哈佛结构，具有运行速度快、工作电压低、功耗低、输入输出直接驱动能力强、价格低、一次性编程、体积小等众多优点，已广泛地应用于包括办公自动化设备、电子产品、电子通信、智能仪器仪表、汽车电子、工业控制及智能监控等领域。

为了满足不同领域应用的需求，Microchip 公司将 PIC 系列微控制器产品划分为 3 种不同的层次，即基本级、中级和高级产品，它们最主要的区别在于指令字长不同。

1）基本级产品指令长为 8 位，其特点是价格低，如 PIC16C5xx 系列，它非常适用于各种对产品成本要求严格的家电产品。

2）中级产品指令长为 12 位，它在基本级产品的基础上进行了改进，其内部可以集成模数转换器（Analog to Digital Converter，ADC）、EEPROM、PWM、IIC、SPI 和 UART 等，如 PIC12C6xx 系列。目前，这类产品广泛应用于各种高、中、低档电子设备。

3）高级产品指令长为 16 位，是目前所有 PIC 系列 8 位微控制器中运行速度最快的，如 PIC17Cxx 和 PIC18Cxxx 两个系列。目前这类产品广泛应用于各种高、中档电子设备。

3. Freescale 公司 08 系列微控制器

Freescale 公司是原 Motorola 公司将半导体部剥离出来成立的一家半导体公司，主要为汽车、消费、工业、网络和无线市场设计并制造嵌入式半导体产品，产品有 8 位、16 位和 32 位等系列微控制器与处理器。2015 年被恩智浦（NXP）公司以 118 亿美元收购。

Freescale 的 08 系列微控制器是 8 位微控制器，主要有 HC08、HCS08 和 RS08 共 3

种类型，一百多个型号，因稳定性高、开发周期短、成本低、型号多种多样、兼容性好而被广泛应用。HC08 是 1999 年推出的产品，种类也比较多，针对不同场合的应用都可以选到合适的型号。HCS08 是 2004 年推出的 8 位微控制器，资源丰富，功耗低，性价比很高。HC08 和 HCS08 的最大区别是调试方法和最高频率的变化。RS08 是 HCS08 架构的简化版本，于 2006 年推出，其内核体积比传统的内核小 30%，带有精简指令集，满足用户对更小体积、更加经济高效的解决方案的需求，基于 RAM 及 Flash 空间大小差异、封装形式不同、温度范围不同、频率不同、I/O 资源差异等形成了不同型号，为嵌入式应用产品的开发提供了丰富的选型。

Freescale 公司的 HC08 芯片以前在命名中包含 68HC，现在的命名没有这部分。例如以前型号为 MC68HC908GP32 的芯片，现在的型号是 MC908GP32。Freescale 的 08 系列微控制器的型号非常多，代表性型号有 MC68HC08AB16A、MC9S08GB32A 和 MC9RS08KA1 等。

4. TI 公司 TMS320 系列 DSP

德州仪器（Texas Instruments，TI）是全球领先的半导体公司，为现实世界的信号处理提供了创新的数字信号处理及模拟器件技术。除半导体业务外，还提供包括教育产品和数字光处理（Digital Light Processing，DLP）解决方案。TI 总部位于美国得克萨斯州的达拉斯，并在二十多个国家设有制造、设计或销售机构。

TI 公司的数字处理控制器产品主要包括 TMS320C2000、TMS320C5000 和 TMS320C6000 等三大系列。

5. ARM 公司 ARM 系列微处理器

ARM 公司成立于 1991 年，主要从事基于 RISC 技术的芯片设计开发。ARM 公司不生产芯片，而是采取出售芯片 IP 核授权的方式扩大影响力。目前，许多大的半导体生产厂商都是从 ARM 公司购买 ARM 核，然后根据自己不同的需要，针对不同的应用领域添加适当的外围电路，进而生产出自己的微控制器芯片。

ARM 微处理器主要包括 ARM7、ARM9、ARM9E、ARM10E、ARM11、Cortex、SecurCore 和 StrongARM/XScale 等系列。

1.3 嵌入式操作系统

1.3.1 嵌入式操作系统简述

嵌入式操作系统（Embedded Operating System，EOS）是用于嵌入式系统的操作系统。通常包括与硬件相关的底层驱动软件、系统内核、设备驱动接口、通信协议、图像界面、标准化浏览器等。负责嵌入式系统的全部软件、硬件资源分配、任务调度、控制、协调并行活动等工作。它必须体现其所在系统的特征，能够通过装卸某些模块来达到系统所要求的功能。目前在嵌入式领域广泛使用的操作系统有嵌入式实时操作系统 μC/OS-II、嵌入式 Linux、Windows CE、VxWorks、Android、iOS 等。

嵌入式操作系统不仅具有一般操作系统最基本的功能，如任务调度、同步机制、中断处理、文件处理等，还有以下几个特点。

1. 可裁剪

嵌入式操作系统可根据产品的需求进行裁剪，可以减少操作系统内核所需的存储空间（RAM 和 ROM）。也就是说某个产品可以只使用很少的几个系统调用，而另一个产品可能使用了集合所有的系统调用。

2. 强实时性

多数嵌入式操作系统都是硬实时的操作系统，抢占式的任务调度机制。

3. 统一的接口

针对不同的嵌入式处理器，如 ARM、PowerPC、x86 等，嵌入式操作系统都提供了统一的接口。且很多嵌入式操作系统还支持 POSIX 规范，如 Nucleus、VxWorks、OSE、RTLinux 等，这样 Linux 和 Unix 上编写的应用程序可直接移植到目标板。

4. 操作方便、简单、提供友好的图形用户界面

多数嵌入式操作系统操作方便，并提供友好的图形用户界面。

5. 提供强大的网络功能

一般商用的嵌入式操作系统都带有网络模块，可支持 TCP/IP 及其他协议，而这些网络模块也是可裁剪的，尺寸小、性能高。

6. 稳定性、弱交互性

嵌入式系统一旦开始运行就不需要用户过多干预，这要求负责系统管理的嵌入式操作系统具有较强的稳定性。嵌入式操作系统的用户接口一般不提供操作命令，是通过系统的调用命令向用户程序提供服务。

7. 固化代码

在嵌入式系统中，嵌入式操作系统和应用软件都固化到嵌入式系统的 ROM 中，辅助存储器在嵌入式系统中很少使用。

8. 良好的移植性

嵌入式操作系统能够移植到绝大多数 8 位、16 位、32 位、64 位微处理器、微控制器及数字信号处理器（DSP）上运行。

1.3.2　主流嵌入式操作系统

从 20 世纪 80 年代开始，市场上出现了许多嵌入式操作系统，有些操作系统开始是为系统开发的，然后逐步演化成商用嵌入式操作系统。目前嵌入式操作系统有很多，主要介绍以下几种。

1. VxWorks

VxWorks 操作系统是美国 WindRiver 公司于 1983 年设计开发的一种嵌入式实时操作系统，是嵌入式开发环境的关键组成部分。良好的持续发展能力、高性能的内核以及友好的用户开发环境，在嵌入式实时操作系统领域占据一席之地。它以其良好的可靠性和卓越的实时性被广泛地应用在通信、军事、航空、航天等高精尖技术及实时性要求极高的领域中，如卫星通信、军事演习、弹道制导、飞机导航。在美国的 F-16、FA-18 战斗机、B-2 隐形轰炸机和爱国者导弹上，甚至连 1997 年 4 月在火星表面登陆的火星探测器、2008 年 5 月登陆的凤凰号和 2012 年 8 月登陆的好奇号也都用到了

VxWorks。

VxWorks 是一款商用嵌入式操作系统，价格一般都很高，对每一个应用还要另外收取版税，且不提供源代码，只提供二进制代码，所以软件的开发和维护成本比较高。

2. Windows CE

Windows CE 是美国微软公司于 1996 年发布的一款嵌入式操作系统。它是一个抢占式多任务、多线程并具有强大通信能力的 32 位嵌入式操作系统，是微软公司专为信息设备、移动应用、消费类电子产品、嵌入式应用等非计算机领域设计的战略性操作系统产品。Windows CE 由许多模块构成，每一模块提供特定功能，这些模块被划分成组件，组件化使得 Windows CE 变得相对紧凑，基本内核大小可以减少到不足 200KB。Windows CE 也是商用嵌入式操作系统，使用时也需要支付版权费用。

3. µC/OS-II

微控制器操作系统（Micro Controller Operating System，µC/OS）是由美国人 Jean J.Labrosse 于 1992 年开发的，目前流行第二个版本即 µC/OS-II。µC/OS-II 是基于优先级的抢占式多任务实时操作系统，包含了实时内核、任务管理、时间管理、任务间通信同步（信号量，邮箱，消息队列）和内存管理等功能。可以使各个任务独立工作，互不干涉，很容易实现准时而且无误执行，使实时应用程序的设计和扩展变得容易，使应用程序的设计过程大为简化。

µC/OS-II 绝大部分的代码是用 ANSII 的 C 语言编写的，包含一小部分汇编代码，使之可供不同架构的微处理器使用。从 8 位到 64 位，µC/OS-II 已在超过 40 种不同架构的微处理器上运行。µC/OS-II 已经在世界范围内得到广泛应用，包括很多领域，如手机、路由器、集线器、不间断电源、飞行器、医疗设备及工业控制上。实际上，µC/OS-II 已经通过了非常严格的测试，并且得到了美国航空管理局（Federal Aviation Administration）的认证，可以用在飞行器上。这说明 µC/OS-II 是稳定可靠的，可用于与人性命攸关的安全紧要（Safety Critical）系统。除此以外，µC/OS-II 的鲜明特点就是源码公开，便于移植和维护。

4. 嵌入式 Linux

Linux 是由芬兰赫尔辛基大学的学生 Linus Torvalds 于 1991 年开发的，后来 Linus Torvalds 将 Linux 源代码发布在网上，很快引起许多软件开发者的兴趣，来自世界各地的软件开发者自愿通过 Internet 加入 Linux 内核的开发，其中高水平软件开发人员的加入使得 Linux 得到迅猛发展。

嵌入式 Linux 是指对 Linux 经过小型化裁剪后，固化在容量为几百 KB 到几十 MB 的存储芯片或单片机中，应用于特定嵌入式系统的专业 Linux 操作系统。嵌入式 Linux 是一款自由软件，并具有良好的网络功能，广泛应用于网络、电信、信息家电和工业控制等领域。

5. Android

Android 是 Google 公司于 2007 年开发的一款开源手机操作系统，Android 已成为目前最流行的手机操作系统之一。Android 是一个包括 Linux 内核、中间件、用户界面和关键应用软件的移动设备软件堆，是基于 Java 并运行在 Linux 内核上的轻量级操作系统，功能全面，包括一系列 Google 公司内置的应用软件，如电话、短信等基本应用功能。

6. iOS

iOS 是苹果公司开发的移动操作系统，苹果公司于 2007 年 1 月 9 日在 Macworld 大会上公布了这个系统。该系统最初是设计给 iPhone 使用的，后来陆续套用到 iPod touch、iPad 以及 Apple TV 等产品上。iOS 与苹果的 macOS 操作系统一样，属于 Unix 的商业操作系统。系统原名为 iPhone OS，因为 iPad、iPhone、iPod touch 都使用，在 2010 年全球开发人员大会（Worldwide Developers Conference，WWDC）上宣布改名为 iOS。

1.4　开发软件的安装

1.4.1　虚拟机安装

1）从网上下载或将下载的文件夹中 vmware–pro15.zip 进行解压并打开，双击打开"VMware–workstation–full–15.0.0–10134415.exe"（不要阻止），如图 1.4 所示。

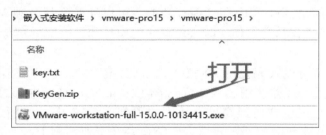

图 1.4　打开 VMware–workstation 可执行文件

2）VMware 安装，单击"下一步"，如图 1.5 所示。

3）接受许可协议的条款，单击"下一步"，如图 1.6 所示。

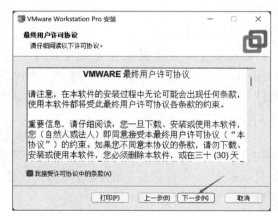

图 1.5　单击"下一步"　　　　　　　　　　图 1.6　接受许可协议的条款

4）选择安装位置，注意：安装位置不能有中文，单击"下一步"，如图 1.7 所示。

5）勾选"启动时检查产品更新"和"加入 VMware 客户体验提升计划"，单击"下一步"，如图 1.8 所示。

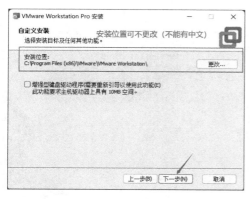

图 1.7　选择安装位置

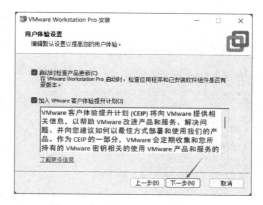

图 1.8　勾选产品更新和提升计划

6）单击"安装"，并等待安装完成，如图 1.9 所示。

7）单击"完成"，如图 1.10 所示。

图 1.9　单击"安装"

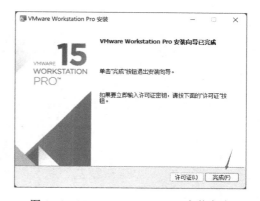

图 1.10　VMware-workstation 安装完成

8）安装完成后在桌面出现 VMware Workstation Pro 图标，双击打开，此时需要许可证密钥，打开压缩文件中的 KeyGen.exe，生成许可证密钥如图 1.11 所示，在 VMware 中输入许可证密钥，并单击"继续"如图 1.12 所示，稍后单击"完成"，如图 1.13 所示，此时 VMware 安装成功，打开 VMware 主界面如图 1.14 所示。

图 1.11　生成许可证密钥

图 1.12　输入密钥

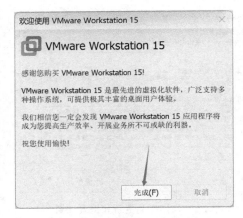

图 1.13　单击"完成"，完成破解

图 1.14　VMware-workstation 主界面

9）如遇到图 1.15 所示情况，可选择以后提醒。

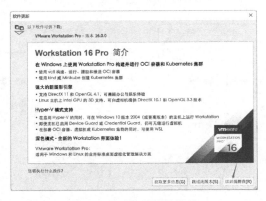

图 1.15　可能遇到的情况

1.4.2　Ubuntu 安装

1）打开 VMware Workstation，如图 1.16 所示，单击"创建新的虚拟机"，出现图 1.17 所示对话框，选择典型或自定义都可以，这里选择"典型"。

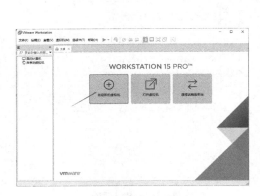

图 1.16　创建新的虚拟机

图 1.17　新建虚拟机对话框

2）单击“下一步”后，出现图 1.18 所示对话框，选择“稍后安装操作系统”，然后单击“下一步”。

3）此时根据需要的操作系统进行选择，这里客户机操作系统选择“ Linux”，版本选择“Ubuntu 64 位”，单击“下一步”，如图 1.19 所示。

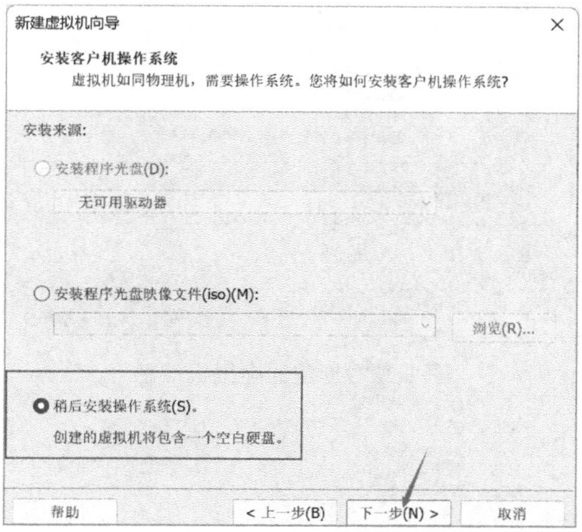

图 1.18　安装客户机操作系统

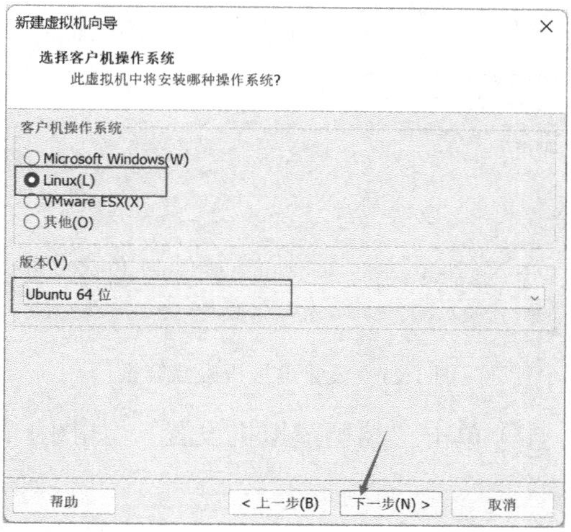

图 1.19　设置客户机操作系统

4）对虚拟机名称进行命名，以及选择虚拟机存储位置（建议不要放在 C 盘），比如在自己电脑的 E 盘创建新文件夹 Ubuntu，选择此文件夹，单击“下一步”，如图 1.20 所示。

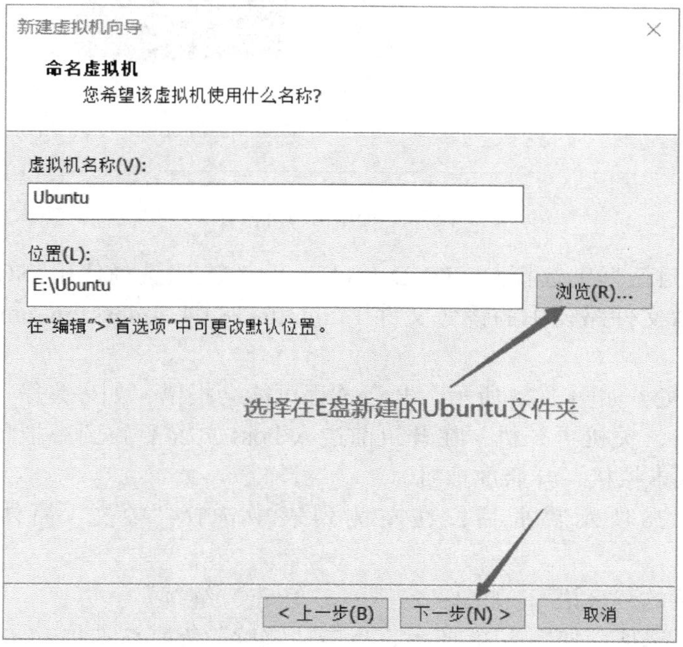

图 1.20　设置虚拟机名称和位置

5）设置虚拟机磁盘，选择默认，单击“下一步”，如图 1.21 所示，单击“完成”，如图 1.22 所示。

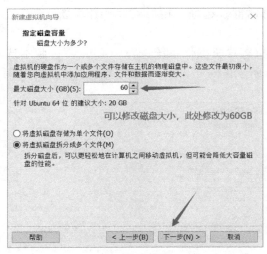
图 1.21　设置虚拟机磁盘容量

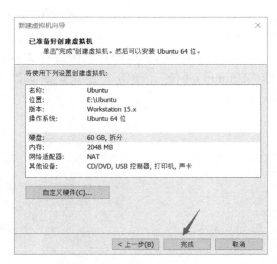
图 1.22　创建的虚拟机信息

6）单击"编辑虚拟机设置"，如图 1.23 所示。

图 1.23　编辑虚拟机设置

7）在弹出的对话框中选择 CD/DVD（SATA），在右边选择使用 ISO 映像文件，此时选择下载好的镜像文件路径中的镜像文件（ubuntu-18.04.2-desktop-amd64.iso）后完成，如图 1.24 所示。

8）开启虚拟机，如图 1.25 所示。开启过程可能会报错，如果是第一次安装，需要开启电脑虚拟化支持，关机再开机，在开机前进入 boss 页面后找到虚拟化，开启支持虚拟化。重启后再进入虚拟机，开启虚拟机。

9）进入图 1.26 所示界面后，在左侧列表中选择"中文（简体）"，单击"安装Ubuntu"。

10）选择默认的"汉语"，如图 1.27 所示，单击"继续"。

11）选择默认选项，如图 1.28 所示，单击"继续"等默认选项。

12）设置用户名和密码，设置完成后单击"继续"，如图 1.29 所示。

13）进入正式安装，需要等待一段时间，如图 1.30 所示。

14）安装完成后重启，如图 1.31 所示。

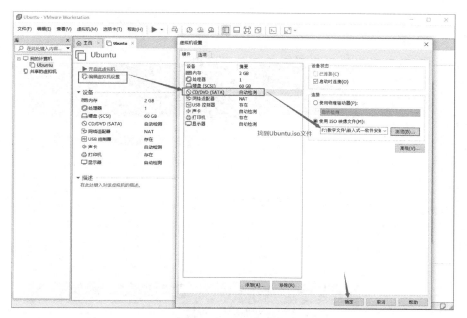

图 1.24　选择镜像文件

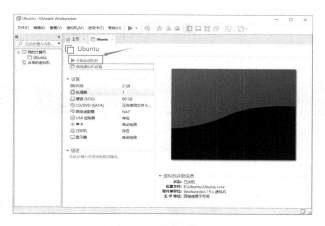

图 1.25　开启虚拟机

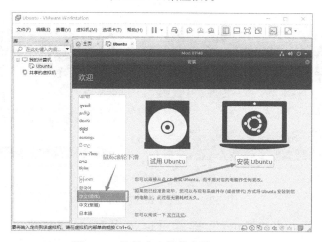

图 1.26　选择中文简体安装 Ubuntu

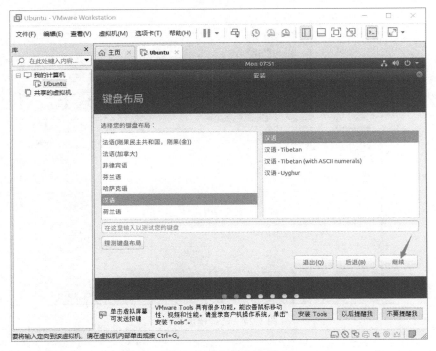

图 1.27　选择键盘布局

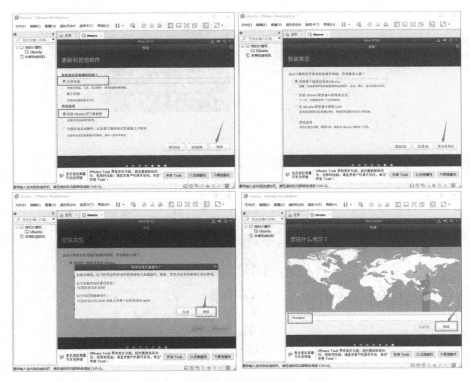

图 1.28　设置安装应用等选项

　　15）重启会提示，按"Enter"键就可以进入 Ubuntu 系统。出现如图 1.32 所示界面。

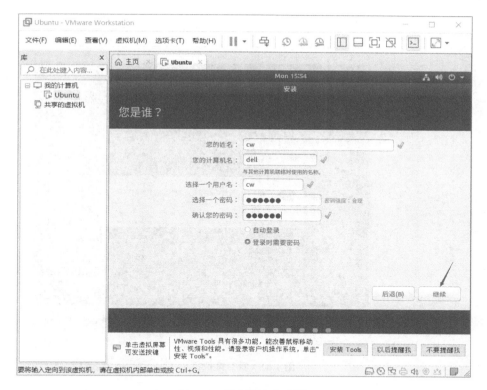

图 1.29 设置用户名密码

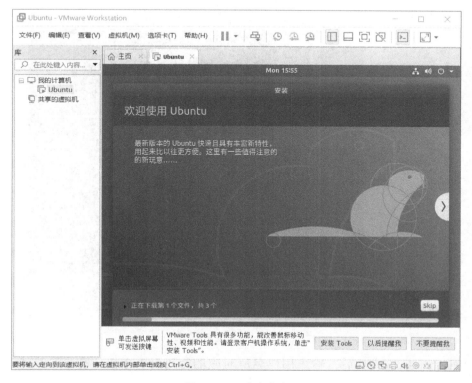

图 1.30 正式安装中

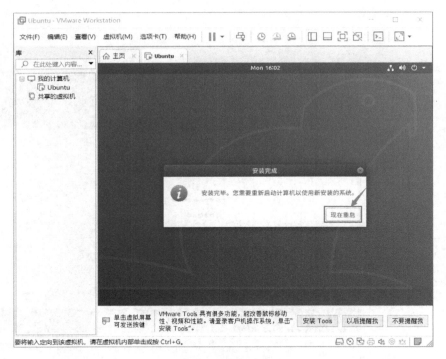

图 1.31　重启虚拟机

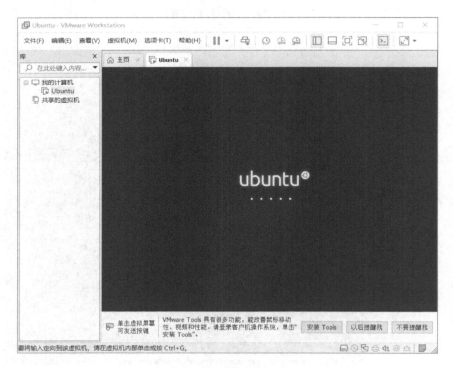

图 1.32　重启虚拟机中

16）重启虚拟机成功后，输入用户名所对应的密码后，单击"登录"进入系统，如图 1.33 所示。

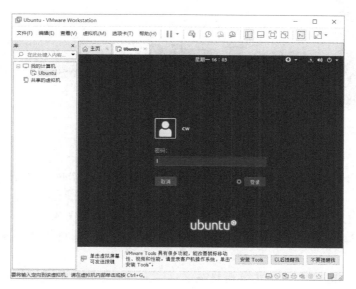

图 1.33　输入用户名的密码

17）出现图 1.34 所示界面，表示安装成功，进入 Ubuntu 桌面。

图 1.34　Ubuntu 桌面

习题与练习

1. 简述嵌入式系统的定义。
2. 简述常见的嵌入式微处理器。
3. 简述常见的嵌入式操作系统。
4. 在一台计算机上，采用虚拟机的方法安装 Ubuntu。

第 2 章　Linux 基本操作

1. 通过本章的学习，使学生熟悉 Linux 系统下的开发环境，了解 Linux 目录结构、文件类型；

2. 熟练使用 Linux 系统的常用命令，熟练使用 vi 的基本操作；

3. 熟悉 gcc 编译器的基本原理，熟练使用 gcc 编译器的常用选项，熟练使用 gdb 的调试技术；

4. 熟悉 Makefile 基本原理及语法规范。

重点内容

1. Linux 文件系统结构；

2. Linux 常用命令；

3. vi 的使用，gcc 编译器的使用，gdb 调试器的使用；

4. make 工程管理器的使用。

2.1　Linux 文件系统结构

安装完 Linux 后，下面对目录结构和文件属性进行介绍，以便进一步学习。

2.1.1　Linux 目录结构

Linux 文件系统中各主要目录的存放内容如表 2.1 所示。

表 2.1　Linux 文件系统中各主要目录的存放内容

目录名	目录内容
/	Linux 文件系统根目录
/bin	bin 是二进制（binary）的英文缩写。存放 Linux 常用操作命令的可执行文件，有时此目录内容和 /usr/bin 一样，都是放置一般用户使用的可执行文件
/boot	存放操作系统启动时所要用到的程序。如启动 Grub 就会用到其下的 /boot/grub 子目录
/dev	存放所有 Linux 系统中使用的外部设备。要注意的是，这里并不是存放外部设备的驱动程序，它实际上是一个访问这些外部设备的端口。由于在 Linux 中，所有的设备被当作文件进行操作，比如 /dev/cdrom 代表光驱，用户可以非常方便的像访问文件和目录一样对其进行访问
/etc	存放了系统管理时要用到的各种配置文件和子目录。如网络配置文件、文件系统、x 系统配置文件、设备配置信息、设置用户信息等都在这个目录下。系统在启动过程中需要读取其参数并进行相应的配置
/etc/rc.d	主要存放 Linux 启动和关闭时要用到的脚本文件
/etc/rc.d/init	存放所有 Linux 服务默认启动脚本（在新版本 Linux 中还用到 /etc/xinetd.d 目录下内容）

（续）

目录名	目录内容
/home	Linux 系统中默认的用户主目录所在的位置
/lib	用来存放系统动态链接共享库。几乎所有的应用程序都会用到这个目录下的共享库。因此，千万不要轻易对这个目录进行操作
/lost+found	该目录在大多数情况下都是空的。只有当系统产生异常时，会将一些遗失的片段放在此目录下
/media	该目录下是光驱和软驱的挂载点，Fedora Core 4 已经可以自动挂载光驱和软驱
/misc	该目录下存放从 DOS 下进行安装的实用工具，一般为空
/mnt	该目录是软驱、光驱、硬盘的挂载点，也可以临时将别的文件系统挂载到此目录下
/proc	该目录用于放置系统核心与执行程序所需的一些信息，而这些信息是在内存中由系统产生的，故不占用硬盘空间
/root	该目录是超级用户登录时的主目录
/sbin	该目录用来存放系统管理员的常用系统管理程序
/tmp	该目录用来存放不同程序执行时产生的临时文件。一般是 Linux 安装软件的默认安装路径
/usr	是非常重要的目录，用户的很多应用程序和文件都存放在这个目录下，类似于 Windows 下的 Program Files 的目录
/usr/bin	系统用户使用的应用程序
/usr/sbin	超级用户使用的比较高级的管理程序和系统守护程序
/usr/src	内核源代码默认的放置目录
/srv	该目录存放一些服务启动之后需要提取的数据
/sys	该目录下安装了 2.6 内核中新出现的一个文件系统 sysfs。sysfs 文件系统集成了下面 3 种文件系统的信息：针对进程信息的 proc 文件系统、针对设备的 devfs 文件系统以及针对伪终端的 devpts 文件系统。该文件系统是内核设备树的一个直观反映。当一个内核对象被创建时，对应的文件和目录也在内核对象子系统中被创建
/var	也是一个非常重要的目录，很多服务的日志信息都存放在这里

2.1.2　文件类型和文件属性

1. 文件类型

Linux 中文件类型与 Windows 区别较大，其中最显著的区别在于 Linux 对目录和设备都当作文件来处理，这样能简化对各种不同类型设备的处理，提高效率。Linux 主要文件类型有普通文件、目录文件、链接文件和设备文件。

（1）普通文件

普通文件和 Windows 中的文件一样，是用户使用最多的文件，包括文本文件、shell 脚本、二进制可执行文件和各种类型的数据文件。

（2）目录文件

Linux 中，目录也是文件，包含文件名和子目录名以及指向文件和子目录的指针。目录文件是 Linux 中存储文件名的唯一地方，当把文件和目录对应起来，即用指针将其链接起来后，就构成了目录文件。因此，在对目录文件进行操作时，一般不涉及对文件内容的操作，仅对目录名和文件名的对应关系进行操作。

Linux 系统中的每个文件都被赋予唯一数值，这个数值被称作索引节点。索引节点存储在索引节点表（Inode Table）中，该表在磁盘格式化时被分配。每个实际的磁盘或分区都有自己的索引节点表。一个索引节点包含文件的所有信息，包括磁盘上数据的地址和文件类型。

Linux 文件系统把索引节点号 1 赋予根目录，也就是 Linux 的根目录文件在磁盘上的地址。根目录文件包括文件名、目录名及它们各自的索引节点号的列表，Linux 可以通过查找从根目录开始的一个目录链来找到系统中的任何文件。

Linux 通过目录链接实现对整个文件系统的操作。比如，把文件从一个磁盘目录移到另一实际磁盘的目录（实际上通过读取索引节点表来检测这种动作），这时，原先文件的磁盘索引号被删除，在新磁盘上建立相应的索引节点。它们之间的相应关系如图 2.1 所示。

（3）链接文件

链接文件有些类似于 Windows 中的"快捷方式"，但是其功能更为强大，可实现对不同目录、文件系统甚至不同机器上的文件的直接访问，并且不必重新占用磁盘空间。

（4）设备文件。

Linux 把设备都当作文件进行操作，大大方便了用户的使用。在 Linux 下与设备相关的文件一般都在 /dev 目录下，包括块设备文件和字符设备文件。块设备文件是指数据的读写，是以块（如由柱面和扇区编址的块）为单位的设备，最简单的如硬盘（/dev/hda1）等。字符设备主要是指串行端口的接口设备。

2. 文件属性

Linux 中的文件属性表示方法如图 2.2 所示。

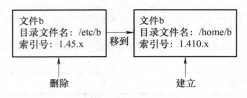
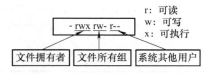

图 2.1　目录文件与索引节点关系　　　　图 2.2　Linux 文件属性表示方法

Linux 中文件的拥有者可以把文件的访问属性设成 3 种不同的访问权限：可读（r）、可写（w）和可执行（x），文件有 3 个不同的用户级别：文件拥有者（u）、所属的用户组（g）和系统里的其他用户（o）。

（1）文件的类型

第一个字符是文件的类型，如表 2.2 所示。

表 2.2　文件的类型

字符	含义	字符	含义
–	普通文件	d	目录文件
l	链接文件	c	字符设备
b	块设备	s	套接字
p	有名管道	f	堆栈文件

（2）文件权限

文件权限如表 2.3 所示。

表 2.3　文件权限

字符	含义	字符	含义
r	读，二进制权重为 100，即 4	w	写，二进制权重为 010，即 2
x	执行，二进制权重为 001，即 1	–	无对应权限，二进制权重为 0

（3）第 1 个字符之后的 3 个三位字符组

➤ 第 1 个三位字符组表示文件创建者（u）对该文件的权限。

➤ 第 2 个三位字符组表示文件创建者所在组（g）对该文件的权限。

➤ 第 3 个三位字符组表示系统其他用户（o）对该文件的权限。

"–rwxrw–r––" 的含义为：是一个普通文件，文件创建者的权限可读可写可执行，创建者所在组的权限可读可写不可执行，系统其他用户的权限为可读不可写不可执行。

2.2　Linux 常用命令

Linux 是一个高可靠、高性能的系统，这些优越性只有在直接使用 Linux 命令时才能体现。安装完 Linux 系统后，可以进入到类似于 Windows 的图形化界面中，这个界面是 Linux 图形化界面 X 窗口系统的一部分。X 窗口仅是 Linux 的一个软件，不是 Linux 自身的一部分。X 窗口是一个相当耗费系统资源的软件，会大大降低 Linux 系统性能。因此，想要更好地享受 Linux 所带来的高效及高稳定性，尽可能地使用 Linux 命令行界面，也就是 shell 环境。

shell 是 Linux 中的命令行解释程序，为用户提供使用操作系统的接口。运行 shell 的环境是 "系统工具" 下的 "终端"。启动终端可以看到命令提示符如图 2.3 所示。其中，cw 是系统用户，dell 是计算机名，～是当前所在目录为主目录。

图 2.3　终端提示符

Linux 中的命令非常多，为此，只介绍嵌入式系统开发过程中常用的命令。

2.2.1　文件管理相关命令

1. pwd

功能：查看当前路径

用法：pwd

示例 2.1　使用 pwd 命令显示当前工作目录的绝对路径，打开终端，操作如下。

```
cw@dell：～ $ pwd
/home/cw
```

可以看出当前工作目录的绝对路径为 /home/cw。

2. ls

功能：列出目录和文件信息

用法：ls [选项] [目录或文件]

其中选项参数如表 2.4 所示。

表 2.4　ls 命令选项参数

选项	参数含义
–l	一行输出一个文件（单列输出）
–a	列出目录中所有文件，包括以"."开头的隐藏文件
–d	将目录名和其他文件一样列出，而不是列出目录的内容
–f	不排序目录内容，按它们在磁盘上存储的顺序列出

示例 2.2　命令"ls /home"表示显示 /home 目录下的文件与目录（不包含隐藏文件），命令"ls –a /home"表示显示 /home 目录下的文件与目录（包含隐藏文件），命令"ls –l /home"表示显示 /home 目录下的文件与目录的详细信息，令"ls –c /home"表示按修改时间顺序列出 /home 目录下的文件与目录。打开终端，操作如下：

```
cw@dell：～ $ ls /usr
bin      include   lib32   local    share
games    lib       libx32  sbin     src
cw@dell：～ $ ls –a /usr
.     bin      include   lib32   local    share
..    games    lib       libx32  sbin     src
cw@dell：～ $ ls –l /usr
总用量 100
drwxr–xr–x   2 root root 49152 8 月   30 14：00 bin
drwxr–xr–x   2 root root  4096 2 月   10   2019 games
drwxr–xr–x  46 root root  4096 6 月   14 08：54 include
drwxr–xr–x 135 root root  4096 6 月   14 08：54 lib
drwxr–xr–x   3 root root  4096 4 月   13 14：49 lib32
drwxr–xr–x   3 root root  4096 4 月   13 14：49 libx32
drwxr–xr–x  11 root root  4096 4 月   12 15：28 local
drwxr–xr–x   2 root root 12288 9 月    9 08：57 sbin
drwxr–xr–x 257 root root 12288 6 月   15 10：08 share
drwxr–xr–x  15 root root  4096 9 月    9 08：57 src
cw@dell：～ $ ls –c /usr
src   bin     include   libx32   local
```

3. cd

功能：改变工作路径

用法：cd 目录名

示例 2.3　用 cd 命令进入到根目录，操作如下：

```
cw@dell：～ $ cd /
cw@dell：/$
```

"cd –"表示回到前次的工作目录，"./"表示当前目录，"../"表示上一级目录。

4. mkdir

功能：创建目录

用法：mkdir [选项] 目录名

其中选项参数如表 2.5 所示。

表 2.5　mkdir 命令选项参数

选项	参数含义
-m	对新建目录设置权限
-p	可以是一个路径名称。若此路径中的某些目录不存在，加上此选项后，系统自动建立好不存在的目录，即一次可以建立多个目录

示例 2.4　用 mkdir 命令在当前目录创建 dir1 目录，在当前目录创建 dir2/test，操作如下：

```
cw@dell：～ $ ls
6818GEC              kernel                  qt_project  模板  图片  下载  桌面
examples.desktop kernel-2019.5.tar.gz  公共的      视频  文档  音乐
cw@dell：～ $ mkdir dir1
cw@dell：～ $ ls
6818GEC  examples.desktop  kernel-2019.5.tar.gz  公共的  视频  文档  音乐
dir1    kernel            qt_project            模板    图片  下载  桌面
cw@dell：～ $ pwd
/home/cw
cw@dell：～ $ mkdir -p ./dir2/test
cw@dell：～ $ cd dir2/test/
cw@dell：～ /dir2/test$ pwd
/home/cw/dir2/test
```

"-p" 一次创建了 dir2/test 多级目录。

5. cp

功能：复制

用法：cp [选项] 源文件或目录　目标文件或目录

其中选项参数如表 2.6 所示。

表 2.6　cp 命令选项参数

选项	参数含义
-a	保留链接、文件属性，并复制其子目录
-d	复制时保留链接
-f	删除已经存在的目标文件而不提示
-i	在覆盖目标文件之前将给出提示，要求用户确认。回答 y 时目标文件将被覆盖，且是交互式复制
-p	此时 cp 除复制源文件的内容，还将把其修改时间和访问权限也复制到新文件中
-r	若给出的源文件是一个目录文件，cp 将递归复制该目录下所有的子目录和文件。此时目标文件必须为一个目录名

示例 2.5　用 cp 命令将当前目录下的 main.c 复制到当前目录 dir2/test，操作如下：

```
cw@dell：～ $ ls
6818GEC  examples.desktop    main.c      模板  文档  桌面
dir1    kernel              qt_project  视频  下载
dir2    kernel-2019.5.tar.gz 公共的      图片  音乐
```

```
cw@dell: ~ $ ls dir2/test/
cw@dell: ~ $ cp main.c dir2/test/
cw@dell: ~ $ ls dir2/test/
main.c
```

6. mv

功能：移动或重命名

用法：mv [选项] 源文件或目录　目标文件或目录

其中选项参数如表 2.7 所示。

表 2.7　mv 命令选项参数

选项	参数含义
–i	若 mv 操作将导致对已存在的目标文件的覆盖，此时系统询问是否重写，并要求用户回答 y 或 n，这样可以避免误覆盖文件
–f	禁止交互操作。在 mv 操作要覆盖某已有的目标文件时不给任何指示，在指定此选项后，i 选项将不再起作用

示例 2.6　用 mv 命令将当前目录下 dir1 更名为 my，将当前目录 my 移动（剪切）到 /tmp 中，操作如下：

```
cw@dell: ~ $ ls
6818GEC   examples.desktop      main.c       模板 文档 桌面
dir1      kernel                qt_project   视频 下载
dir2      kernel–2019.5.tar.gz  公共的        图片 音乐
cw@dell: ~ $ mv dir1 my
cw@dell: ~ $ ls
6818GEC               kernel               my          模板 文档 桌面
dir2                  kernel–2019.5.tar.gz qt_project  视频 下载
examples.desktop      main.c               公共的       图片 音乐
cw@dell: ~ $ mv my /tmp/
cw@dell: ~ $ ls /tmp/
config–err–wVMOTN
my
```

7. rm

功能：删除文件或目录

用法：rm [选项] 文件或目录

其中选项参数如表 2.8 所示。

表 2.8　rm 命令选项参数

选项	参数含义
–i	进行交互式删除
–f	忽略不存在的文件，但从不给出提示
–r	指示 rm 将参数中列出的全部目录和子目录均递归地删除

示例 2.7　用 rm 命令删除当前目录中的 main.c，将 /tmp 中的 my 目录删除，操作

如下：

```
cw@dell：~ $ ls
6818GEC    examples.desktop    kernel–2019.5.tar.gz    qt_project    模板    图片    下载    桌面
dir2        kernel              main.c                  公共的        视频    文档    音乐
cw@dell：~ $ rm main.c
cw@dell：~ $ ls
6818GEC    examples.desktop    kernel–2019.5.tar.gz    公共的    视频    文档    音乐
dir2        kernel              qt_project              模板      图片    下载    桌面
cw@dell：~ $ ls /tmp/
config–err–wVMOTN
my
cw@dell：~ $ rm –r /tmp/my/
cw@dell：~ $ ls /tmp/
config–err–wVMOTN
```

8. du

功能：查看目录大小

用法：du [选项] 目录

示例 2.8　用 du 命令以字节为单位显示 dir2 目录的大小，操作如下：

```
cw@dell：~ $ du –b dir2/
4096        dir2/test
8192        dir2/
```

9. df

功能：查看磁盘使用情况

用法：df [选项]

示例 2.9　用 df 命令以 KB 为单位显示磁盘的使用情况，操作如下：

```
cw@dell：~ $ df –k /tmp
文件系统            1K–块          已用        可用        已用 % 挂载点
/dev/sda1          20464208      18045204    1354148     94% /
```

10. chmod

功能：改变访问权限

用法：chmod [who] [+–=] [mode] 文件名

其中选项参数如表 2.9 所示。

表 2.9　chmod 命令选项参数

选项	参数含义
–c	若该文件权限确实已经更改，才显示其更改动作
–f	若该文件权限无法被更改也不要显示错误信息
–v	显示权限变更的详细资料

　　示例 2.10　用 chmod 命令给 hello.c 文件拥有者加上执行权限，用户组去掉写权限，其他用户加上写权限，命令为 " chmod u+x，g–w，o+w hello.c "。将 hello.c 的权限改为

文件所有者可读可写可执行，文件所有者同组用户可读可写不可执行，其他用户不可读不可写可执行，命令为"chmod 761 hello.c"，操作如下：

```
cw@dell：~ $ ls –l
–rw–rw–r––　1 cw cw　　　　　　0 9 月　9 15：43 hello.c
cw@dell：~ $ chmod u+x, g–w, o+w hello.c
cw@dell：~ $ ls –l
–rwxr––rw–　1 cw cw　　　　　　0 9 月　9 15：43 hello.c
cw@dell：~ $ chmod 761 hello.c
cw@dell：~ $ ls –l
–rwxrw–––x　1 cw cw　　　　　　0 9 月　9 15：43 hello.c
```

2.2.2　压缩打包相关命令

用户在进行数据备份时，需要把若干个文件整合为一个文件以便保存。尽管整合为一个文件进行管理，但文件大小仍然没变。若需要进行网络传输文件时，希望将其压缩为较小的文件，以节省网络传输时间，下面学习相关命令的使用。

压缩文件是将一组文件或目录保存在一个文件中，并按照某种存储格式保存在磁盘上，所占磁盘空间比所有文件总和要少。归档文件是将一组文件或目录保存在一个目录中，是没有压缩的，其使用的磁盘空间等于所有文件大小的总和，可将归档文件进行压缩，使其容量更小。

gzip 是 Linux 中最流行的压缩工具，具有很好的移植性，可在不同架构的系统中使用。bzip2 在性能上优于 gzip，提供了最大限度的压缩比率。如果用户需要经常在 Linux 和 Windows 间交换文件，建议使用 zip。压缩和解压工具及其扩展名如表 2.10 所示。

表 2.10　压缩和解压工具及其扩展名

压缩工具	解压工具	文件扩展名
gzip	gunzip	.gz
bzip2	bunzip2	.bz2
zip	unzip	.zip

1. gzip 和 gunzip

功能：对文件进行压缩或解压缩，gzip 可根据文件类型自动识别压缩或解压缩，自动在文件名后添加扩展名为 .gz

用法：gzip [选项] 压缩或解压缩的文件名

　　　gunzip 文件名 .gz

其中选项参数如表 2.11 所示。

表 2.11　gzip 和 gunzip 命令选项参数

选项	参数含义
–l	查看压缩文件内的信息，包括文件数、大小、压缩比等参数，不进行文件解压
–d	将文件解压，功能与 gunzip 相同
–num	指定压缩比，num 为 1 ～ 9 个等级

示例 2.11　用 gzip 命令以最大压缩率对文件 main.cpp 进行压缩，生成 main.cpp.gz 文件，使用 "–l" 查看压缩文件信息，再使用 gunzip 对文件进行解压，操作如下：

```
cw@dell：～ $ ls
main.cpp
cw@dell：～ $ gzip –9 main.cpp
cw@dell：～ $ ls
main.cpp.gz
cw@dell：～ $ gzip –l main.cpp.gz
         compressed        uncompressed      ratio     uncompressed_name
              154               170          25.3%            main.cpp
cw@dell：～ $ gunzip main.cpp.gz
cw@dell：～ $ ls
main.cpp
```

gzip 压缩 main.cpp 时，会自动在文件后添加后缀 .gz，生成 main.cpp.gz。gunzip 解压时，对应的 .gz 文件被删除，生成对应的 main.cpp。

2. tar

功能：对文件目录进行压缩或解压

用法：tar [选项] [打包后文件名] 文件目录列表

其中选项参数如表 2.12 所示。

表 2.12　tar 命令选项参数

选项	参数含义
–c	建立新的打包文件
–r	向打包文件末尾追加文件
–x	从打包文件中解压文件
–o	将文件解开到标准输出
–v	处理过程中输出相关信息
–f	对普通文件操作
–z	调用 gzip 来压缩打包文件，与 –x 调用 gzip 完成解压缩
–j	调用 bzip2 来压缩打包文件，与 –x 调用 bzip2 完成解压缩
–z	调用 compress 来压缩打包文件，与 –x 调用 compress 完成解压缩

示例 2.12　用 tar 命令完成以下操作。

① 将 demo1/ 目录下的所有文件全部归档，打包到 demo1.tar。

② 将 demo1/ 目录下的所有文件全部归档，并使用 bzip2 压缩成 demo1.tar.bz。

③ 将 demo1/ 目录下的所有文件全部归档，并使用 gzip 压缩成 demo1.tar.gz。

④ 查看归档文件的详细信息。

⑤ 将对应文件进行解压。

```
cw@dell：～ $ ls
demo1
cw@dell：～ $ tar –cf demo1.tar demo1/
cw@dell：～ $ tar –cjf demo1.tar.bz demo1/
cw@dell：～ $ tar –czf demo1.tar.gz demo1/
```

```
cw@dell：～ $ ls –lh demo1.tar*
–rw–rw–r–– 1 cw cw   40K 9 月    12 17：36 demo1.tar
–rw–rw–r–– 1 cw cw 3.9K 9 月    12 17：37 demo1.tar.bz
–rw–rw–r–– 1 cw cw 3.9K 9 月    12 17：37 demo1.tar.gz
cw@dell：～ $ tar –tvf demo1.tar.gz
drwxrwxr–x cw/cw              0 2022–09–12 17：34 demo1/
–rw–rw–r–– cw/cw          23988 2022–09–12 17：34 demo1/demo1.pro.user
–rw–rw–r–– cw/cw            430 2022–09–12 17：34 demo1/kaiwidget.h
–rw–rw–r–– cw/cw            170 2022–09–12 17：34 demo1/main.cpp
–rw–rw–r–– cw/cw           1014 2022–09–12 17：34 demo1/demo1.pro
–rw–rw–r–– cw/cw            603 2022–09–12 17：34 demo1/kaiwidget.cpp
–rw–rw–r–– cw/cw           1619 2022–09–12 17：34 demo1/kaiwidget.ui
cw@dell：～ $ tar –xvf demo1.tar
demo1/
demo1/demo1.pro.user
demo1/kaiwidget.h
demo1/main.cpp
demo1/demo1.pro
demo1/kaiwidget.cpp
demo1/kaiwidget.ui
cw@dell：～ $ tar –xvjf demo1.tar.bz
demo1/
demo1/demo1.pro.user
demo1/kaiwidget.h
demo1/main.cpp
demo1/demo1.pro
demo1/kaiwidget.cpp
demo1/kaiwidget.ui
cw@dell：～ $ tar –xvzf demo1.tar.gz
demo1/
demo1/demo1.pro.user
demo1/kaiwidget.h
demo1/main.cpp
demo1/demo1.pro
demo1/kaiwidget.cpp
demo1/kaiwidget.ui
```

2.2.3 用户系统相关命令

1. su

功能：切换用户

用法：su [选项] [用户名]

其中选项参数如表 2.13 所示。

表 2.13　su 命令选项参数

选项	参数含义
–, –l, login	为该使用者重新登录, 大部分环境变量（如 HOME、SHELL 和 USER 等）和工作目录都是以该使用者为主。若没有指定使用者, 缺省情况是 root
–m, –p	执行 su 时不改变环境变量
–c, command	变更账号使用者, 执行指令（command）后再变回原来使用者

示例 2.13　用 su 命令切换用户，实现从 cw 用户切换到 root 用户，再切换回 cw 用户，操作如下：

```
cw@dell：~ $ sudo su root
[sudo] cw 的密码：
root@dell：/home/cw# sudo su cw
cw@dell：~ $
```

输入密码后，密码是不显示的，直接按"Enter"键，密码正确，命令执行成功。

2. useradd

功能：添加用户

用法：useradd [选项] 用户名

其中选项参数如表 2.14 所示。

表 2.14　useradd 命令选项参数

选项	参数含义
-g	指定用户所属的群组
-m	自动建立用户的登入目录
-n	取消建立以用户名称为名的群组

示例 2.14　用 useradd 命令添加 mnust 用户，创建后，在 /home 目录中多了 mnust 目录，此目录是用户 mnust 的主目录，操作如下：

```
cw@dell：~ $ sudo useradd -m mnust
cw@dell：~ $ ls /home/
cw   mnust
```

3. passwd

功能：设置账号密码

用法：passwd 用户名

示例 2.15　用 passwd 命令设置 mnust 用户的密码，操作如下：

```
cw@dell：~ $ sudo passwd mnust
输入新的 UNIX 密码：
重新输入新的 UNIX 密码：
passwd：已成功更新密码
```

4. shutdown

功能：关机

用法：shutdown [-t sec]

示例 2.16　用 shutdown 命令实现 2 分钟后关机，操作如下：

```
cw@dell：~ $ shutdown -t 2
Shutdown scheduled for Tue 2022-09-13 10：19：29 CST，use 'shutdown -c' to cancel.
```

2.2.4 网络相关命令

ifconfig

功能：查看和配置网络接口的地址和参数，包括 ip 地址、网络掩码、广播地址

用法：ifconfig [选项] [网络接口]：用来查看当前系统的网络配置情况

　　　　ifconfig 网络接口 [选项] 地址：配置 ip 地址、网络掩码、广播地址

其中选项参数如表 2.15 所示。

表 2.15 ifconfig 命令选项参数

选项	参数含义
interface	指定的网络接口名，如 eth0 和 eth1
up	激活指定的网络接口
down	关闭指定的网络接口
broadcast address	设置接口的广播地址
poin to point	启用点对点方式
address	设置指定接口设备的 IP 地址
netmask address	设置接口的子网掩码

示例 2.17 用 ifconfig 命令完成以下操作。

① 查看网络接口配置情况。

② 更改网络接口的网络参数。

③ 暂停网络接口。

④ 激活网络接口。

```
cw@dell：~ $ ifconfig
ens33：flags=4163<UP，BROADCAST，RUNNING，MULTICAST>   mtu 1500
        inet 192.168.40.157   netmask 255.255.255.0   broadcast 192.168.40.255
        inet6 fe80::7769：a6b7：674c：665a   prefixlen 64   scopeid 0x20<link>
        ether 00：0c：29：32：3f：f8  txqueuelen 1000   （以太网）
        RX packets 267845   bytes 369011158（369.0 MB）
        RX errors 0   dropped 0   overruns 0   frame 0
        TX packets 80613   bytes 5115422（5.1 MB）
        TX errors 0   dropped 0 overruns 0   carrier 0   collisions 0
lo：flags=73<UP，LOOPBACK，RUNNING>   mtu 65536
        inet 127.0.0.1   netmask 255.0.0.0
        inet6 ::1   prefixlen 128   scopeid 0x10<host>
        loop   txqueuelen 1000   （本地环回）
        RX packets 1940   bytes 176885（176.8 KB）
        RX errors 0   dropped 0   overruns 0   frame 0
        TX packets 1940   bytes 176885（176.8 KB）
        TX errors 0   dropped 0 overruns 0   carrier 0   collisions 0
cw@dell：~ $ ifconfig ens33
ens33：flags=4163<UP，BROADCAST，RUNNING，MULTICAST>   mtu 1500
        inet 192.168.40.157   netmask 255.255.255.0   broadcast 192.168.40.255
        inet6 fe80::7769：a6b7：674c：665a   prefixlen 64   scopeid 0x20<link>
        ether 00：0c：29：32：3f：f8  txqueuelen 1000   （以太网）
        RX packets 267845   bytes 369011158（369.0 MB）
```

```
            RX errors 0    dropped 0    overruns 0    frame 0
            TX packets 80613    bytes 5115422（5.1 MB）
            TX errors 0    dropped 0 overruns 0    carrier 0    collisions 0
cw@dell：～ $ sudo ifconfig ens33 down
[sudo] cw 的密码：
cw@dell：～ $ ifconfig
lo：flags=73<UP，LOOPBACK，RUNNING>    mtu 65536
            inet 127.0.0.1    netmask 255.0.0.0
            inet6 ::1    prefixlen 128    scopeid 0x10<host>
            loop    txqueuelen 1000    （本地环回）
            RX packets 1948    bytes 177517（177.5 KB）
            RX errors 0    dropped 0    overruns 0    frame 0
            TX packets 1948    bytes 177517（177.5 KB）
            TX errors 0    dropped 0 overruns 0    carrier 0    collisions 0
cw@dell：～ $ sudo ifconfig ens33 up
cw@dell：～ $ ifconfig
ens33：flags=4163<UP，BROADCAST，RUNNING，MULTICAST>    mtu 1500
            inet 192.168.40.157    netmask 255.255.255.0    broadcast 192.168.40.255
            inet6 fe80::7769：a6b7：674c：665a    prefixlen 64    scopeid 0x20<link>
            ether 00：0c：29：32：3f：f8    txqueuelen 1000    （以太网）
            RX packets 267860    bytes 369013042（369.0 MB）
            RX errors 0    dropped 0    overruns 0    frame 0
            TX packets 80643    bytes 5119223（5.1 MB）
            TX errors 0    dropped 0 overruns 0    carrier 0    collisions 0
lo：flags=73<UP，LOOPBACK，RUNNING>    mtu 65536
            inet 127.0.0.1    netmask 255.0.0.0
            inet6 ::1    prefixlen 128    scopeid 0x10<host>
            loop    txqueuelen 1000    （本地环回）
            RX packets 1980    bytes 179825（179.8 KB）
            RX errors 0    dropped 0    overruns 0    frame 0
            TX packets 1980    bytes 179825（179.8 KB）
            TX errors 0    dropped 0 overruns 0    carrier 0    collisions 0
cw@dell：～ $ sudo ifconfig ens33 10.101.13.84 netmask 255.255.0.0
cw@dell：～ $ ifconfig
ens33：flags=4163<UP，BROADCAST，RUNNING，MULTICAST>    mtu 1500
            inet 10.101.13.84    netmask 255.255.0.0    broadcast 10.101.255.255
            inet6 fe80::7769：a6b7：674c：665a    prefixlen 64    scopeid 0x20<link>
            ether 00：0c：29：32：3f：f8    txqueuelen 1000    （以太网）
            RX packets 267898    bytes 369015931（369.0 MB）
            RX errors 0    dropped 0    overruns 0    frame 0
            TX packets 80676    bytes 5122966（5.1 MB）
            TX errors 0    dropped 0 overruns 0    carrier 0    collisions 0
lo：flags=73<UP，LOOPBACK，RUNNING>    mtu 65536
            inet 127.0.0.1    netmask 255.0.0.0
            inet6 ::1    prefixlen 128    scopeid 0x10<host>
            loop    txqueuelen 1000    （本地环回）
            RX packets 1990    bytes 180619（180.6 KB）
            RX errors 0    dropped 0    overruns 0    frame 0
            TX packets 1990    bytes 180619（180.6 KB）
            TX errors 0    dropped 0 overruns 0    carrier 0    collisions 0
```

2.2.5 其他常用命令

1. grep

功能：查找字符串

用法：grep [选项] 格式 [文件及路径]

其中选项参数如表 2.16 所示。

表 2.16 grep 命令选项参数

选项	参数含义
–c	只输出匹配行的计数
–I	不区分大小写（只适用于单字符）
–h	查询多文件时不显示文件名
–l	查询多文件时只输出包含匹配字符的文件名
–n	显示匹配行及行号
–s	不显示不存在或无匹配文本的错误信息
–v	显示不包含匹配文本的所有行

示例 2.18 用 grep 命令在 demo1 目录及其子目录中，查找包含 w 字符串的文件，操作如下：

```
cw@dell：~ $ cd demo1/
cw@dell：~ /demo1$ ls
demo1.pro          kaiwidget.cpp   kaiwidget.ui
demo1.pro.user   kaiwidget.h       main.cpp
cw@dell：~ /demo1$ grep "w" ./ –rn
./demo1.pro.user：41：              <value        type="bool"
key="EditorConfiguration.ShowMargin">false</value>
./demo1.pro.user：49：              <value        type="bool"
key="EditorConfiguration.addFinalNewLine">true</value>
./demo1.pro.user：69：              <value        type="QString"
key="ProjectExplorer.BuildConfiguration.BuildDirectory">/home/cw/qt_project/build–demo1–unknown–Debug</value>
./demo1.pro.user：88：      <value type="QString">–w</value>
./demo1.pro.user：107：    <value type="QString">–w</value>
…
```

2. find

功能：查找文件

用法：find 路径 –name " 文件名 "

示例 2.19 用 find 命令查找 .ui 的文件，操作如下：

```
cw@dell：~ $ sudo find ./ –name "*.ui"
[sudo] cw 的密码：
./qt_project/demo1/kaiwidget.ui
./demo1/kaiwidget.ui
```

3. man

功能：查看命令或函数的使用信息

用法：man 函数名

示例 2.20　用 man 命令查看 grep 命令的使用方法，操作如下：

```
cw@dell：~ $ man grep
```

输入命令后，会进入 man 手册，如图 2.4 所示，可以看到 grep 的使用方法。

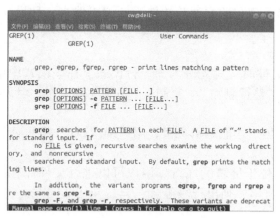

图 2.4　man 手册

2.3　vi 编辑器

2.3.1　Linux 下 C 语言编程环境概述

Linux 中 C 语言程序设计，首先是编辑程序，然后是程序的编译，程序的调试，主要涉及编辑器、编译链接器、调试器及项目管理工具。本书中 4 种工具分别是 vi、gcc、gdb、make 项目管理器。

1）编辑器。主要用来编写源文件，类似于 Windows 下的记事本、word 等，完成文字的编辑。Linux 中最常用的编辑器有 vi（vim）和 emacs，本书着重介绍 vi，其功能强大、使用方便。

2）编译链接器。编译是指源代码转化生成可执行代码的过程。编译过程是非常复杂的，包括词法、语法和语义的分析、中间代码的生成和优化、符号表的管理和出错处理等。在 Linux 中，最常用的编译器是 gcc 编译器。它是 GNU 推出的功能强大、性能优越的多平台编译器，其平均执行效率与一般的编译器相比要高 20% ～ 30%。

3）调试器。调试器并不是代码执行的必备工具，而是专为方便程序员调试程序用的。在编程的过程中，调试所消耗的时间经常远远大于编写代码的时间。因此，有一个功能强大、使用方便的调试器是必不可少的。gdb 是绝大多数 Linux 开发人员所使用的调试器，它可以方便地设置断点、单步跟踪等，以满足开发人员的需要。

4）项目管理器。Linux 中的项目管理器"make"类似于 Windows 中 Visual c++ 里的"工程"，它是一种控制编译或者重复编译软件的工具，它还能自动管理软件编译的内容、方式和时机，使程序员能够把精力集中在代码的编写上而不是在源代码的组织上。

2.3.2　vi 的模式

vi 编辑器是 Linux 系统的第一个全屏幕交互式编辑程序，它从诞生至今一直得到广大用户的青睐，历经数十年仍然是人们主要使用的文本编辑工具，足以见其生命力之强，而强大的生命力是其强大的功能带来的。刚刚接触 vi 编辑器时总会或多或少不适应，但只要习惯之后，就能感受到它的方便与快捷。vi 编辑器有三种模式，分别是命令行模式、插入模式和底行模式。

（1）命令行模式

用户使用 vi 编辑文件时，首先进入命令行模式。在该模式中用户可以通过上下移动光标进行"删除字符""整行删除""复制""粘贴"等操作，但无法编辑文字。

（2）插入模式

只有在该模式下，用户才能编辑文字，用户按"Esc"键可回到命令行模式。

（3）底行模式

在该模式下，光标位于屏幕的底行。用户可以进行文件保存或退出操作，也可以设置编辑环境，如寻找字符串、列出行号等。

2.3.3　vi 的基本流程

1）进入 vi，在终端输入"vi test.c"，test.c 文件不存在则创建名为 test.c 的文件，否则打开 test.c，如图 2.5 所示。

打开创建好的文件，如图 2.6 所示，此时进入命令行模式，光标位于屏幕的上方。

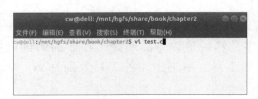

图 2.5　创建文件

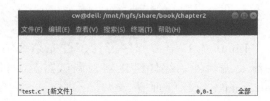

图 2.6　进入 vi 命令行模式

2）在命令行模式下键入"i"进入插入模式，如图 2.7 所示。可以看出，在屏幕底部显示有"-- 插入 --"表示进入插入模式。

在插入模式下输入一段程序，如图 2.8 所示。

图 2.7　插入模式

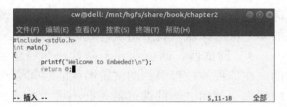

图 2.8　插入模式下输入程序

3）编辑完程序，按下键盘上的"Esc"键回到命令行模式中，此时屏幕左下角"-- 插入 --"字符消失，如图 2.9 所示。

4）输入"："进入底行模式，如图 2.10 所示，屏幕左下角有"："。

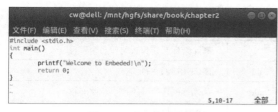

图 2.9　返回命令行模式

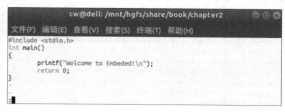

图 2.10　底行模式

输入"wq"，按下"Esc"键，则保存退出，如图 2.11 所示。

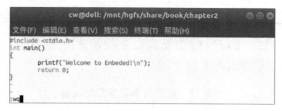

图 2.11　保存退出

由图看出其各模式的切换，命令行模式——插入模式——命令行模式——底行模式，主要看屏幕下方提示。整个过程简化如下步骤，操作参考图 2.12 所示。

① 键入"vi test.c"。

② 键入"i"进入插入模式，在此模式下编辑程序。

③ 按"Esc"键退回到命令行模式。

④ 键入"：wq"保存退出。

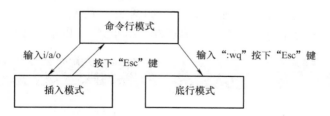

图 2.12　vi 三种模式间的切换

2.3.4　vi 各模式功能键

1）命令行模式常见功能键如表 2.17 所示。

表 2.17　vi 命令行模式常见功能键

功能键	功能	功能键	功能
i	切换到插入模式，在光标所在处插入文字，已存在的文字向后退	p	将缓冲区内的字符粘贴到光标所在位置（与 yy 搭配）
a	切换到插入模式，从光标所在位置的下一个位置开始输入文字	/name	在光标之后查找一个名为 name 的字符串
o	切换到插入模式，从行首开始插入新的一行	?name	在光标之前查找一个名为 name 的字符串

（续）

功能键	功能	功能键	功能
Ctrl+b	屏幕往"后"翻动一页	x	删除光标所在位置的一个字符
Ctrl+f	屏幕往"前"翻动一页	X	删除光标所在位置的前一个字符
Ctrl+u	屏幕往"后"翻动半页	dd	删除光标所在行
Ctrl+d	屏幕往"前"翻动半页	ndd	从光标所在行开始向下删除 n 行
0	光标移到本行的开头	yy	复制光标所在行
G	光标移动到文件的最后	nyy	复制光标所在行开始的向下 n 行
nG	光标移动到第 n 行	u	恢复前一个动作
$	移动到光标所在行的"行尾"	n\<Enter\>	光标向下移动 n 行

2）插入模式中只能按"Esc"键切换到命令行模式。

3）底行模式常见功能键如表 2.18 所示。

表 2.18　vi 底行模式常见功能键

功能键	功能	功能键	功能
: w	保存	: w[filename]	另存为 filename 的文件
: q	退出 vi（系统会提示保存修改）	: set nu	显示行号
: q!	强制退出（对修改不做保存）	: set nonu	取消行号
: wq	保存后退出		

vi 操作命令较多，下面演示在嵌入式系统开发过程中常用的操作。

1）重新打开 test.c，在终端输入"vi test.c"，此时 test.c 存在则打开，不存在则创建。在底行模式输入"：set nu"，表示显示行号，如图 2.13 所示。

2）将光标移动到第 4 行，在命令行模式输入"4G"，如图 2.14 所示。

图 2.13　显示行号　　　　　　　　　　图 2.14　移动光标

3）复制该行以下 2 行的内容，并粘贴。先输入"2yy"，再输入"p"，如图 2.15 所示。

4）删除第 3）步的两行，输入"2dd"，如图 2.16 所示。

图 2.15　复制粘贴操作　　　　　　　　图 2.16　删除操作

5）撤销第 4）步的操作，输入"u"，如图 2.17 所示。

6）强制退出不保存，输入"：q!"，如图 2.18 所示。

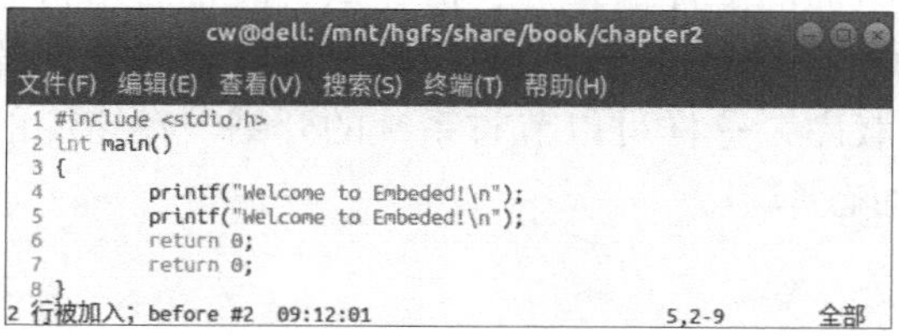

图 2.17　撤销操作

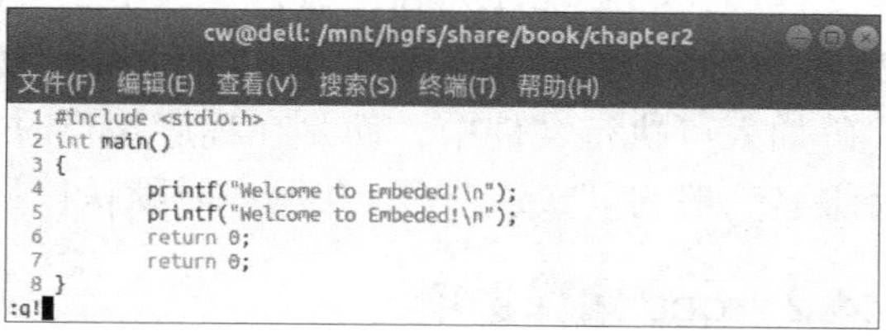

图 2.18　强制退出

其他功能命令，根据功能自行操作。

2.4　gcc 编译器

GNU CC（简称为 gcc）是 GNU 项目中符合 ANSI C 标准的编译系统，能够编译用 C、C++ 和 Object C 等语言编写的程序。gcc 是一个交叉平台编译器，它能够在当前 CPU 平台上为多种不同体系结构的硬件平台开发软件，因此尤其适合在嵌入式领域的开发编译。表 2.19 所示为 gcc 支持编译源文件的后缀及其解释。

表 2.19　后缀名及对应语言

后缀名	所对应的语言	后缀名	所对应的语言
.c	C 原始程序	.s/.S	汇编语言原始程序
.C/.cc/.cxx	C++ 原始程序	.h	预处理文件（头文件）
.m	Objective-C 原始程序	.o	目标文件
.i	已经过预处理的 C 原始程序	.a/.so	编译后的库文件
.ii	已经过预处理的 C++ 原始程序		

2.4.1　gcc 编译流程

gcc 的编译流程分为 4 个步骤，预处理、编译、汇编和链接。

（1）预处理（Pre-Processing）

编译器将 *.c 代码中包含的头文件（#include）和宏定义（#define、#ifdef）等进行处理。test.c 代码的预处理过程中，编译器将包含的头文件 stdio.h 编译进来，并且可以使用 gcc 的选项"-E"进行查看，该选项的作用是让 gcc 在预处理结束后停止编译过程。

（2）编译（Compiling）

在编译阶段，gcc 首先要检查代码的规范性以及是否有语法错误等，以确定代码实际要做的工作，在检查无误后，gcc 把代码翻译成汇编语言。可以使用"-S"选项实现，该选项只进行编译而不进行汇编，结果生成汇编代码。

（3）汇编（Assembling）

汇编阶段是把编译阶段生成的".s"文件转成目标文件，可以使用选项"-c"将汇编代码转化为".o"的二进制目标代码。

（4）链接（Linking）

编译成功后，进入链接阶段。函数库有静态库和动态库。静态库在编译链接时，把库文件的代码全部加入到可执行文件中，因此生成的文件比较大，但在运行时也就不再需要库文件了，其后缀名通常为".a"。动态库与之相反，在编译链接时并没有将库文件的代码加入可执行文件中，而是在程序执行时加载库，这样可以节省系统的开销。动态库的后缀名一般为".so"，gcc 在编译时默认使用动态库。

2.4.2 gcc 编译选项

gcc 有超过 100 个选项，主要包括总体选项、告警和出错选项、优化选项和体系结构相关选项。下面对每一类中最常用的选项进行介绍。

（1）总体选项

gcc 总体选项如表 2.20 所示。

表 2.20 gcc 总体选项

选项	含义
–c	只编译不链接，生成目标文件".o"
–S	只编译不汇编，生成汇编代码，.s 为后缀
–E	只进行预编译，不做其他处理，.i 为后缀
–g	在可执行程序中包含标准调试信息
–o file	将 file 文件指定为输出文件
–v	打印出编译器内部编译各过程的命令行信息和编译器的版本
–I dir	在头文件的搜索路径列表中添加 dir 目录
–L dir	在库文件的搜索路径列表中添加 dir 目录
–static	链接静态库
–shared	可以生成动态库文件，进行动态编译，尽可能地链接动态库，只有当没有动态库时才会链接同名的静态库（默认选项，即可省略）
–lname	链接称为 libname.a（静态库）或者 libname.so（动态库）的库文件。若两个库都存在，则根据编译方式（–static 还是 –shared）而进行链接

（2）告警和出错选项

gcc 的告警和出错选项如表 2.21 所示。

表 2.21 gcc 的告警和出错选项

选项	含义
–ansi	支持符合 ANSI 标准的 C 程序
–pedantic	允许发出 ANSI C 标准所列的全部警告信息
–pedantic–error	允许发出 ANSI C 标准所列的全部错误信息
–w	关闭所有告警
–Wall	允许发出 gcc 提供的所有有用的报警信息
–werror	把所有的告警信息转化为错误信息，并在告警发生时终止编译过程

（3）优化选项

gcc 可以对代码进行优化，它通过编译选项"–On"来控制优化代码的生成，其中 n 是一个代表优化级别的整数。对于不同版本的 gcc 来讲，n 的取值范围及其对应的优化效果可能并不完全相同，比较典型的范围是从 0 变化到 2 或 3。

不同的优化级别对应不同的优化处理工作。如使用优化选项"–O"主要进行线程跳转（Thread Jump）和延迟退栈（Deferred Stack Pops）两种优化。使用优化选项"–O2"除了完成所有"–O1"级别的优化之外，同时还要进行一些额外的调整工作，如处理器指令调度等。选项"–O3"则还包括循环展开和其他一些与处理器特性相关的优化工作。

（4）体系结构相关选项

gcc 的体系结构相关选项如表 2.22 所示。

表 2.22　gcc 的体系结构相关选项

选项	含义
–mcpu=type	针对不同 CPU 使用相应 CPU 指令。可选择的 type 有 i386、i486、pentium 及 i686 等
–mieee–fp	使用 IEEE 标准进行浮点数的比较
–mno–ieee–fp	不使用 IEEE 标准进行浮点数的比较
–msoft–float	输出包含浮点库调用的目标代码
–mshort	把 int 类型作为 16 位处理，相当于 short int
–mrtd	强行将参数个数固定的函数用 ret NUM 返回，节省调用函数的一条指令

示例 2.21　gcc 使用演示。

1）test.c 源代码如下：

```
#include <stdio.h>
int main()
{
    printf ("Welcome to Embeded!\n");
    return 0;
}
```

2）gcc 指令的一般格式为：gcc [选项] 要编译的文件名 [选项] [目标文件名]。

使用 gcc 编译命令，编译 test.c 文件生成可执行文件 test，使用命令 gcc test.c –o test，运行 test 使用命令 ./test，操作如下：

```
cw@dell：/mnt/hgfs/share/book/chapter2$ gcc test.c –o test
cw@dell：/mnt/hgfs/share/book/chapter2$ ./test
Welcome to Embeded!
cw@dell：/mnt/hgfs/share/book/chapter2$
```

上述操作将 test.c 文件生成了可执行文件，将 gcc 的四个编译流程即预处理、编译、汇编和链接一步完成，下面步骤 3）～步骤 6）将分别介绍四个流程所完成的工作。

3）–E 选项的使用。此选项只进行预处理，不做其他处理。如果只对 test.c 文件进行预处理从而生成 test.i，使用如下命令：

```
cw@dell：/mnt/hgfs/share/book/chapter2$ gcc –E test.c –o test.i
```

使用 cat test.i 查看 test.i 文件的部分内容如下：

```
cw@dell：/mnt/hgfs/share/book/chapter2$ cat test.i
# 1 "test.c"
# 1 "<built-in>"
# 1 "<command-line>"
# 31 "<command-line>"
# 1 "/usr/include/stdc-predef.h" 1 3 4
# 32 "<command-line>" 2
# 1 "test.c"
# 1 "/usr/include/stdio.h" 1 3 4
# 27 "/usr/include/stdio.h" 3 4
# 1 "/usr/include/x86_64-linux-gnu/bits/libc-header-start.h" 1 3 4
# 33 "/usr/include/x86_64-linux-gnu/bits/libc-header-start.h" 3 4
# 1 "/usr/include/features.h" 1 3 4
......
extern int ftrylockfile (FILE *__stream) __attribute__ ((__nothrow__ , __leaf__));

extern void funlockfile (FILE *__stream) __attribute__ ((__nothrow__ , __leaf__));
# 868 "/usr/include/stdio.h" 3 4

# 2 "test.c" 2

# 2 "test.c"
int main()
{
printf ("Welcome to Embeded!\n");
return 0;
}
```

由此可见，gcc 进行了预处理，把 "stdio.h" 的内容插入到了 test.i 中。

4）-S 选项的使用。-S 选项只编译不汇编，生成汇编代码。如果将 test.i 文件只进行编译而不进行汇编，生成 test.s，可使用命令如下：

```
cw@dell：/mnt/hgfs/share/book/chapter2$ gcc -S test.i -o test.s
```

可使用命令 cat test.s 查看 test.s 内容，以下列出 test.s 的内容，可见已经转换成汇编代码了。

```
cw@dell：/mnt/hgfs/share/book/chapter2$ gcc -S test.i -o test.s
cw@dell：/mnt/hgfs/share/book/chapter2$ cat test.s
        .file   "test.c"
        .text
        .section .rodata
.LC0:
        .string "Welcome to Embeded!"
        .text
        .globl  main
        .type   main, @function
main:
.LFB0:
        .cfi_startproc
        pushq       %rbp
```

```
        .cfi_def_cfa_offset 16
        .cfi_offset 6, -16
        movq    %rsp, %rbp
        .cfi_def_cfa_register 6
        leaq .LC0（%rip）, %rdi
        call puts@PLT
        movl    $0, %eax
        popq    %rbp
        .cfi_def_cfa 7, 8
        ret
        .cfi_endproc
.LFE0:
        .size main, .-main
        .ident    "GCC:（Ubuntu 7.5.0-3ubuntu1 ～ 18.04）7.5.0"
        .section  .note.GNU-stack, "", @progbits
cw@dell: /mnt/hgfs/share/book/chapter2$
```

5）-c 选项的使用。此选项只编译不链接，生成目标文件 ".o"。如果将汇编代码 test.s 只编译不链接，生成 test.o，可使用命令 gcc -c test.s -o test.o。再将汇编后的 test.o 链接到函数库，生成可执行文件 test，可使用 gcc test.o -o test，并执行可执行程序 test，可使用 ./test，操作如下：

```
cw@dell: /mnt/hgfs/share/book/chapter2$ gcc -c test.s -o test.o
cw@dell: /mnt/hgfs/share/book/chapter2$ gcc test.o -o test
cw@dell: /mnt/hgfs/share/book/chapter2$ ./test
Welcome to Embeded!
cw@dell: /mnt/hgfs/share/book/chapter2$
```

6）-static 选项的使用。此选项的作用是链接静态库。

为了区分 test.c 链接动态库生成的可执行文件和链接静态库生成的可执行文件的大小，将生成的可执行文件分别命名为 test 和 test1，具体操作及结果如下。从结果可以看出，静态链接库的可执行文件 test1 要比动态链接库的可执行文件 test 大很多，它们的执行效果是一样的。

```
cw@dell: /mnt/hgfs/share/book/chapter2$ gcc test.c -o test
cw@dell: /mnt/hgfs/share/book/chapter2$ gcc -static test.c -o test1
cw@dell: /mnt/hgfs/share/book/chapter2$ ls -l
总用量 855
-rwxrwxrwx 1 root root   8296 4 月   22 08: 43 test
-rwxrwxrwx 1 root root 845240 4 月   22 08: 43 test1
-rwxrwxrwx 1 root root     79 4 月   21 09: 04 test.c
cw@dell: /mnt/hgfs/share/book/chapter2$ ./test
Welcome to Embeded!
cw@dell: /mnt/hgfs/share/book/chapter2$ ./test1
Welcome to Embeded!
cw@dell: /mnt/hgfs/share/book/chapter2$
```

7）-g 选项的使用。此选项的作用是在可执行程序中包含标准调试信息。例如，将 test.c 编译成包含标准调试信息的可执行文件 test2，带有标准调试信息的可执行文件可用 gdb 调试器进行调试，以便找出逻辑错误，操作如下：

```
cw@dell：/mnt/hgfs/share/book/chapter2$ gcc –g test.c –o test2
cw@dell：/mnt/hgfs/share/book/chapter2$ ls –l
总用量 866
–rwxrwxrwx 1 root root     8296 4 月   22 08：43 test
–rwxrwxrwx 1 root root 845240 4 月   22 08：43 test1
–rwxrwxrwx 1 root root   10728 4 月   22 08：46 test2
–rwxrwxrwx 1 root root       79 4 月   21 09：04 test.c
```

8）–O2 选项的使用。此选项的作用是完成程序的优化工作。例如：将 test.c 用 O2 优化选项编译生成可执行文件 test3，并和正常编译产生的 test 进行比较，操作如下：

```
cw@dell：/mnt/hgfs/share/book/chapter2$ gcc –O2 test.c –o test3
cw@dell：/mnt/hgfs/share/book/chapter2$ ls –l
总用量 874
–rwxrwxrwx 1 root root     8296 4 月   22 08：43 test
–rwxrwxrwx 1 root root 845240 4 月   22 08：43 test1
–rwxrwxrwx 1 root root   10728 4 月   22 08：46 test2
–rwxrwxrwx 1 root root     8296 4 月   22 08：47 test3
–rwxrwxrwx 1 root root       79 4 月   21 09：04 test.c
```

2.5　gdb 调试器

在软件开发过程中，调试是最重要的一环，很多时候，调试程序的时间比实际写程序的时间要长得多。如何提高程序员的调试效率，更好、更快地定位程序中的问题从而加快程序开发的进度呢？

gdb 调试器是一款 GNU 开发组织发布的一个 UNIX/Linux 下的调试工具，提供了强大的调试功能。

2.5.1　gdb 基本命令

gdb 的基本调试命令如表 2.23 所示。

表 2.23　gdb 的基本调试命令

命令	缩写	用法	作用
list	l	l	列出源码
break	b	b address b function b linenum	在 address 上设置断点 在函数上设置断点 在 linenum 行设置断点
delete	d	d num	删除编号为 n 的断点
disable		disable n	编号为 n 的断点失效
enable		enable n	使能编号为 n 的断点
info	i	i breakpoint i reg i threads i func	显示当前断点 显示寄存器信息 显示线程信息 显示所有函数名
run	r	r	运行要调试的程序

（续）

命令	缩写	用法	作用
step	s	s [n]	单步恢复程序执行，且进入函数调用
next	n	n [n]	单步恢复程序执行，不进入函数调用
continue	c	c	继续执行程序
finish			运行程序，直到当前函数完成，返回
print	p	p exp	打印表达式或变量值
display		display exp	单步运行时，自动显示表达式的值
quit	q	q	退出调试程序
kill	k	k	结束当前调试的程序

2.5.2　gdb 使用流程

示例 2.22　gdb 使用演示。

1）使用 vi 编辑器编写如下代码，并命名为 gdb_test.c。

```c
#include <stdio.h>
int sum（int num）;
int main()
{
    int i，n=0；
    sum（50）；
    for（i=1；i<=50；i++)
    {
        n+=i；
    }
    printf（"The sum of 1 ～ 50 is %d\n"，n）；
    return 0；
}
int sum（int num）
{
    int i，n=0；
    for（i=1；i<=num；i++)
    {
        n+=i；
        printf（"The sum of 1 ～ num is %d\n"，n）；
    }
}
```

2）对 gdb_test.c 进行编译，命名为 gdb_test，并启动调试，操作如下：

```
cw@dell：/mnt/hgfs/share/book/chapter2$ gcc -g gdb_test.c -o gdb_test
cw@dell：/mnt/hgfs/share/book/chapter2$ gdb gdb_test
GNU gdb（Ubuntu 8.1-0ubuntu3）8.1.0.20180409-git
Copyright（C）2018 Free Software Foundation，Inc.
License GPLv3+：GNU GPL version 3 or later <http：//gnu.org/licenses/gpl.html>
This is free software：you are free to change and redistribute it.
There is NO WARRANTY，to the extent permitted by law.　Type "show copying"
```

```
and "show warranty" for details.
This GDB was configured as "x86_64-linux-gnu".
Type "show configuration" for configuration details.
For bug reporting instructions, please see:
<http://www.gnu.org/software/gdb/bugs/>.
Find the GDB manual and other documentation resources online at:
<http://www.gnu.org/software/gdb/documentation/>.
For help, type "help".
Type "apropos word" to search for commands related to "word"...
Reading symbols from gdb_test...done.
(gdb)
```

3）查看源文件信息，输入命令为 list<行号>，操作如下：

```
(gdb)list 0
1       #include <stdio.h>
2       int sum (int num);
3       int main()
4       {
5           int i, n=0;
6           sum（50）;
7           for (i=1; i<=50; i++)
8           {
9                   n+=i;
10          }
(gdb)l
11          printf ("The sum of 1 ～ 50 is %d\n", n);
12          return 0;
13      }
14      int sum （int num）
15      {
16          int i, n=0;
17          for (i=1; i<=num; i++)
18          {
19                  n+=i;
20                  printf ("The sum of 1 ～ num is %d\n", n);
(gdb)l
21          }
22      }
(gdb)
```

4）设置断点。所谓断点是让程序运行到某处，暂时停下来以便查看信息的地方，相关命令如下：

break <参数>：用于在参数处设置断点。

tbreak<参数>：用于设置临时断点，如果该断点暂停了，那么该断点就被删除。

hbreak <参数>：用于设置硬件辅助断点，和硬件相关。

rtbreak<参数>：参数为正则表达式。

通常，break 应用最多的设置断点命令为：break<参数>，参数可以是函数名称，也可以是行号。例如，在第 6 行设置断点，操作如下：

```
(gdb) b 6
Breakpoint 1 at 0x659：file gdb_test.c，line 6.
```

5）查看断点情况。相关命令为 info break，也可用简化的命令 info b，操作如下：

```
(gdb) info b
Num     Type          Disp Enb  Address              What
1       breakpoint    keep  y    0x0000000000000659   in main at gdb_test.c：6
```

➢ Num：断点号。

➢ Type：断点类型。

➢ Disp：断点的状态，keep 表示断点暂停后继续保持断点；del 表示断点暂停后自动删除断点；dis 表示断点暂停后中断该断点。

➢ Enb：表示断点是否是 Enable。

➢ Address：断点的内存地址。

➢ What：断点在源文件中的位置。

6）运行代码。gdb 默认从首行开始运行代码，命令为 r 或 run，如果想从指定行开始运行命令为 r 行号。操作如下，可以看到程序运行到断点处停止。

```
(gdb) r
Starting program：/mnt/hgfs/share/book/1chapter_gcc/gdb_test
Breakpoint 1, main () at gdb_test.c：6
6            sum（50）;
```

7）单步运行。单步运行命令为 s（step 会进入函数）或 n（next 不进入函数），操作如下：

```
(gdb) s
sum (num=50) at gdb_test.c：16
16        int i, n=0;
(gdb) s
17        for (i=1；i<=num；i++)
(gdb) s
19            n+=i;
(gdb) s
20                printf ("The sum of 1 ～ num is %d\n"，n);
```

8）查看变量值。如果想查看断点处的相关变量值，查看 p 变量名，操作如下：

```
(gdb) p n
$1 = 1
(gdb)
```

9）恢复程序运行。查看完所需变量，可用命令 c（continue）恢复程序的正常运行。

```
(gdb) c
Continuing.
The sum of 1 ～ num is 1
The sum of 1 ～ num is 3
...
The sum of 1 ～ num is 1225
```

```
The sum of 1 ～ num is 1275
The sum of 1 ～ 50 is 1275
[Inferior 1（process 2688）exited normally]
（gdb）
```

2.6 make 工程管理器

GNU make 是一种代码维护工具，make 工具会根据 Makefile 文件定义的规则和步骤完成整个软件项目的代码维护工作，一般用来简化编译工作，可以极大地提高软件开发的效率。Windows 下一般由集成环境自动生成，Linux 下需要由自己按照语法编写。

make 是个命令，是个可执行程序，用来解析 Makefile 文件的命令，此命令存放在 /usr/bin 中。

Makefile 是个文件，此文件中描述了程序的编译规则，执行 make 命令时，make 命令会在当前目录中找 Makefile 文件，根据 Makefile 文件里的规则编译程序。

Makefile 的好处是简化编译程序时输入的命令，编译时只需要输入 make；节省编译时间，提高编译效率。make 命令的标准形式如下。

```
make [ 选项 ] [ 宏定义 ] [ 目标文件 ]
```

常用选项及含义如下：
➢ –f file：指定 Makefile 的文件名。
➢ –n：打印出所有执行命令，事实上不执行这些命令。
➢ –s：在执行时不打印命令名。
➢ –w：如果执行 make 时要改变目录，则打印当前的执行目录。
➢ –d：打印调试信息。
➢ –I<dirname>：指定所用 Makefile 所在的目录。
➢ –h：显示 Makefile 的 help 信息。

假设 Makefile 文件名称为其他名称，如 Makefilename，可用 –f 选项指定 Makefile 文件，用法如下：

```
make –f Makefilename
```

2.6.1 Makefile 结构

Makefile 有自身特定的编写格式，且遵循一定的语法规则。其语法格式如下：

```
# 注释
目标文件：依赖文件列表
<Tab> 命令列表
```

➢ 注释：Makefile 文件语句行注释采用 "#"。
➢ 目标：表示目标文件的列表，通常指程序编译过程中生成的目标文件或最终的可执行文件名，有时也可指执行的动作，如 "clean" 这样的目标。
➢ 依赖文件：表示目标文件所依赖的文件，一个目标可以依赖一个或多个文件。

➢ ":"符号：分割符，介于目标和依赖文件之间。

➢ 命令列表：make 程序执行的动作，即创建目标文件的命令。一条规则可由一条或多条命令组成，每一行只能有一条命令，每一条命令都要用"Tab"键开始。

示例 2.23　已知源程序 main.c、sum.c、sub.c、head.h，程序分别如下，编写 Makefile 文件生成可执行文件 main。

```
main.c
#include "head.h"
int main（void）
{
    int x=2;
    int y=4;
    printf ("---------------start----------------\n");
    printf ("%d + %d =%d\n", x, y, sum (x, y));
    printf ("%d – %d =%d\n", x, y, sub (x, y));
    printf ("---------------end-----------------\n");
    return 0;
}
sum.c
#include "head.h"
int sum（int a，int b）
{
    return a+b;
}
sub.c
#include "head.h"
int sub（int a，int b）
{
    return a–b;
}
head.h
#ifndef _HEAD_H_
#define _HEAD_H_
#include <stdio.h>
int sub（int a，int b）;
int sum（int a，int b）;
#endif
Makefile
main: main.o sub.o sum.o
    gcc main.o sub.o sum.o –o main
main.o: main.c
    gcc main.c –o main.o –c
sub.o: sub.c
    gcc sub.c –o sub.o –c
sum.o: sum.c
    gcc sum.c –o sum.o –c
clean:
    rm *.o main –rf
```

在终端输入"make"，即可生成可执行文件 main，执行 main 文件，其结果如下：

```
cw@dell: /mnt/hgfs/share/2makefile/demo2$ make
gcc main.c -o main.o -c
gcc sub.c -o sub.o -c
gcc sum.c -o sum.o -c
gcc main.o sub.o sum.o -o main
cw@dell: /mnt/hgfs/share/2makefile/demo2$ ./main
---------------start-----------------
2 + 4 =6
2 - 4 =-2
---------------end-----------------
```

2.6.2　Makefile 变量

Makefile 文件中除了一系列的规则，变量的使用也是非常重要的内容。包括自定义变量、预定义变量、自动变量及环境变量。

（1）自定义变量

格式为：变量名 = 变量值

引用变量为：$（变量名）

例如：定义 OBJS 变量，OBJS= main.o sub.o sum.o；引用 OBJS 变量：$（OBJS）。

（2）预定义变量

预定义变量包含了常见编译器、汇编器的名称及其编译选项，如表 2.24 所示。

表 2.24　常见编译器、汇编器的名称及其编译选项

预定义变量	含义	预定义变量	含义
AR	库文件维护程序的名称，默认值为 ar	ARFLAGS	库文件维护程序的选项，无默认值
AS	汇编程序的名称，默认值为 as	ASFLAGS	汇编程序的选项，无默认值
CC	C 编译器的名称，默认值为 cc	CFLAGS	C 编译器的选项，无默认值
CPP	C 预编译器的名称，默认值为 $(CC)-E	CPPFLAGS	C 预编译的选项，无默认值
CXX	C++ 编译器的名称，默认值为 g++	CXXFLAGS	C++ 编译器的选项，无默认值
FC	Fortran 编译器的名称，默认值为 f77	FFLAGS	Fortran 编译器的选项，无默认值
RM	文件删除程序的名称，默认值为 rm -f		

可以看出，CC 和 CFLAGS 都是预定义变量，CC 有默认值，CFLAGS 没有默认值，如果 CC 不采用默认值，可用"CC=gcc"列出。

（3）自动变量

自动变量通常代表编译语句中出现的目标文件和依赖文件等，且具有本地含义，即下一语句中的相同变量代表的是下一句的目标文件和依赖文件。常见自动变量如表 2.25 所示。

表 2.25　常见自动变量

自动变量	含义
$@	目标文件的完整名称
$^	所有不重复的依赖文件，以空格分开

（续）

自动变量	含义
$<	第一个依赖文件的名称
$*	不包含扩展名的目标文件名称
$+	所有的依赖文件，以空格分开，并以出现的先后为序，可能包含重复的依赖文件
$%	如果目标是归档成员，则该变量表示目标的归档成员名称
$?	所有时间戳比目标文件晚的依赖文件，并以空格分开

示例 2.24 中的 Makefile 文件内容简化如下：

```
CC=gcc
obj=main
OBJ=main.o sub.o sum.o
CFLAGS=-Wall -g
$（obj）：$（OBJ）
    $（CC）$^ -o $@
%*.o：%*.c
    $（CC）$（CFLAGS）-c $< -o $@
clean：
    rm $（obj）*.o -rf
```

2.7 开发环境的搭建

2.7.1 VMware Tools 安装

Ubuntu 安装成功，VMware 全屏时，Ubuntu 桌面在 VMware 中不能全屏显示，因此还需要安装 VMware Tools 工具。VMware Tools 是 VMware Workstation 自带的一种增强工具，安装成功后能实现 Windows 主机和虚拟机间的文件共享。

1）单击 VMware Workstation 软件菜单栏中的"虚拟机"，然后在下拉框中单击"安装 VMware Tools"，操作如图 2.19 所示。

2）完成后进入 Ubuntu，桌面会出现 VMware Tools 的光盘（/media），单击就可以进入，如图 2.20 所示。

图 2.19　安装 VMware Tools

图 2.20　打开 VMwareTools-10.3.2-9925305.tar.gz 所在位置

3）单击右键 --->"终端打开"，使用以下命令实现把选中的压缩文件复制到主目录中进行解压，操作如下：

```
cw@dell：/media/cw/VMware Tools$ ls
manifest.txt      VMwareTools-10.3.2-9925305.tar.gz    vmware-tools-upgrader-64
run_upgrader.sh    vmware-tools-upgrader-32
cw@dell：/media/cw/VMware Tools$ cp VMwareTools-10.3.2-9925305.tar.gz ～
cw@dell：/media/cw/VMware Tools$ cd ～
cw@dell：～ $ tar xzvf VMwareTools-10.3.2-9925305.tar.gz
cw@dell：～ $ cd vmware-tools-distrib/
cw@dell：～ /vmware-tools-distrib$ sudo ./vmware-install.pl
[sudo] cw 的密码：
The installer has detected an existing installation of open-vm-tools packages
on this system and will not attempt to remove and replace these user-space
applications. It is recommended to use the open-vm-tools packages provided by
the operating system. If you do not want to use the existing installation of
open-vm-tools packages and use VMware Tools，you must uninstall the
open-vm-tools packages and re-run this installer.
The packages that need to be removed are：
open-vm-tools
Packages must be removed with the --purge option.
The installer will next check if there are any missing kernel drivers. Type yes
if you want to do this，otherwise type no [yes]
```

4）输入"yes"，然后开始安装，遇到 yes 输入"yes"，其他一律回车，最后重启 Ubuntu 让 VMware Tools 生效。判断是否成功体现在 Ubuntu 是否可以自适应屏幕大小，如果无法自适应屏幕，在 VMware Workstation 菜单栏单击"查看"--->"自动调整大小"--->"自动适应客户机"。图 2.21 显示 VMware tools 安装成功。

5）单击全屏图标，可实现全屏显示，拖动调整 VMware Workstation 窗口大小，屏幕可随窗体大小变化而变化，如图 2.22 所示。

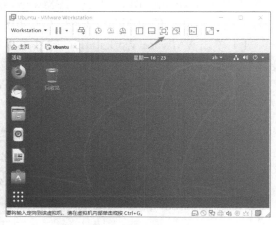

图 2.21　安装成功　　　　　　　　　　　图 2.22　实现全屏显示

2.7.2　设置共享文件夹

单击 VMware Workstation 菜单栏中的"虚拟机"--->"设置"--->"选项"--->"共享文件夹"。选择"总是启用"，单击"添加"--->"下一步"，主机路径选择 Windows

下的一个文件夹，在此选择 F 盘的 share 文件夹，此时名称（A）一般为文件夹名称，此处为 share；单击"下一步"--->"完成"--->"确定"，完成共享文件夹的设置，如图 2.23 所示。

图 2.23　共享文件夹的设置

设置好共享文件夹后，Windows 下的 F 盘中 share 文件夹和 Ubuntu 中 /mnt/hgfs/share 是共享的。

2.7.3　文本编辑器 vim 的安装

vim 是一个类似于 vi 的功能强大、高度可定制的文本编辑器，在 vi 的基础上改进和增加了很多特性，vim 更符合操作习惯，更加易用。

大多数时候，在 Ubuntu 系统下在线安装软件，是通过 apt-get 命令完成的。apt-get 是一条 Linux 命令，适用于 deb 包管理式的操作系统，主要用于自动从互联网的软件仓库中搜索、安装、升级、卸载软件或操作系统。

在保证联网正常的环境下，打开终端后运行以下命令，出现硬盘请求，提示输入"y"确认安装。输入"y"并按"Enter"键，系统会联网在线安装 vim，稍等片刻即可。

```
cw@dell：～ $ sudo  apt-get  install  vim
```

2.7.4　g++ 和 make 的安装

进行 Linux 界面开发和编译 Android 源码，均需要 g++ 和 make，输入以下命令安装。

```
cw@dell：～ $ sudo  apt-get  install  g++
cw@dell：～ $ sudo  apt-get  install  make
```

2.7.5　TFTP 服务的安装

简单文件传输协议（Trivial File Transfer Protocol，TFTP）是 TCP/IP 协议族中基于 UDP 的一个用来在客户机与服务器之间进行简单文件传输的协议，提供不复杂、开销不大的文件传输服务。

1）安装 tftp 服务器和 tftp 客户端，使用以下命令。

```
cw@dell：~ $ sudo   apt-get   install   tftpd-hpa   tftp-hpa
```

2）修改配置文件。

```
cw@dell：~ $ sudo   vim   /etc/default/tftpd-hpa
```

打开配置文件并将其内容修改为：

```
TFTP_USERNAME="tftp"
TFTP_DIRECTORY="/home/cw/tftp_share"
TFTP_ADDRESS="0.0.0.0：69"
TFTP_OPTIONS="-l -c -s"
```

用户名是 cw，在主文件夹下建立共享文件夹 tftp_share，路径自然是 /home/cw/tftp_share，下面创建该文件夹，以及更改权限。

```
cw@dell：~ $ mkdir   /home/cw/tftp_share
cw@dell：~ $ chmod   777   /home/cw/tftp_share
```

重新启动服务，让配置生效。

```
cw@dell：~ $ sudo   service   tftpd-hpa   restart
```

3）测试。

在 /home/ cw /tftp_share 文件夹下新建 test 文本，并写入内容"haha"。

```
cw@dell：~ $ cd   /home/cw/tftp_share
cw@dell：~ $ echo   "haha" >   test
```

回到主文件夹，并用 tftp 下载 test 文件到主文件夹。

```
cw@dell：~ $ cd   ~
cw@dell：~ $ tftp   127.0.0.1
tftp> get   test
cw@dell：~ $ cat   test
haha
```

如果在 6818 上下载文件，命令格式如下：

```
[root@GEC6818 /]# tftp   -g   -r 要下载的文件名   Ubuntu 的 IP 地址
```

如果在 6818 上上传文件到 Ubuntu，命令格式如下：

```
[root@GEC6818 /]# tftp -p   -l 要上传的文件名       Ubuntu 的 IP 地址
```

2.7.6　NFS 服务的安装

网络文件系统（Network File System，NFS），是 Linux 系统支持的文件系统中的一种，它允许网络中的计算机之间通过 TCP/IP 网络共享资源。在 NFS 的应用中，本地 NFS 的客户端应用可以透明地读写位于远端 NFS 服务器上的文件，如同访问本地文件一样。

1）安装软件。

```
cw@dell：~ $ sudo  apt-get  install  nfs-kernel-server  nfs-common
```

修改配置文件。

```
cw@dell：~ $ sudo  vim  /etc/exports
```

在末行加入内容，保存退出，内容表示任意网络主机均可访问 /home/cw/nfs_share。

```
/home/cw/nfs_share  *（rw，sync，no_root_squash）
```

2）创建共享文件夹，修改权限。

```
cw@dell：~ $ mkdir  /home/cw/nfs_share
cw@dell：~ $ chmod  777  /home/cw/nfs_share
```

3）重启 NFS 服务。

```
cw@dell：~ $ sudo  /etc/init.d/nfs-kernel-server  restart
```

4）测试。

下面把 /home/cw/nfs_share 挂载到 /mnt 上，在 /mnt 中创建一个内容为空的 test 文件。在 nfs_share 文件夹中也是这个 test 文件，即为成功。

```
cw@dell：~ $ sudo  mount  -o  nolock，tcp  127.0.0.1：/home/cw/nfs_share  /mnt
cw@dell：~ $ sudo  touch  /mnt/test
cw@dell：~ $ ls  /home/cw/nfs_share/
test
```

2.7.7　交叉编译工具的安装

嵌入式系统通常是一个资源受限的系统，因此直接在嵌入式系统的硬件平台上编写软件比较困难，有时候甚至是不可能的。

解决办法：在通用计算机上编写程序，通过本地编译或者交叉编译生成目标平台上可以运行的二进制代码格式，最后再下载到目标平台上运行。

1. 交叉编译环境构建

在一种平台上编译出能在另一种平台（体系结构不同）上运行的程序，在 PC 平台（x86 CPU）上编译出能运行在 arm 平台上的程序，编译得到的程序在 x86 CPU 平台上是不能运行的，必须放到 arm 平台上才能运行，用来编译这种程序的编译器就叫交叉编译器。本书案例构建的交叉编译环境如图 2.24 所示，采用宿主机 - 目标机模式。

为防止与本地编译器混淆，交叉编译器的名字一般都有前缀，例如：arm-linux-gcc。交叉编译器只是交叉开发环境的一部分。交叉开发环境是指编译、链接和调试嵌入式应用软件的环境，它与运行嵌入式应用软件的环境有所不同。

交叉编译环境所需工具的集合体如图 2.25 所示，相关功能如表 2.26 所示。主要包括：交叉编译器，例如 arm-linux-gcc；交叉汇编器，例如 arm-linux-as；交叉链接器，例如 arm-linux-ld；各种操作所依赖的库；用于处理可执行程序和库的一些基本工具，例如 arm-linux-strip。

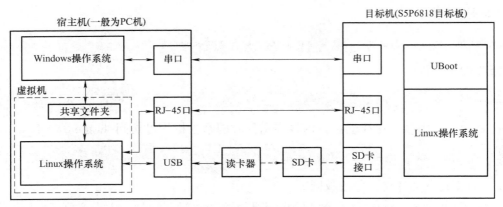

图 2.24　交叉编译环境

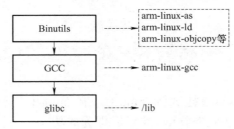

图 2.25　交叉编译器

表 2.26　交叉编译相关功能

名称	归属	作用
arm-linux-as	Binutils	编译 ARM 汇编程序
arm-linux-ar	Binutils	把多个 .o 合并成一个 .o 或静态库（.a）
arm-linux-ranlib	Binutils	为库文件建立索引，相当于 arm-linux-ar -s
arm-linux-ld	Binutils	链接器，把多个 .o 或库文件链接成一个可执行文件
arm-linux-objdump	Binutils	查看目标文件（.o）和库（.a）的信息
arm-linux-objcopy	Binutils	转换可执行文件的格式
arm-linux-strip	Binutils	去掉 elf 可执行文件的信息，使可执行文件变小
arm-linux-readelf	Binutils	读 elf 可执行文件的信息
arm-linux-gcc	GCC	编译 .c 或 .S 的 C 语言或汇编程序
arm-linux-g++	GCC	编译 c++ 程序

通常，编译裸机程序、引导程序（bootloader）、内核、文件系统及应用程序，是用的不同的工具链。

2. 安装交叉编译工具链

现在以应用开发用到的工具链 arm-linux-gnueabi-5.4.0.tar.xz 为例进行安装，将这个压缩包复制到 Ubuntu 任意目录下。解压：

```
cw@dell：~ $ sudo  tar  Jxvf arm-linux-gnueabi-5.4.0.tar.xz -C  /
```

设置环境变量，让它成为默认交叉编译器。

```
cw@dell：～ $ vim    ～ /.bashrc
```

在文件末尾添加一行指定路径。

```
export PATH=/usr/local/arm/5.4.0/usr/bin：$PATH
```

立即生效环境变量。

```
cw@dell：～ $ source    ～ /.bashrc
```

输入"arm-linux-gcc   -v"，如果有版本信息即安装成功。

```
cw@dell：～ $arm-linux-gcc    -v
```

习题与练习

1. 什么是 gcc，简述其执行过程。

2. 编写一个简单的 C 程序，输出"Hello，Linux!"，在 Linux 下用 gcc 进行编译并执行。

3. 编写一个函数实现 $\sum n = 1+2+3+\cdots+n$，主函数调用此函数，并编写对应的 Makefile 文件实现编译。

4. 在电脑上搭建开发环境，至少包括 VMware Tools、vim 和共享文件夹。

第 3 章　文件 I/O 编程

教学目标

1. 掌握系统调用基本概念；
2. 掌握文件描述符的概念；
3. 掌握系统 I/O 函数的使用；
4. 掌握标准文件 I/O 函数的使用；
5. 掌握 S5P6818 相关的文件 I/O 操作。

重点内容

1. 系统 I/O 编程；
2. 标准 I/O 编程。

3.1　系统调用

3.1.1　基本概念

1. 系统调用

系统调用是由操作系统实现并提供给应用程序调用的编程接口，用户可以通过这组接口获得操作系统内核提供的服务。在 Linux 中，为了更好地保护内核空间，将程序的运行空间分为内核空间（内核态）和用户空间（用户态），它们运行在不同级别上，逻辑上互相隔离。用户进程通常不允许访问内核数据，不能使用内核函数，只能在用户空间操作用户数据，使用用户空间的函数。在有些情况下，用户空间的进程需要调用内核空间程序，操作系统就利用系统提供给用户的接口即系统调用，在进行系统调用时，程序运行空间需要从用户空间进入内核空间，处理完后再返回用户空间。比如用户可以通过文件系统相关的调用请求系统打开文件、关闭文件或读写文件，可以通过时钟相关的系统调用获得系统时间或设置定时器等。

从逻辑上来说，系统调用可被看成是一个内核与用户空间程序交互的接口，它好比一个中间人，把用户进程的请求传达给内核，待内核把请求处理完毕后再将处理结果送回给用户空间。这些系统调用按照功能逻辑大致可分为进程控制、进程间通信、文件系统控制、系统控制、存储管理、网络管理、socket 控制、用户管理等几类。

2. 用户编程接口

系统调用并不是直接与程序员进行交互的。它是通过软中断机制向内核提出请求，以获取内核服务的接口，实际使用中，程序员调用的通常是用户编程接口（Application Programming Interface，API）。Linux 中，用户编程接口遵循了在 Unix 中最流行的应用编程界面标准——POSIX 标准。POSIX 标准是由 IEEE 和 ISO/IEC 共同开发的，该标准描述了操作系统的系统调用编程接口，API 用于保证应用程序可以在源程序一级上在多种操作系统上移植运行。这些系统调用编程接口主要通过 C 库（libc）实现。

3. 系统命令

系统命令即前面所学的 shell 命令，它们实际上是可执行程序，内部引用了用户编程接口来实现其功能，其关系如图 3.1 所示。

4. 文件描述符

Linux 中对目录和设备的操作都等同于文件的操作，内核如何区分和引用特定的文件呢？那就是文件描述符，所有对设备和文件的操作都是使用文件描述符来进行的。文件描述符是一个非负整数，是一个索引值，并指向内核中每个进程打开文件的记录表。当打开一个已存在文件或创建一个新文件时，内核向进程返回一个文件描述符；当进行读写文件时，是把文件描述符作为参数传递给相对应的函数。

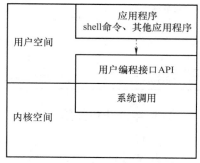

图 3.1　系统调用、API 和 shell 命令关系

通常，程序运行起来后（每个进程）都有一张文件描述符的表，标准输入、标准输出和标准错误输出设备文件被打开，分别对应 0、1、2（也可分别用宏 STDIN_FILENO、STDOUT_FILENO、STDERR_FILENO）。在程序运行起来后打开其他文件时，系统会返回文件描述表中最小可用的文件描述符，并将此文件描述符记录在表中。

```
#define STDIN_FILENO   0    // 标准输入（用于从键盘获取数据）的文件描述符
#define STDOUT_FILENO 1    // 标准输出（用于向屏幕输出数据）的文件描述符
#define STDERR_FILENO 2    // 标准错误输出（用于获取错误信息）的文件描述符
```

3.1.2　系统调用实现文件 I/O 操作

1. 创建文件

创建文件采用 creat 函数，其语法格式如表 3.1 所示。

表 3.1　creat 函数语法格式

所需头文件	#include <sys/types.h> #include <sys/stat.h> #include <fcntl.h>	
函数原型	int creat（const char *pathname，mode_t mode）	
函数输入值	pathname	文件描述符
	mode：访问权限	可用八进制表示文件的读写权限，例如：0644
函数返回值	成功：打开文件的文件描述符 失败：−1	

2. 检查文件及确定文件权限

检查文件及确定文件权限采用 access 函数，其语法格式如表 3.2 所示。

表 3.2　access 函数语法格式

所需头文件	#include <unistd.h>			
函数原型	int access（const char *pathname，mode_t mode）			
函数输入值	pathname	包括路径的文件名		
	mode：模式	F_OK 值为 0	检查文件是否存在	
		X_OK 值为 1	检查文件是否可执行	
		W_OK 值为 2	检查文件是否可写	
		R_OK 值为 4	检查文件是否可读	
		后三种可用位或运算，例如 W_OK|R_OK		
函数返回值	0 为真，非零为假，无论是否为真，都会向标准错误发送信号指明执行情况			

3. 文件打开和关闭

（1）打开文件

打开文件使用 open 函数，其语法格式如表 3.3 所示。

表 3.3　open 函数语法格式

所需头文件	#include <sys/types.h> #include <sys/stat.h> #include <fcntl.h>		
函数原型	int open（const char *pathname，int flags） int open（const char *pathname，int flags，mode_t mode）		
函数输入值	pathname	文件的路径及文件名	
	flags：文件打开方式	O_RDONLY	以只读方式打开文件
		O_WRONLY	以只写方式打开文件
		O_RDWR	以读写方式打开文件
		以上值互斥，只能选其一，但可以与下列值按位进行或运算	
		O_CREAT	文件不存在则创建一个新文件，并用第三个参数 mode 为其设置权限
		O_EXCL	如果使用 O_CREAT，且文件存在，则可返回错误消息。可测试文件是否存在。此时 open 是原子操作，防止多个进程同时创建同一个文件
		O_TRUNC	若文件已经存在，清空文件内容，并设置文件大小 0
		O_APPEND	写文件时，数据添加到文件的末尾
		O_NONBLOCK	当打开的文件是 FIFO、字符文件、块文件时，此选项为非阻塞标志位
	mode	文件不存在时有效，新建文件时指定文件的权限，可用八进制表示文件的读写权限，例如：0644	
函数返回值	成功：返回打开的文件描述符 失败：-1		

用法：

① O_CREAT\|O_RDWR：如果文件不存在，则创建，否则以读写方式打开文件。

② O_CREAT|O_EXCL：如果文件不存在，则创建，如果存在则调用失败。

③ O_CREAT|O_WRONLY|O_TRUNC：创建文件并清空写数据。

mode 补充说明：

① 文件最终权限由 mode 和 umask 决定，值为 mode& ~ umask。

② 进程的 umask 掩码可用 umask 命令查看，用法如下：

➢ umask：查看掩码（补码）。

➢ umask mode：设置掩码，mode 为八进制数。

➢ umask –S：查看各组用户的默认权限。

③ mode 取值如表 3.4 所示。

表 3.4　mode 取值

mode 取值	八进制	含义	mode 取值	八进制	含义
S_IRWXU	00700	文件所有者的读写可执行权限	S_IRWXO	00007	其他组用户的读写可执行权限
S_IRUSR	00400	文件所有者的读权限	S_IROTH	00004	其他组用户的读权限
S_IWUSR	00200	文件所有者的写权限	S_IWOTH	00002	其他组用户的写权限
S_IXUSR	00100	文件所有者的可执行权限	S_IXOTH	00001	其他组用户的可执行权限
S_IRWXG	00070	文件所有者同组用户读写可执行权限	S_IWGRP	00020	文件所有者同组用户写权限
S_IRGRP	00040	文件所有者同组用户读权限	S_IXGRP	00010	文件所有者同组用户可执行权限

（2）关闭文件

关闭文件采用 close 函数，其语法格式如表 3.5 所示。

表 3.5　close 函数语法格式

所需头文件	#include <unistd.h>	
函数原型	int close（int fd）	
函数输入值	fd	文件描述符
函数返回值	成功：0 失败：–1	

示例 3.1　使用 open 函数重复打开一个文件，观察一个文件默认能打开多少次，命名为 open_count.c，程序如下：

```
#include <stdio.h>
#include <stdlib.h>
#include <sys/types.h>
#include <sys/stat.h>
#include <fcntl.h>

int main（int argc，char **argv）
{
    if（argc!=2）
    {
```

```
                printf ("arguments error\n");
                exit (0);
            }
        int count=0;
        while (1)
        {
            int fd=open (argv[1], O_RDONLY|O_CREAT, 0644);
            printf ("fd: %d\n", fd);
            if (fd==-1)
            {
                    perror ("open error");
                    break;
            }
            count++;
        }
        printf ("count: %d\n", count);
        return 0;
}
```

将代码进行编译如下：

```
cw@dell: /mnt/hgfs/share/book/2chaper_io/1api$ gcc open_count.c –o open_count
cw@dell: /mnt/hgfs/share/book/2chaper_io/1api$ ./open_count 1.txt
fd: 3
fd: 4
fd: 5
fd: 6
…
fd: 1021
fd: 1022
fd: 1023
fd: -1
open error: Too many open files
count: 1021
```

从结果可以看出，一个文件默认可以重复打开 1021 次。

示例 3.2　判断文件是否存在，如果存在则打开文件，不存在则创建文件，命名为 access_creat.c，程序如下：

```
#include <stdio.h>
#include <stdlib.h>
#include <fcntl.h>              // 文件控制的函数定义
#include <errno.h>             // 对外提供的各种错误信号的定义，用数字代表错误类型
#include <string.h>
#include <unistd.h>            //C++ 标准库头文件
int main (int argc, char *argv[])
{
  if(argc<2)
  {
    printf ("you haven't input the filename, please try again!\n");
    exit (EXIT_FAILURE);
  }
```

```
    int fd;
    int err=access (argv[1], 0);                                    // 判断文件是否存在
    printf ("err=%d, errstr=%s\n", errno, strerror (errno));        // 打印返回结果
    if (err==0)                                                     // 文件存在
    {
        fd=open (argv[1], O_RDWR|O_SYNC, 0666);                     // 打开文件
    }
    else                                                            // 文件不存在
    {
        fd=creat (argv[1], 0666);                                   // 创建文件
    }
    if (fd==-1)                                                     // 打开或创建失败
    {
        printf ("open or creat failed\n");
        exit (1);
    }
    close (fd);                                                     // 关闭文件
    return 0;
}
```

将代码进行编译如下：

```
cw@dell: /mnt/hgfs/share/io/1api_io$ gcc access_creat.c –o access_creat
cw@dell: /mnt/hgfs/share/io/1api_io$ ./access_creat help.c
err=2, errstr=No such file or directory
cw@dell: /mnt/hgfs/share/io/1api_io$ ./access_creat help.c
err=0, errstr=Success
cw@dell: /mnt/hgfs/share/io/1api_io$
```

第一次执行 ./access_creat help.c，由于 help.c 不存在，所有打印输出 access 的返回结果及错误码，创建 help.c；第二次执行 ./access_creat help.c，help.c 存在，能正确打开 help.c。

4. 文件读写

（1）从文件读取数据

从文件读取数据采用 read 函数，其语法格式如表 3.6 所示。

表 3.6　read 函数语法格式

所需头文件	#include <unistd.h>	
函数原型	ssize_t read (int fd, void *buf, size_t count)	
函数输入值	fd	文件描述符
	buf	指定存储器读出数据的缓冲区
	count	指定读出的字节数
函数返回值	成功：读到的字节数为 0 表示已到达文件尾 失败：-1	

（2）将数据写入文件

将数据写入到文件采用 write 函数，其语法格式如表 3.7 所示。

表 3.7　write 函数语法格式

所需头文件	#include <unistd.h>	
函数原型	ssize_t write（int fd, void *buf, size_t count）	
函数输入值	fd	文件描述符
	buf	指定存储器写入数据的缓冲区
	count	指定写入的字节数
函数返回值	成功：已写的字节数 失败：−1	

示例 3.3　mycopy.c 实现文件的复制。

```c
#include <stdio.h>
#include <stdlib.h>
#include <sys/types.h>      // 操作系统对外提供的各种数据类型的定义
#include <sys/stat.h>       // 操作系统对外提供的各种结构类型的定义
#include <fcntl.h>          // 文件控制的函数定义
#include <unistd.h>         //C++ 标准库头文件
#include <errno.h>          // 对外提供的各种错误信号的定义，用数字代表错误类型
#include <strings.h>
int main（int argc, char **argv）
{
  if（argc!=3）
  {
    printf（"use：%s <src> <dst>\n", argv[0]）;
    exit（0）;
  }
  int fd_src=open（argv[1], O_RDONLY）;
  int fd_dst=open（argv[2], O_WRONLY|O_CREAT|O_TRUNC, 0644）;
  if（fd_src==-1||fd_dst==-1）
  {
    perror（"open failed"）;
    exit（1）;
  }
  char buf[100];
  int nread, nwrite;
  while（1）
  {
    bzero（buf, 100）;
    while（（nread=read（fd_src, buf, 100））==-1&&errno==EINTR）;
    if（nread==-1）
    {
      perror（"read failed"）;
      exit（1）;
    }
    if（nread==0）
    {
      break;
    }
    char *p=buf;
    while（nread>0）
```

```
    {
      while ((nwrite=write (fd_dst, p, nread)) ==-1&&errno==EINTR);
      if (nwrite==-1)
      {
        perror ("write failed");
        exit (1);
      }
      nread=nread-nwrite;
      p+=nwrite;
    }
  }
  close (fd_src);
  close (fd_dst);
  return 0;
}
```

将代码进行编译并执行如下：

```
cw@dell：/mnt/hgfs/share/io/1api_io$ gcc mycopy.c –o mycopy
cw@dell：/mnt/hgfs/share/io/1api_io$ ./mycopy mycopy.c
use：./mycopy <src> <dst>
cw@dell：/mnt/hgfs/share/io/1api_io$ ./mycopy mycopy.c test.c
cw@dell：/mnt/hgfs/share/io/1api_io$ diff mycopy.c test.c
cw@dell：/mnt/hgfs/share/io/1api_io$
```

采用 diff 命令对比 mycopy.c 和 test.c 的不同之处，没有输出任何结果，表明 mycopy.c 和 test.c 的内容是一样的，完成了复制功能。

5. 文件指针移动

当文件读写数据时，文件指针会自动移动，也可以根据函数来改变文件指针的位置，文件指针移动采用 lseek 函数，其语法格式如表 3.8 所示。

表 3.8 lseek 函数语法格式

所需头文件	#include <sys/types.h> #include <unistd.h>		
函数原型	off_t lseek (int fd, off_t offset, int whence)		
函数输入值	fd	文件描述符	
	offset	偏移量，单位是字节，可正可负（正：向后偏移，负：向前偏移）	
	whence：当前位置的基点	SEEK_SET	当前位置为文件的开头
		SEEK_CUR	当前位置为当前文件指针位置
		SEEK_END	当前位置为文件的尾部
函数返回值	成功：文件的当前位移 失败：-1		

示例 3.4 read_wav.c 实现读取 wav 文件头。

1）WAV 结构体：

```
struct WAV{
        char riff[4];                    //RIFF
        long len;                        // 文件大小
        char type[4];                    //WAVE
        char fmt[4];                     //fmt
        char tmp[4];                     // 空出的
        short pcm;
        short channel;                   // 声道数
        long sample;                     // 采样率
        long rate;                       // 传输速率
        short framesize;                 // 调整数
        short bit;                       // 样本位数
        char data[4];                    // 数据
        long dblen;                      //len–sizeof（struct WAV）
};
```

对于 wav 文件，有些概念如下：
➢ 采样：获取音频数据。
➢ 采样样本：1 帧数据。
➢ 采样率：每秒的帧数。
➢ 格式：采样位数，即每一帧每一声道所占的内存空间。
➢ 声道：双声道、单声道。
➢ t 秒内的字节数：字节数 =t*sample*bit*channel/8。
　　　　　　　　　　t= 字节数 /（sample*bit*channel/8）。
　　　　　　　　　　传输速率 = sample*bit*channel/8，即每一秒内的字节数。
　　　　　　　　　　调整数 =channel *bit/8，即一帧的字节数。

2）程序如下：

```
#include <stdio.h>
#include <stdlib.h>
#include <sys/types.h>
#include <sys/stat.h>
#include <fcntl.h>
#include <unistd.h>
#include <errno.h>
#include <strings.h>
int main（int argc，char **argv）
{
        int fd=open（argv[1]，O_RDONLY）;
        if（fd==–1）
        {
           perror（"open err"）;
           return –1;
        }
        char type[5]={0};
        short channel;
        short bit;
        int sample;
```

```
        lseek（fd, 0x08, 0）;        // 跳过 8 字节
        read（fd, type, 4）;
        lseek（fd, 0x16, 0）;        // 跳过 22 字节
        read（fd, &channel, 2）;
        read（fd, &sample, 4）;
        lseek（fd, 0x22, 0）;        // 跳过 34 字节
        read（fd, &bit, 2）;
        close（fd）;
        printf（"type: %s, channel: %d, sample: %d, bit: %d\n", type, channel, sample, bit）;
        return 0;
}
```

将程序进行编译执行如下：

```
cw@dell: /mnt/hgfs/share/book/2chaper_io$ gcc read_wav.c –o read_wav
cw@dell: /mnt/hgfs/share/book/2chaper_io$ ./read_wav hello.wav
type: WAVE, channel: 2, sample: 48000, bit: 16
cw@dell: /mnt/hgfs/share/book/2chaper_io$ mediainfo hello.wav
General
Complete name                       : hello.wav
Format                              : Wave
File size                           : 552 KiB
Duration                            : 2 s 944 ms
Overall bit rate mode               : Constant
Overall bit rate                    : 1 536 kb/s
Writing application                 : Lavf58.20.100

Audio
Format                              : PCM
Format settings                     : Little / Signed
Codec ID                            : 1
Duration                            : 2 s 944 ms
Bit rate mode                       : Constant
Bit rate                            : 1 536 kb/s
Channel（s）                         : 2 channels
Sampling rate                       : 48.0 kHz
Bit depth                           : 16 bits
Stream size                         : 552 KiB（100%）
```

从结果可以看出，lseek 可改变文件指针位置。

3.2　标准 C 库完成文件 I/O 操作

前面所述的是文件 I/O 相关函数，是基于文件描述符，不带缓存的，是操作系统直接提供的函数接口。调用时，Linux 必须从用户态切换到内核态，执行相应请求，再返回应用态，所以应该尽量减少系统调用次数，以提高程序效率。而标准 I/O 是由 ANSI C 标准定义的，是基于流缓冲，提供流缓冲的目的在于尽可能减少系统调用的数量。标准 I/O 提供了 3 种类型的缓冲存储。

（1）全缓冲

此情况下，当填满标准 I/O 缓存后才进行实际 I/O 操作。存放在磁盘上的文件用标准

I/O 打开默认是全缓冲的。当缓冲区已满或用 flush 操作时才进行流操作。

（2）行缓冲

此情况下，当在输入和输出中遇到行结束符（\n）时，标准 I/O 库执行 I/O 操作。标准输入和标准输出就是使用行缓冲的典型例子。

（3）不带缓冲

此情况下，标准 I/O 库不对字符进行缓冲，即对流的读写时会立刻操作实际的文件。标准出错 stderr 通常是不带缓冲的，目的是使出错信息可以尽快显示出来，而不管它们是否含有 1 个行结束符。

下面具体介绍一些主要函数，也要注意区分以上 3 种情况。

3.2.1　文件打开和关闭

打开文件有 3 个标准函数，分别为：fopen()、fdopen() 和 freopen()。它们可以以不同的模式打开，但都返回一个指向 FILE 的指针，该指针指向对应的 I/O 流。此后，对文件的读写都通过这个 FILE 指针来进行。其中，fopen() 可以指定打开文件的路径和模式，fdopen() 可以指定打开的文件描述符和模式，而 freopen() 除可指定打开的文件、模式外，还可指定特定的 I/O 流。

（1）打开文件

fopen() 函数语法格式如表 3.9 所示。

表 3.9　fopen() 函数语法格式

所需头文件	#include <stdio.h>
函数原型	FILE * fopen（const char * path，const char * mode）
函数输入值	path：包含要打开的文件路径及文件名
	mode：文件打开状态（后面会具体说明）
函数返回值	成功：指向 FILE 的指针 失败：NULL

其中，mode 类似于 open() 函数中的 flag，定义打开文件的访问权限等，fopen() 中 mode 的各种取值如表 3.10 所示。其中 b 表示打开的文件是二进制文件，并非纯文本文件，不过 Linux 系统中会忽略该符号。

表 3.10　fopen() 中 mode 的各种取值

r 或 rb	打开只读文件，该文件必须存在
r + 或 r + b	打开可读写的文件，该文件必须存在
w 或 wb	打开只写文件，若文件存在则文件长度清为 0，即会擦写文件以前的内容。若文件不存在则建立该文件
w+ 或 w + b	打开可读写文件，若文件存在则文件长度清为 0，即会擦写文件以前的内容。若文件不存在则建立该文件
a 或 ab	以附加的方式打开只写文件。若文件不存在，则会建立该文件；若文件存在，写入的数据会被加到文件尾，即文件原先的内容会被保留
a+ 或 a + b	以附加方式打开可读写的文件。若文件不存在，则会建立该文件；若文件存在，写入的数据会被加到文件尾，即文件原先的内容会被保留

　　当用户程序运行时，系统自动打开了 3 个流：标准输入流 stdin、标准输出流 stdout 和标准错误流 stderr。

　　（2）关闭文件

　　关闭标准流文件的函数为 fclose()，该函数将缓冲区内的数据全部写入到文件中，并释放系统所提供的文件资源。fclose() 函数语法格式如表 3.11 所示。

表 3.11　fclose() 函数语法格式

所需头文件	#include <stdio.h>
函数原型	int fclose（FILE * stream）
函数输入值	stream：已打开的文件指针
函数返回值	成功：0 失败：EOF

3.2.2　错误处理

　　标准 I/O 函数执行时如果出现错误，会把错误码保存在全局变量 errorno 中。程序员可以通过相应的函数打印错误信息。错误处理函数 perror 语法格式如表 3.12 所示。

表 3.12　错误处理函数 perror 语法格式

所需头文件	#include <stdio.h>
函数原型	void perror（const char *s）
函数输入值	s：在标准错误流上输出的信息
函数返回值	无

　　错误处理函数 strerror 语法格式如表 3.13 所示。

表 3.13　错误处理函数 strerror 语法格式

所需头文件	#include <string.h> #include <errno.h>
函数原型	char *strerror（int errnum）
函数输入值	errnum：错误码
函数返回值	错误码对应的错误信息

3.2.3　文件定位

　　每个打开的文件都有一个当前读写位置，当前位置为 0，表示文件的开始位置。每读写一次后，当前读写位置自动增加实际读写的大小。在读写之前可进行定位，即移动到指定的位置再操作。定位的相关函数语法格式如表 3.14 所示。

表 3.14　定位的相关函数语法格式

所需头文件	#include <stdio.h>
函数原型	int fseek（FILE *stream，long offset，int whence）

（续）

函数输入值	stream：需要定位的文件指针	
	offset：相对于基准值的偏移量	
	whence： 基准值	SEEK_SET：文件起始位置
		SEEK_CUR：文件当前读写位置
		SEEK_END：文件结束位置
函数返回值	成功：0 失败：EOF	

ftell 函数语法格式如表 3.15 所示。

表 3.15　ftell 函数语法格式

所需头文件	#include <stdio.h>
函数原型	long ftell（FILE *stream）
函数输入值	stream：要定位的文件指针
函数返回值	成功：返回当前读写位置 失败：EOF

3.2.4　文件读写

（1）指定大小为单位读写文件

在文件流被打开之后，可对文件流按指定大小为单位进行读写等操作，其中读操作的函数为 fread()。fread() 函数语法格式如表 3.16 所示。

表 3.16　fread() 函数语法格式

所需头文件	#include <stdio.h>
函数原型	size_t fread（void * ptr, size_t size, size_t nmemb, FILE * stream）
函数输入值	ptr：存放读入记录的缓冲区
	size：读取的记录大小
	nmemb：读取的记录数
	stream：要读取的文件流
函数返回值	成功：返回实际读取到的 nmemb 数目 失败：EOF

按指定大小为单位对文件流进行写操作用 fwrite() 函数，fwrite() 函数语法格式如表 3.17 所示。

表 3.17　fwrite() 函数语法格式

所需头文件	#include <stdio.h>
函数原型	size_t fwrite（const void * ptr, size_t size, size_t nmemb, FILE * stream）
函数输入值	ptr：存放写入记录的缓冲区
	size：写入的记录大小
	nmemb：写入的记录数
	stream：要写入的文件流
函数返回值	成功：返回实际写入的记录数目 失败：EOF

示例 3.5　fread_fwrite.c 使用 fread 和 fwrite 实现文件的复制。

```c
#include <stdio.h>
#include <errno.h>
#include <stdlib.h>
#include <unistd.h>
#include <string.h>
int main（int argc，char **argv）
{
  if（argc!=3）
  {
    printf（"use：%s <src> <dst>\n"，argv[0]）;
    exit（0）;
  }
  FILE *fp_src=fopen（argv[1]，"r"）;
  if（fp_src==NULL）
  {
    perror（"open failed"）;
    exit（1）;
  }
  printf（"open fp_src successful\n"）;
  FILE *fp_dst=fopen（argv[2]，"w+"）;
  if（fp_dst==NULL）
  {
    fprintf（stderr，"open %s failed：%s\n"，argv[2]，strerror（errno））;
    exit（1）;
  }
  printf（"open fp_dst successful\n"）;
  char buf[20*5];
  int nread;
  long begin，end;
  while（1）
  {
    bzero（buf，100）;
    begin=ftell（fp_src）; // 记录文件指针的位置
    nread=fread（buf，20，5，fp_src）;
    if（nread<5）
    {
      if（feof（fp_src））
      {
        end=ftell（fp_src）;
        fwrite（buf，end-begin，1，fp_dst）;
        break;
      }
      if（ferror（fp_src））
      {
        perror（"fread failed\n"）;
        exit（1）;
      }
    }
    fwrite（buf，20，5，fp_dst）;
  }
```

```
    fclose（fp_src）;
    fclose（fp_dst）;
    return 0;
}
```

将程序进行编译如下，实现了复制功能。

```
cw@dell：/mnt/hgfs/share/book/2chaper_io/2stdio$ gcc fread_fwrite.c –o fread_fwrite
cw@dell：/mnt/hgfs/share/book/2chaper_io/2stdio$ ./fread_fwrite fread_fwrite.c test.c
open fp_src successful
open fp_dst successful
cw@dell：/mnt/hgfs/share/book/2chaper_io/2stdio$ diff fread_fwrite.c test.c
cw@dell：/mnt/hgfs/share/book/2chaper_io/2stdio$
```

（2）按字符（字节）输入 / 输出

字符输入 / 输出函数 1 次仅读写 1 个字符。其中字符输入 / 输出函数如表 3.18 和表 3.19 所示。

表 3.18　字符输入函数语法格式

所需头文件	#include <stdio.h>
函数原型	int getc（FILE * stream） int fgetc（FILE * stream） int getchar（void）
函数输入值	stream：要输入的文件流
函数返回值	成功：下一个字符 失败：EOF

getc() 和 fgetc() 从指定的流中读取 1 个字符，getchar() 从 stdin 中读取 1 个字符。

表 3.19　字符输出函数语法格式

所需头文件	#include <stdio.h>
函数原型	int putc（int c，FILE * stream） int fputc（int c，FILE * cream） int putchar（int c）
函数返回值	成功：字符 c 失败：EOF

putc() 和 fputc() 向指定的流输出 1 个字符，putchar() 向 stdout 输出 1 个字符。

示例 3.6　使用 fgetc 和 fputc 实现文件的复制。

```
#include <stdio.h>
#include <errno.h>
#include <stdlib.h>
#include <unistd.h>
#include <string.h>
int main（int argc，char **argv）
{
    if（argc!=3）
    {
```

```
        printf（"use：%s <src> <dst>\n", argv[0]);
        exit（0）;
    }
    FILE *fp_src=fopen（argv[1], "r"）;
    if（fp_src==NULL）
    {
        perror（"open failed"）;
        exit（1）;
    }
    printf（"open fp_src successful\n"）;
    FILE *fp_dst=fopen（argv[2], "w+"）;
    if（fp_dst==NULL）
    {
        fprintf（stderr, "open %s failed：%s\n", argv[2], strerror（errno））;
        exit（1）;
    }
    printf（"open fp_dst successful\n"）;
    int c;
    while（1）
    {
        c=fgetc（fp_src）;
        printf（"%d", c）;
        if（c==EOF）
        {
            if（feof（fp_src））
            {
                break;
            }
            if（ferror（fp_src））
            {
                perror（"fgetc failed"）;
                break;
            }
        }
        fputc（c, fp_dst）;
    }
    fclose（fp_src）;
    fclose（fp_dst）;
    return 0;
}
```

将程序进程编译如下，实现了文件的复制。

```
cw@dell：/mnt/hgfs/share/book/2chaper_io/2stdio$ gcc fgetc_fputc.c –o fgetc_fputc
cw@dell：/mnt/hgfs/share/book/2chaper_io/2stdio$ ./fgetc_fputc fgetc_fputc.c test.c
open fp_src successful
open fp_dst successful
cw@dell：/mnt/hgfs/share/book/2chaper_io/2stdio$ diff fgetc_fputc.c test.c
cw@dell：/mnt/hgfs/share/book/2chaper_io/2stdio$
```

（3）按行输入/输出

行输入/输出函数 1 次操作 1 行。其中行输入/输出函数如表 3.20 和表 3.21 所示。

表 3.20　行输入函数语法格式

所需头文件	#include <stdio.h>
函数原型	char * gets（char *s） char fgets（char * s, int size, FILE * stream）
函数输入值	s：要输入的字符串 size：输入的字符串长度 stream：对应的文件流
函数返回值	成功：s 失败：NULL

gets() 函数容易造成缓冲区溢出，不推荐使用。fgets() 从指定的流中读取 1 个字符串，当遇到 \n 时，会读取 \n 或读取 size–1 个字符后返回。

表 3.21　行输出函数语法格式

所需头文件	#include <stdio.h>
函数原型	int puts（const char *s） int fputs（const char * s, FILE * stream）
函数输入值	s：要输出的字符串 stream：对应的文件流
函数返回值	成功：s 失败：NULL

示例 3.7　使用 fgets 和 fputs 实现文件的复制。

```c
#include <stdio.h>
#include <errno.h>
#include <stdlib.h>
#include <unistd.h>
#include <string.h>
int main（int argc, char **argv）
{
  if（argc!=3）
  {
    printf（"use：%s <src> <dst>\n", argv[0]）;
    exit（0）;
  }
  FILE *fp_src=fopen（argv[1], "r"）;
  if（fp_src==NULL）
  {
    perror（"open failed"）;
    exit（1）;
  }
  printf（"open fp_src successful\n"）;
  FILE *fp_dst=fopen（argv[2], "w+"）;
  if（fp_dst==NULL）
  {
    fprintf（stderr, "open %s failed：%s\n", argv[2], strerror（errno））;
    exit（1）;
  }
```

```
        printf ("open fp_dst successful\n");
        char buf[100];
        while ( 1 )
        {
          bzero (buf, 100);
          if (fgets (buf, 100, fp_src) ==NULL)
          {
            if (feof (fp_src)) // 文件结尾
            {
              break;
            }
            if (ferror (fp_src)) // 出错
            {
              perror ("fgetc failed");
              break;
            }
          }
          fputs (buf, fp_dst);
        }
        fclose (fp_src);
        fclose (fp_dst);
        return 0;
}
```

将程序进行编译如下，实现了文件的复制。

```
cw@dell：/mnt/hgfs/share/book/2chaper_io/2stdio$ gcc fgets_fputs.c –o fgets_fputs
cw@dell：/mnt/hgfs/share/book/2chaper_io/2stdio$ ./fgets_fputs fgets_fputs.c test.c
open fp_src successful
open fp_dst successful
cw@dell：/mnt/hgfs/share/book/2chaper_io/2stdio$ diff fgets_fputs.c    test.c
cw@dell：/mnt/hgfs/share/book/2chaper_io/2stdio$
```

注意： fgets 和 fputs 比较适合用于文本文件，fgetc 和 fputc、fread 和 fwrite 对于文本文件、二进制文件都适合，后者速度较快。

3.3　S5P6818 文件操作实例

3.3.1　显示图片

1. 图片显示原理

在 Linux 中，一切皆文件，LCD 显示屏对应的设备文件为 /dev/fb0。如果想让 LCD 显示屏显示颜色，就是把颜色写入到 LCD 显示屏对应的设备文件中，查看 LCD 设备文件相关信息。

```
[root@GEC6818 /IOT]#ls –l /dev/fb0
crw–rw––––    1 root     root        29,  0 Jan  1  1970 /dev/fb0
```

颜色基于 RGB 模型，即红、绿、蓝，其范围是 [0，255]，每种颜色分量都占 1 个字节。LCD 显示屏显示接收的颜色信息是 aRGB，a 为透明度，一般为 0，总共 4 个字节，正好是 int 类型数据。如果要显示红色，可以定义一个变量等于 0x00ff0000，绿色为 0x0000ff00，蓝色为 0x000000ff。10in（1in=25.4mm）的 LCD 显示屏的大小为 1024*600，7in 的 LCD 显示屏的大小为 800*480，写入顺序是从左到右，从上到下。

2. 显示一定大小图片

图片的格式有很多，比如 bmp、png、gif 和 jpg 等。bmp 格式图片包含 54 字节的 bmp 格式的文件头和像素值，其像素值以 BGR 形式排列，每一个像素占 3 字节。

示例 3.8　将图片显示到显示屏中，首先准备一张 1024*600 的 bmp 图片，提前使用串口下载到实验箱中，编写 bmp.c 程序如下：

```c
#include <sys/types.h>
#include <sys/stat.h>
#include <fcntl.h>
#include <stdio.h>
#include <string.h>
#include <unistd.h>
#include <sys/mman.h>
int main（void）
{
    //1. 打开文件，以可读可写方式打开 lcd
    int lcd = open（"/dev/fb0"，O_RDWR）;
    if（lcd==-1）
    {
        perror（" 打开 lcd 失败 "）;
        return -1;
    }
    //2. 映射　相当于　int FB[1024*600];
    int
*FB=mmap（NULL，1024*600*4，PROT_READ|PROT_WRITE，MAP_SHARED，lcd，0）;
    if（FB==MAP_FAILED）
    {
        perror（" 映射失败 "）;
        return -1;
    }
    bzero（FB，1024*600*4）;
    //3. 打开图片
    int bmp = open（"1.bmp"，O_RDWR）;
    if（bmp==-1）
    {
        perror（" 打开 bmp 失败 "）;
        return -1;
    }
    //4. 去掉头数据
    char head_buf[54];
    read（bmp，head_buf，54）;
    //5. 获取全部颜色数据
    char color[1024*600*3];
    read（bmp，color，1024*600*3）;
    //6. 将颜色数据赋值给映射空间
    int i，j;
```

```
        for (i=0; i<600; i++)
        {
            for (j=0; j<1024; j++)
            {
                FB[1024* (599-i) +j]                                    =
color[3* (1024*i+j) +2]<<16|color[3* (1024*i+j) +1]<<8|color[3* (1024*i+j) ] ;
            }
        }
        //7. 关闭所有内容
        close (bmp);
        munmap (FB, 1024*600*4);
        close (lcd);
}
```

交叉编译得到可执行文件 bmp。

```
cw@dell: /mnt/hgfs/share/day1_io$ arm-none-linux-gnueabi-gcc bmp.c -o bmp
```

可执行文件 bmp 下载到实验箱并运行，查看结果，可以清晰显示一张图片，操作如下：

```
[root@GEC6818 /IOT]#rx bmp
[root@GEC6818 /IOT]# chmod 777 bmp
[root@GEC6818 /IOT]#./bmp
```

GEC6818 实验平台运行结果如图 3.2 所示。

3.3.2　获取触摸屏坐标

触摸屏对应的设备文件为 /dev/event0，封装在输入子系统中，查看实验箱输入子系统相关设备。cd /dev/input，cat /dev/input/event0，没有输出，触摸屏是一个阻塞型设备，仅当有数据才有对应输出，当手触摸到触摸屏时立即有输出，但是是一些乱码。

图 3.2　显示图片

输入子系统对应头文件是 /linux/input.h。查看头文件可以看到描述输入子系统的结构体为 input_event，内容如下：

```
struct input_event {
    struct timeval time;              // 时间戳
    __u16 type;                       // 事件类型
    __u16 code;                       // 事件编码
    __s32 value;                      // 事件的值
};
```

要获取触摸屏的坐标，相对应的 type、code、value 值对应的含义如下：

```
type: 3, code: 0, value: 963        //x 轴坐标
type: 3, code: 1, value: 200        //y 轴坐标
...
```

```
type: 1, code: 330, value: 1          // 接触屏幕
...
type: 1, code: 330, value: 0          // 离开屏幕（退出获取触摸）
```

示例 3.9 实现获取 x，y 坐标，并打印输出到终端。

编写 ts.c 程序如下：

```c
#include <sys/types.h>
#include <sys/stat.h>
#include <fcntl.h>
#include <unistd.h>
#include <stdio.h>
#include <linux/input.h>
int main（void）
{
    //1. 打开触摸屏
    int ts = open（"/dev/input/event0"，O_RDONLY）;
    if（ts==-1）
    {
        perror（" 打开触摸屏失败 "）;
        return -1;
    }
    int x，y;
    //2. 读取触摸屏
    struct input_event ts_buf;
    while（1）
    {
        read（ts，&ts_buf，sizeof（ts_buf））;    // 阻塞，直到单击了屏幕
        //printf（"type: %d, code: %d, value: %d\n", ts_buf.type, ts_buf.code, ts_buf.value）;
        if（ts_buf.type==3&&ts_buf.code==0）
        {
            x=ts_buf.value;
        }
        if（ts_buf.type==3&&ts_buf.code==1）
        {
            y=ts_buf.value;
        }
        if（ts_buf.type==1&&ts_buf.code==330&&ts_buf.value==0）
            break;
    }
    printf（"（%d，%d）\n"，x，y）;
    //3. 关闭触摸屏
    close（ts）;
    return 0;
}
```

交叉编译得到可执行文件 ts。

```
cw@dell: /mnt/hgfs/share/day1_io$ arm-none-linux-gnueabi-gcc ts.c -o ts
```

ts 下载到实验箱并运行，查看结果，单击触摸屏，可获取触摸点的坐标，结果如下：

```
[root@GEC6818 /IOT]#rx ts
[root@GEC6818 /IOT]# chmod 777 ts
[root@GEC6818 /IOT]#./ts
（132，418）
[root@GEC6818 /IOT]#./ts
（103，519）
```

习题与练习

1. 编写程序实现自动播放显示图片，时间间隔设置为 1s。
2. 编写程序实现单击 LCD 屏幕左边显示一张图片，单击右边显示另一张图片。

第 4 章　进程与线程

1. 掌握 Linux 下进程创建，进程控制编程；
2. 掌握常见进程间通信编程；
3. 掌握线程的创建及使用；
4. 掌握 TCP、UDP 网络编程。

重点内容

1. 进程控制编程；
2. 进程间通信编程；
3. 多线程编程；
4. 网络编程。

4.1　进程

进程管理是操作系统中最为关键的部分，它的设计和实现直接影响到系统的整体性能。对于多任务操作系统 Linux 来说，它允许同时执行多个进程（任务）。进程运行过程中，需要使用许多计算机资源，如 CPU、内存、文件等，通过进程管理，合理分配系统资源从而提高 CPU 的利用率。为了协调多个进程对资源的访问，操作系统要跟踪所有进程的活动及它们对系统资源的使用情况，从而实施对进程和资源的动态管理。

4.1.1　进程的定义

程序是存放在磁盘上的指令和数据的有序集合（文件），是静态的，没有任何执行的概念。进程是一个程序的一次执行的过程，简言之，进程就是正在执行的程序。它是资源分配的最小单元，是动态的，包括了动态创建、调度和消亡的整个过程。对系统而言，当用户在系统中输入命令执行一个程序时，它将启动一个进程。

程序本身不是进程，进程是处于执行期的程序以及它所包含的资源的总称。实际上完全可能存在两个不同的进程执行的是同一个程序，并且两个或两个以上并存的进程还可以共享许多，比如打开文件、地址空间之类的资源。在 Linux 系统中，进程分为用户进程、守护进程、批处理进程。

1）用户进程，也称终端进程，用户通过终端命令启动的进程。

2）守护进程，也称精灵进程，一直在后台运行，在系统引导时就启动，大多数服务进程都是通过守护进程来实现的。

3）批处理进程，与终端无关，被提交到一个作业列表中以便顺序执行。

4.1.2　进程控制块

进程是 Linux 系统调度和资源管理的单位，对每一个进程进行管理的数据结构称为进程控制块（PCB）。进程控制块包含了进程的描述信息、控制信息和资源信息，是进程的一个静态描述。在 Linux 中，内核把进程存放在任务队列的双向循环链表中，链表中的每一项的类型都是 task_struct 结构，这个结构是在 include/linux/sched.h 中定义的，主要描述当前进程状态和进程正在使用的资源。其定义如下：

```
typedef struct task_struct {
int pid;                            // 进程 ID，用来标识进程
    unsigned long state;            // 进程状态，描述当前进程运行状态
    unsigned long count;            // 进程时间片数
    unsigned long timer;            // 进程休眠时间
    unsigned long priority;         // 进程默认优先级，进程时间片数和优先级都属于进程
                                    // 调度信息
    unsigned long content[20];      // 进程执行现场保护区，包含当前进程使用的操作寄存
                                    // 器、状态寄存器和栈指针寄存器等
}PCB;
```

4.1.3　进程的标识

在 Linux 中最主要的进程标识有进程号（Process Identity Number，PID）和它的父进程号（Parent Process Identity Number，PPID）。PID 唯一标识一个进程，PID 和 PPID 都是非零的正整数。获取当前进程的 PID 和 PPID 的系统调用函数是 getpid() 和 getppid()，通常程序获取到当前进程 PID 和 PPID 后，可以将其写入日志文件以作备份。

4.1.4　进程状态

进程描述符中的 state 域描述了进程的当前状态，如图 4.1 所示。

图 4.1　进程状态转换图

1）TASK_RUNNING（运行）：同一时刻可能有多个进程处于此状态，这些进程被放入可执行队列中，进程调度器从可执行队列中选择一个进程在 CPU 上运行。有些资料将正在 CPU 上执行的进程定义为执行（RUNNING）状态，而将可执行但是尚未被调度执行的进程定义为就绪（READY）状态，这两种状态统一为 TASK_RUNNING 状态。

2）TASK_INTERRUPTIBLE（可中断）：有些进程因为等待某事件的发生而被挂起，这些进程被放入等待队列中，当这些事件发生时（由外部中断触发或由其他进程触发），对应的等待队列中的进程被唤醒。进程列表中的绝大多数进程都处于可中断睡眠状态。

3）TASK_UNINTERRUPTIBLE（不可中断）：有些进程处于睡眠状态，进程是不可中断的，不响应异步信号。在进程对某些硬件进行操作时，需要使用不可中断睡眠状态对进程进行保护，以避免进程与设备交互的过程被打断，造成设备陷入不可控状态。这种情况下的不可中断睡眠状态一般非常短暂。

4）TASK_ZOMBIE（僵尸）：进程在退出过程中，处于 TASK_DEAD 状态，进程占有的所有资源将被回收，进程就只剩下 task_struct 这个空壳，称为僵尸。保留 task_struct 是因为 task_struct 中保存了进程的退出码以及一些统计信息，而其父进程很可能会关心这些信息。例如父进程运行时，子进程被关闭，则子进程变成僵尸。此情况下，父进程可以通过 wait 系列的系统调用来等待某个或某些子进程的退出，wait 系列的系统调用会顺便将子进程的尸体（task_struct）也释放掉。如果父进程先退出，会将它的所有子进程都托管给其他进程。

5）TASK_STOPPED（停止）：此状态下，进程暂停，等待其他进程对其进行操作。例如，在 gdb 调试过程中对进程设一个断点，进程在断点处停下来时处于跟踪状态。向此进程发送 SIGSTOP 信号，则进入此状态，再向进程发送 SIGCONT 信号，则从暂停状态恢复到可执行状态。

6）TASK_DEAD（销毁状态）：进程在退出过程中，如果该进程是多线程程序中被 detach 过的进程，或者父进程通过设置 SIGCHLD 信号的句柄为 SIG_IGN。此时，进程被置于 EXIT_DEAD 退出状态，且退出过程不会产生僵尸，该进程彻底释放。

4.2   进程控制编程

4.2.1   创建进程

1. system 函数

system 函数用于执行 shell 命令，其语法要点如表 4.1 所示。

表 4.1   system 函数语法要点

所需头文件	#include <stdlib.h>	
函数原型	int system（const char *command）	
函数输入值	command 为 Linux 命令	
函数返回值	0	表示调用成功但没有出现子进程
	大于 0	表示成功退出的子进程的 ID
	−1	失败

2. fork 函数

（1）获取进程的 ID

获取进程的 PID 和 PPID 为 getpid() 和 getppid()，其语法要点如表 4.2 所示。

表 4.2　getpid() 和 getppid() 语法要点

所需头文件	#include <sys/types.h> #include <unistd.h>	
函数原型	pid_t getpid（void） pid_t getppid（void）	
函数返回值	getpid() 函数返回当前进程的 PID getppid() 函数返回当前进程的 PPID	

（2）fork 函数

fork() 函数用于从已存在的进程中创建一个新进程，新进程为子进程，原进程为父进程。fork 创建进程后，函数在子进程中返回 0，在父进程中返回子进程的 PID。两个进程有自己的数据段、BBS 段、栈、堆等资源，父子进程间不共享这些存储空间，而代码段为父进程和子进程共享。父进程和子进程各自从 fork 函数后开始执行代码。在创建子进程后，子进程复制了父进程打开的文件描述符，但不复制文件锁。子进程的未处理的闹钟定时被清除，子进程不继承父进程的未决信号集。语法要点如表 4.3 所示。

表 4.3　fork() 函数语法要点

所需头文件	#include <sys/types.h> // 提供类型 pid_t 的定义 #include <unistd.h>	
函数原型	pid_t fork（void）	
函数返回值	0	子进程
	大于 0 的整数	父进程
	−1	出错

示例 4.1　编写程序 fork_sample.c，实现 fork 函数的使用。

```c
#include <unistd.h>
#include <sys/types.h>
#include <unistd.h>
#include <stdio.h>
#include <stdlib.h>
int a=100；
int main（int argc，char const *argv[]）
{
  int b=200；
  printf（"[%d]\n"，__LINE__）；          // 打印当前行号
  int *p=malloc（sizeof（int））；
  *p=300；
  pid_t pid=fork()；
  if（pid>0）                            // 父进程返回子进程的 PID
  {
    sleep（3）；
```

```
            printf ("I am parent，my PID：%d, my child PID：%d, my parent PID：%d\n", getpid(), pid, getppid());
        printf ("[parent] a：%d\n", a);
        printf ("[parent] b：%d\n", b);
        printf ("[parent] *p：%d\n", *p);
    }
    else if(pid==0 )                          // 子进程返回 0
    {
        printf ("I am child\n");
        a = 1000;
        b = 2000;
        *p = 3000;
        printf ("[child] a：%d\n", a);
        printf ("[child] b：%d\n", b);
        printf ("[child] *p：%d\n", *p);
    }
    else  // 出错
    {
        printf ("fork error\n");
        return -1;
    }
    printf ("[%d]\n", __LINE__);              // 打印行号，父子进程都会运行
    return 0;
}
```

将程序进行编译并运行代码，结果如下：

```
cw@dell：/mnt/hgfs/share/book/3chapter_process$ gcc fork_sample.c -o fork_sample
cw@dell：/mnt/hgfs/share/book/3chapter_process$ ./fork_sample
[11]
I am child
[child]   a：1000
[child]   b：2000
[child] *p：3000
[39]
I am parent，my PID：2302，my child PID：2303，my parent PID：2177
[parent]   a：100
[parent]   b：200
[parent] *p：300
[39]
```

从结果可以看出，使用 fork 函数创建了一个子进程，父子进程有各自的数据段，数据互不影响。

4.2.2　exec 系列函数

fork() 用于创建一个子进程，该子进程几乎复制了父进程的全部内容，这个新创建的进程如何执行呢？ exec 函数族提供了在一个进程中启动另一个程序执行的方法。它可以根据指定的文件名或目录名找到可执行文件，并用它来取代原调用进程的数据段、代码段和堆栈段，在执行后，原调用进程的内容除了进程号外，其他全部被新的进程替换了。exec 函数族有 6 个成员函数，其语法如表 4.4 所示。

表 4.4　exec 函数族语法要点

所需头文件	#include <unistd.h>
函数原型	int execl（const char *path, const char *arg, ... /*（char　*）NULL */）
	int execlp（const char *file, const char *arg, ...　/*（char　*）NULL */）
	int execle（const char *path, const char *arg, ... /*,（char *）NULL, char * const envp[] */）
	int execv（const char *path, char *const argv[]）
	int execvp（const char *file, char *const argv[]）
	int execvpe（const char *file, char *const argv[], char *const envp[]）
函数返回值	−1：出错

以上函数在函数名和使用语法的规则上都有细微的区别，下面就可执行文件查找方式、参数表传递方式及环境变量这几个方面进行比较。

（1）查找方式

表中的不带 p 的函数的查找方式都是完整的文件目录路径，而以 p 结尾的两个函数可以只给出文件名，系统就会自动按照环境变量"$PATH"所指定的路径进行查找。

（2）参数传递方式

exec 函数族的参数传递有两种方式：一种是逐个列举的方式，而另一种则是将所有参数整体构造指针数组传递。

函数有字母为"l"（list）的表示逐个列举参数的方式，其语法为 char *arg；字母为"v"（vertor）的表示将所有参数整体构造指针数组传递，其语法为 *const　argv[]。可以观察 execl()、execle()、execlp() 的语法与 execv()、execvp()、execvpe() 的区别。

这里的参数实际上就是用户在使用这个可执行文件时所需的全部命令选项字符串（包括该可执行程序命令本身）。要注意的是，这些参数必须以 NULL 表示结束，如果使用逐个列举方式，那么要把它强制转化成一个字符指针，否则 exec 将会把它解释为一个整型参数，如果一个整型数的长度 char * 的长度不同，那么 exec 函数就会报错。

（3）环境变量

exec 函数族可以默认系统的环境变量，也可以传入指定的环境变量。以"e"（environment）结尾的两个函数 execle() 和 execvpe() 就可以在 envp[] 中指定当前进程所使用的环境变量。

4 个函数中函数名和对应语法的小结如表 4.5 所示，主要指出了函数名中每一位所表明的含义，结合此表加以记忆。

表 4.5　函数名和对应语法的小结

前 4 位	统一为：exec	
第 5 位	l：参数传递为逐个列举方式	execl、execle、execlp
	v：参数传递为构造指针数组方式	execv、execvp、execvpe
第 6 位	e：可传递新进程环境变量	execle、execvpe
	p：可执行文件查找方式为文件名	execlp、execvp

示例 4.2 exec 使用实例。

1）execl () 函数。

```
#include <stdio.h>
#include <stdlib.h>
#include <sys/stat.h>
#include <unistd.h>
#include <sys/types.h>
#include <sys/wait.h>
int main（int argc，char **argv）
{
    printf（"[%d]\n"，__LINE__）;
    pid_t pid=fork();          // 创建子进程
    if(pid>0)                  // 父进程
    {
        sleep（1）;
        printf（"parent PID：%d，PPID：%d\n"，getpid()，getppid()）;
    }
    if(pid==0)                 // 子进程
    {
        printf（"child PID：%d，PPID：%d\n"，getpid()，getppid()）;
        execl（"/bin/ls"，"ls"，"-l"，NULL）;
        printf（"xxxx\n"）;       // 不会打印
    }
    return 0;
}
```

程序进程编译如下，父进程等待子进程运行，子进程运行的是 shell 命令 ls -l。

```
cw@dell：/mnt/hgfs/share/book/3chapter_process$ gcc execl_1.c –o execl_1
cw@dell：/mnt/hgfs/share/book/3chapter_process$ ./execl_1
[10]
child PID：8867，PPID：8866
总用量 13
–rwxrwxrwx 1 root root   421 3 月   26   2020 child.c
–rwxrwxrwx 1 root root   851 5 月   11 09：13 exec.c
–rwxrwxrwx 1 root root 8560 5 月   11 09：21 execl_1
–rwxrwxrwx 1 root root   529 5 月   11 09：20 execl_1.c
–rwxrwxrwx 1 root root   382 5 月    5 11：46 exit_sample.c
–rwxrwxrwx 1 root root   603 5 月    5 11：51 fork_sample.c
–rwxrwxrwx 1 root root   483 4 月    7   2020 loop_fork.c
parent PID：8866，PPID：2894
cw@dell：/mnt/hgfs/share/book/3chapter_process$
```

2）execlp() 函数。

将上述程序中的 execl（"/bin/ls"，"ls"，"-l"，NULL）改为 execlp（"ls"，"ls"，"-a"，NULL），也能得到相应结果。注意 execlp() 函数，系统会自动按照环境变量 "$PATH" 所指定的路径进行查找，所以不用路径 /bin。

3）execv() 函数。

将上述程序中子进程程序改为如下程序，进行编译并得到结果。

```
if (pid==0)                              // 子进程
    {
        printf ("child PID：%d, PPID：%d\n", getpid(), getppid());
        //execl ("./child", "./child", "abcd", NULL);
        char *arg[]={"./child", "abcd", NULL};
        execv ("./child", arg);
        printf ("xxxx\n");                  // 不会打印
    }
```

其中 child 是 child.c 编译后的可执行程序，内容如下，功能是打印输出命令参数。

```
#include <stdio.h>
#include <sys/types.h>
#include <fcntl.h>
#include <unistd.h>
#include <stdlib.h>
int main (int argc, char **argv)
{
        printf ("child PID：%d, PPID：%d\n", getpid(), getppid());
        int i;
        for (i=0；i<argc；i++)
        {
            printf ("argv[%d]：%s\n", i, argv[i]);
        }
        exit (88);
        //return 0;
}
```

对上述程序进行编译，结果如下：

```
cw@dell：/mnt/hgfs/share/book/3chapter_process$ gcc child.c –o child
cw@dell：/mnt/hgfs/share/book/3chapter_process$ ls
child   child.c   exec.c   execl_1.c   execv_2.c   exit_sample.c   fork_sample.c   loop_fork.c
cw@dell：/mnt/hgfs/share/book/3chapter_process$ $ gcc execv_2.c –o execv_2
cw@dell：/mnt/hgfs/share/book/3chapter_process$ ./execv_2
[10]
child PID：8970，PPID：8969
child PID：8970，PPID：8969
argv[0]：./child
argv[1]：abcd
parent PID：8969，PPID：2894
cw@dell：/mnt/hgfs/share/book/3chapter_process$
```

4.2.3　等待进程结束

等待进程结束函数有 wait() 和 waitpid()。wait() 函数用于父进程（也就是调用 wait() 的进程）阻塞，直到一个子进程结束或者该进程接到了一个指定的信号为止。如果该父进程没有子进程或者它的子进程已经结束，则 wait() 会立即返回 –1。waitpid() 和 wait() 作用一样，但它不一定等待第一个终止的子进程。waitpid() 有选项，实际上 wait() 只是 waitpid() 的一个特例。wait() 和 waitpid() 的相关语法如表 4.6 和表 4.7 所示。

表 4.6 wait() 语法

所需头文件	#include <sys/types.h> #include <sys/wait.h>	
函数原型	pid_t wait（int *wstatus）	
函数输入值	wstatus：是一个整形指针，是该子进程退出时的状态。16 位数，前 8 位是子进程返回的值，后 8 位用于系统占用的位	
函数返回值	成功	已回收的子进程的进程号
	失败	−1

表 4.7 waitpid() 语法

所需头文件	#include <sys/types.h> #include <sys/wait.h>	
函数原型	pid_t waitpid（pid_t pid，int *wstatus，int options）	
函数输入值	pid：	pid>0：只等待进程 ID 等于 pid 的子进程结束
		pid=0：等待同一个进程组中的任何子进程，如果子进程已经加入了别的进程组，waitpid() 不会对它做任何理睬
		pid=−1：等待任何一个子进程退出，此时等同于 wait() 函数
		pid<−1：等待指定进程组中的任何子进程，这个进程组的 ID 等于 pid 的绝对值
	wstatus：同 wait	
	options：	WHOHANG：非阻塞，假设没有子进程退出，也会立即返回，此时返回值为 0
		WUNTRACED：如果子进程进入暂停，则马上返回
		0：阻塞，直到子进程结束
函数返回值	>0	返回已经结束运行的子进程的进程号
	=0	使用 WUNTRACED 选项且没有子进程退出
	−1	出错

示例 4.3 wait() 函数的使用。

```
#include <stdio.h>
#include <stdlib.h>
#include <unistd.h>
#include <sys/wait.h>
#include <sys/types.h>
int A;
int main（int argc，char **argv）
{
    printf（"------------begin------------\n"）;
    int i=0;
    pid_t pid=fork();                    // 创建子进程
    if（pid<0）
    {
        printf（"fork err\n"）;
        return −1;
    }
```

```
        else if ( pid==0 )                        // 子进程
        {
            printf ("child PID：%d，PPID：%d\n", getpid(), getppid());
            A=10;
            while（1）
            {
                    printf ("child's  i=%d，  A=%d\n", i, A);
                    sleep（1）;
                    A++;
                    i++;
                    if（i==5）
                    {
                            return 111；//exit（23）;
                    }
            }
        }
        else                                        // 父进程
        {
            printf ("parent PID：%d，PPID：%d\n", getpid(), getppid());
            printf ("parent's   i=%d，  A=%d\n", i, A);
            int status;
            wait（&status）;                           // 阻塞等待子进程退出
            printf ("child exit code：%d\n", WEXITSTATUS（status）);
        }
        return 0;
}
```

将程序编译并执行，其结果如下：

```
cw@dell：/mnt/hgfs/share/book/3chapter_process$ gcc wait.c –o wait
cw@dell：/mnt/hgfs/share/book/3chapter_process$ ./wait
------------begin-----------
parent PID：10186，PPID：2894
parent's   i=0，  A=0
child PID：10187，PPID：10186
child's   i=0，  A=10
child's   i=1，  A=11
child's   i=2，  A=12
child's   i=3，  A=13
child's   i=4，  A=14
child exit code：111
cw@dell：/mnt/hgfs/share/book/3chapter_process$
```

可以看出父进程等待子进程运行结束并返回退出码。

示例 4.4 waitpid() 函数的使用。

```
#include <stdio.h>
#include <stdlib.h>
#include <unistd.h>
#include <sys/wait.h>
#include <sys/types.h>
int A;
```

```
int main (int argc, char **argv)
{
    printf ("-----------begin-----------\n");
    int i=0;
    pid_t pid=fork();          // 创建子进程
    if (pid<0)
    {
        printf ("fork err\n");
        return -1;
    }
    else if (pid==0 )         // 子进程
    {
        printf ("child PID: %d, PPID: %d\n", getpid(), getppid());
        A=10;
        while (1)
        {
            printf ("child's  i=%d,  A=%d\n", i, A);
            sleep (1);
            A++;
            i++;
            if (i==5)
            {
                exit (23);
            }
        }
    }
    else                       // 父进程
    {
        printf ("parent PID: %d, PPID: %d\n", getpid(), getppid());
        printf ("parent's  i=%d,  A=%d\n", i, A);
        int status;
        waitpid (pid, &status, 0);
        //waitpid (pid, &status, WNOHANG);    // 非阻塞等待子进程退出
        printf ("child exit code: %d\n", WEXITSTATUS (status));
    }
    return 0;
}
```

运行结果如下：

```
cw@dell: /mnt/hgfs/share/book/3chapter_process$ gcc waitpid.c -o waitpid
cw@dell: /mnt/hgfs/share/book/3chapter_process$ ./waitpid
-----------begin-----------
parent PID: 10209, PPID: 2894
parent's  i=0,  A=0
child PID: 10210, PPID: 10209
child's  i=0,  A=10
child's  i=1,  A=11
child's  i=2,  A=12
child's  i=3,  A=13
child's  i=4,  A=14
child exit code: 23
```

将 waitpid（pid,&status,0）改为 waitpid（pid,&status,WNOHANG），编译执行如下：

```
cw@dell：/mnt/hgfs/share/book/3chapter_process$ gcc waitpid.c –o waitpid
cw@dell：/mnt/hgfs/share/book/3chapter_process$ ./waitpid
-----------begin-----------
parent PID：10225，PPID：2894
parent's  i=0，  A=0
child exit code：0
cw@dell：/mnt/hgfs/share/book/3chapter_process$ child PID：10226，PPID：1701
child's  i=0，  A=10
child's  i=1，  A=11
child's  i=2，  A=12
child's  i=3，  A=13
child's  i=4，  A=14
```

从结果可以看出，waitpid（pid，&status，0）父进程等待子进程退出，才退出，是阻塞等待。而 waitpid（pid，&status，WNOHANG）父进程没有等待子进程退出，是非阻塞等待。

4.2.4　进程终止

exit() 和 _exit() 函数都是用来终止进程的。exit() 和 _exit() 函数调用过程如图 4.2 所示。当程序执行到 exit() 或 _exit() 时，进程会无条件地停止剩下的所有操作，清除各种数据结构，并终止本进程的运行，其语法如表 4.8 所示。

表 4.8　exit() 和 _exit() 函数的语法

所需头文件	exit()：#include <stdlib.h> _exit()：#include <unistd.h>
函数原型	exit：void exit（int status）
	_exit：void _exit（int status）
函数输入值	status 是一个整形，可利用此参数传递进程结束的状态，一般 0 表示正常结束；其他值表示错误，进程非正常结束

从图 4.2 中可以看出，_exit() 是直接使进程停止运行。

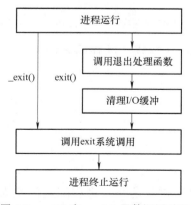

图 4.2　exit() 和 _exit() 函数调用过程

示例 4.5　exit() 和 _exit() 函数的使用。

以下两个示例比较了 exit() 和 _exit() 两个函数的区别。printf() 函数使用的是缓冲 I/O 方式，该函数在遇到"\n"换行符时自动从缓冲区中将记录读出。示例中利用这个性质来进行比较，exit.c 和 _exit.c 程序如下：

```c
/* exit.c */
#include <stdio.h>
#include <stdlib.h>
int main()
    printf ("Using exit...\n");
    printf ("This is the content in buffer");
    exit（0）;
}
```

运行结果如下：

```
cw@dell：/mnt/hgfs/share/book/3chapter_process$ gcc exit.c –o exit
cw@dell：/mnt/hgfs/share/book/3chapter_process$ ./exit
Using exit...
This is the content in buffercw@dell：/mnt/hgfs/share/book/3chapter_process$
```

从结果可以看出，调用 exit() 函数时，缓冲区中的内容能正常输出。

```c
/* _exit.c */
#include <stdio.h>
#include <stdlib.h>
#include <unistd.h>
int main()
{
    printf ("Using exit...\n");
    printf ("This is the content in buffer");
    _exit（0）;
}
```

运行结果如下：

```
cw@dell：/mnt/hgfs/share/book/3chapter_process$ gcc _exit.c –o _exit
cw@dell：/mnt/hgfs/share/book/3chapter_process$ ./_exit
Using exit...
cw@dell：/mnt/hgfs/share/book/3chapter_process$
```

从结果可以看出调用 _exit() 函数，进程结束时，第二个 printf 中的内容没有输出，即没有输出缓冲区的内容。

4.3　进程间通信

4.3.1　进程间通信概述

大型应用系统往往需要众多进程协作，进程间通信尤为重要。Linux 下的进程通信手段基本上是从 UNIX 平台上的进程通信手段继承而来的。而对 UNIX 发展做出重大贡献

的两大主力 AT&T 的贝尔实验室及 BSD（加州大学伯克利分校的伯克利软件发布中心）
在进程间的通信方面的侧重点有所不同。前者
是对 UNIX 早期的进程间通信手段进行了系统
的改进和扩充，形成了"system V IPC"，其
通信进程主要局限在单个计算机内；后者则跳
过了该限制，形成了基于套接口（socket）的
进程间通信机制。而 Linux 则把两者的优势都
继承了下来，如图 4.3 所示。

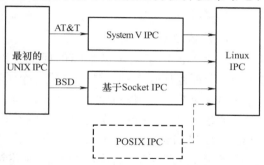

图 4.3　Linux 所继承的进程间通信

最初的 UNIX IPC 包括管道、FIFO、信号；
System V IPC 包括 System V 消息队列、System
V 信号量、System V 共享内存；POSIX IPC 包
括 POSIX 消息队列、POSIX 信号量、POSIX 共享内存。这里主要讲解 POSIX API。

Linux 下进程间通信的主要手段有以下几种。

1）管道（pipe）和有名管道（named pipe）：管道可用于亲缘关系进程间的通信，有
名管道还允许无亲缘关系进程间的通信。

2）信号（signal）：信号是比较复杂的通信方式，用于通知进程有事件发生，除了用
于进程间通信外，还可以发送信号给进程本身。

3）消息队列（message queue）：消息队列是消息的链接表，包括 POSIX 消息队列、
System V 消息队列。具有写权限的进程可以按照一定规则向消息队列中添加新消息；对
消息队列有读权限的进程则可以从消息队列中读取消息。消息队列克服了信号承载信息量
少，管道只能承载无格式字节流以及缓冲区大小受限等缺点。

4）共享内存（shared memory）：使多个进程可以访问同一块内存空间，不同进程可
以及时看到对方进程中对共享内存中数据的更新，是最快的可用 IPC 形式。这种通信方
式需要依靠同步机制，如互斥锁、信号量等，以达到进程间的同步与互斥。

5）信号量（semaphore）：主要作为进程间以及同一进程的不同线程间的同步和互斥
手段。

6）套接字（socket）：可用于网络中不同机器之间的进程间通信，应用非常广泛。

4.3.2　管道通信

管道通信是 Linux 中最早支持的 IPC 机制，是一个连接两个进程的连接器，实际上
是在进程间开辟一个固定大小的缓冲区，需要发布信息的进程运行写操作，需要接收信息
的进程运行读操作。管道是半双工的，数据只能向一个方向流动，输入输出原则是先进
先出（FIFO），具有固定的读端和写端，写入数据在管道的尾端，读取数据在管道的头部，
如果需要实现双向交互，必须创建两个管道。管道可以看成是一个特殊文件，对于它的读
写可以用 read() 和 write() 等函数实现，但它不是普通文件，并不属于其他任何文件系统，
而是单独构成一个独立的文件系统，且只存在于内核的内存空间中。

管道分为以下 3 种：

1）无名管道：用于父子进程之间的通信，没有磁盘节点，位于内存中，它仅作为一
个内存对象存在，用完后就销毁。

2）有名管道：用于任意进程间的通信，具有文件名和磁盘节点，位于文件系统，读

写的内部实现和普通文件不同，是和无名管道一样采用字节流方式。

3）标准流管道：用于获取指令运行结果集。

1. 无名管道

无名管道用于父子进程间的通信，以先进先出方式保存一个数量的数据。使用管道时，一个进程从管道的一端写，另一个进程从管道的另一端读。

（1）创建管道和关闭

创建管道使用 pipe() 函数，其函数语法要点如表 4.9 所示。会创建两个文件描述符 pipefd[0] 和 pipefd[1]，pipefd[0] 是用于管道的读端，pipefd[1] 用于管道的写端。

管道关闭只需将上述两个文件描述符关闭即可，使用 close() 函数。在创建管道时，写端需要关闭 pipefd[0] 描述符，读端关闭 pipefd[1] 描述符，当进程关闭前，每个进程需要把没有关闭的描述符都关闭。

表 4.9　pipe() 函数语法要点

所需头文件	#include <unistd.h>
函数原型	int pipe（int pipefd[2]）
函数输入值	pipefd[2]：管道的两个文件描述符。pipefd[0] 用于管道的读端，pipefd[1] 用于管道的写端
函数返回值	成功：0 失败：−1

（2）管道读写

通常先创建一个管道，再利用 fork() 函数创建子进程，该子进程会继承父进程所创建的管道，父子进程分别拥有自己的读写管道，父子进程管道的文件描述符如图 4.4 所示。为了实现父子进程间读写，把无关的读端或写端的文件描述符关闭，可以把父进程的读端和子进程的写端关闭，父子进程建立一条"父进程写子进程读"的通道，或者父进程的写端和子进

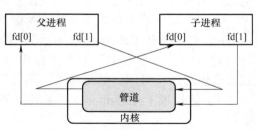

图 4.4　父子进程管道的文件描述符关系图

程的读端关闭，父子进程建立一条"子进程写父进程读"的通道，如图 4.5 所示。

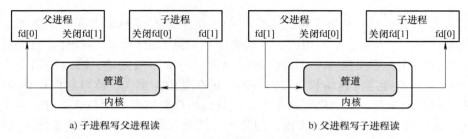

a) 子进程写父进程读　　　　　　　　b) 父进程写子进程读

图 4.5　父子进程管道通信方式

使用 read() 和 write() 函数实现管道读写，管道读写采用字节流的方式，具有流动性，读数据时，每读完一段数据，则管道内会清除已读走的数据。

1）读管道时，若管道为空，则被阻塞，直到管道另一端 write 将数据写入到管道为止，若写端已经关闭，则返回 0。

2）写管道时，若管道已满，则被阻塞，直到管道另一端 read 将管道内数据读走为止，若读端已经关闭，则写端返回 21，errno 被设为 EPIPE，进程还会收到 SIGPIPE 信号（默认处理是终止进程，该信号也可以被捕捉）。

示例 4.6　父子进程间通信，子进程将数据"pipe test program\n"写入管道，父进程从管道读取数据并打印输出到终端。

```
#include <unistd.h>
#include <string.h>
#include <stdlib.h>
#include <stdio.h>
#include <sys/wait.h>
void sys_err（const char *str）
{
    perror（str）;
    exit（1）;
}
int main（void）
{
    pid_t pid;
    int fd[2];
    char buf[1024];
    char *p="pipe test program\n";
    if（pipe（fd）==-1）
        sys_err（"pipe failed"）;
    pid=fork();
    if（pid<0）{
        sys_err（"fork failed"）;
    }else if（pid>0）{                       // 父进程
        close（fd[1]）;
        int len=read（fd[0], buf, sizeof（buf））;    // 从管道读端 fd[0] 读到 buf 中
        write（STDOUT_FILENO, buf, len）;
        close（fd[0]）;
    }else{                                  // 子进程
        close（fd[0]）;
        write（fd[1], p, strlen（p））;       //p 中内容写到管道写端 fd[1]
        close（fd[1]）;
    }
    return 0;
}
```

将程序进行编译并运行，结果如下：

```
cw@dell: /mnt/hgfs/share/book/4ipc/1pipe$ gcc pipe.c -o pipe
cw@dell: /mnt/hgfs/share/book/4ipc/1pipe$ ./pipe
pipe test program
cw@dell: /mnt/hgfs/share/book/4ipc/1pipe$
```

2. 有名管道

用于任意进程间通信。有名管道提供一个路径名与之关联，以 FIFO 的文件形式存在于文件系统中，在文件系统中产生一个物理文件，其他进程只要访问该文件路径，就能

通过管道通信。在读数据端以只读方式打开管道文件，在写数据端以只写方式打开管道文件。

（1）创建有名管道

创建有名管道使用 mkfifo() 函数实现，其语法如表 4.10 所示。

表 4.10　mkfifo() 函数语法要点

所需头文件	#include <sys/types.h> #include <sys/stat.h>
函数原型	int mkfifo（const char *pathname, mode_t mode）
函数输入值	pathname：要创建的管道，创建之前不能存在
	mode：管道的访问权限，如 0666
函数返回值	成功：0 失败：−1

（2）有名管道读写

有名管道创建成功后，用 open() 函数打开，再用 read() 和 write() 实现读写，最后使用 close() 函数关闭对应文件描述符。有名管道和普通文件不同的是阻塞问题，下面讨论阻塞模式和非阻塞模式。

1）阻塞模式

读数据时，以只读方式打开，若管道空，则被阻塞，直到写数据端写入数据为止。在读数据端，可能多个进程读取管道，所有的读进程都被阻塞。当任意一个进程能读取数据时，其他所有进程都被解阻，返回值为 0，数据值只能被一个进程读走。

写入数据时，以只写方式打开，若管道已满，则被阻塞，直到读进程将数据读走。管道最大长度为 4096 字节，有些操作系统为 512 字节。如果写入端是多个进程，当管道满时，Linux 保证写入的原子性，采用互斥方式实现。

2）非阻塞模式

读取数据时，立即返回，管道没有数据时，返回 0，且 errno 值为 EAGAIN，有数据时，返回实际读取的字节数。

写入数据时，当要写入的数据量不发给 PIPE_BUF 时，Linux 将保证写入的原子性。如果当前 FIFO 空闲缓冲区能够容纳请求写入的字节数，写完后成功返回；如果当前 FIFO 空闲缓冲区不能够容纳请求写入的字节数，则返回 EAGAIN 错误，提醒以后再写。

示例 4.7　通过有名管道实现任意进程间通信。

w_fifo.c 实现往有名管道中写数据，r_fifo.c 从有名管道中读取数据，程序如下：

```
//w_fifo.c
#include <stdio.h>
#include <unistd.h>
#include <string.h>
#include <sys/stat.h>
#include <sys/types.h>
#include <fcntl.h>
#include <stdlib.h>
#define FIFONAME "/tmp/myfifo"
void sys_err（const char *str）
```

```
{
    perror (str);
    exit (1);
}
int main (int argc, char *argv[])
{
    if (access (FIFONAME, F_OK))
    {
        mkfifo (FIFONAME, 0777);
    }
    int fd = open (FIFONAME, O_RDWR);
    if (fd==-1) {
        sys_err ("open fifo failed");
    }
    char buf[256];
    while (1) {
        scanf ("%s", buf);
        int size=write (fd, buf, strlen (buf));
        printf ("write size=%d, buf=%s\n", size, buf);
        if (strcmp (buf, "q") ==0)
            break;
    }
    close (fd);
    unlink (FIFONAME);
    return 0;
}
```

r_fifo.c 程序如下：

```
//r_fifo.c
#include <stdio.h>
#include <unistd.h>
#include <string.h>
#include <sys/stat.h>
#include <sys/types.h>
#include <fcntl.h>
#include <stdlib.h>
#define FIFONAME "/tmp/myfifo"
void sys_err (const char *str)
{
    perror (str);
    exit (1);
}
int main (int argc, char *argv[])
{
    if (access (FIFONAME, F_OK))
    {
        mkfifo (FIFONAME, 0777);
    }
    int fd = open (FIFONAME, O_RDONLY);
    if (fd==-1) {
        sys_err ("open fifo failed");
```

```
    }
    int size;
    char buf[256];
    while（1）{
        bzero（buf, 256）;
        size = read（fd, buf, sizeof（buf））;
        printf（"read size=%d, buf=%s\n", size, buf）;
        if（strcmp（buf, "q"）==0）
            break;
        sleep（3）;              // 多个读端时应增加睡眠秒数，放大效果.
    }
    close（fd）;
    return 0;
}
```

对程序进行编译，打开两个终端，先运行写进程，再运行读进程，结果如下：

```
cw@dell: /mnt/hgfs/share/book/4ipc/2fifo$ gcc w_fifo.c –o w_fifo
cw@dell: /mnt/hgfs/share/book/4ipc/2fifo$ gcc r_fifo.c –o r_fifo
cw@dell: /mnt/hgfs/share/book/4ipc/2fifo$ ./w_fifo
hello
write size=5, buf=hello
welcome to minnan
write size=7, buf=welcome
write size=2，buf=to
write size=6, buf=minnan
q
write size=1, buf=q
cw@dell: /mnt/hgfs/share/book/4ipc/2fifo$
```

终端 2 运行读进程，结果如下：

```
cw@dell: /mnt/hgfs/share/book/4ipc/2fifo$ ./r_fifo
read size=5，buf=hello
read size=15，buf=welcometominnan
read size=1，buf=q
cw@dell: /mnt/hgfs/share/book/4ipc/2fifo$
```

3. 标准流管道

标准流管道是标准 C 函数，不属于系统调用，用于读取指令执行的结果。创建标准流管道用 popen() 函数，关闭用 pclose() 函数，popen() 函数和 pclose() 函数的语法如表 4.11 和表 4.12 所示。

表 4.11　popen() 函数语法

所需头文件	#include <stdio.h>		
函数原型	FILE *popen（const char *command, const char *type）		
函数输入值	command：用双引号括起来的指令		
	type：	"r"：文件指针连接到 command 的标准输出，即该命令产生输出	
		"w"：文件指针连接到 command 的标准输入，即该命令产生输入	
函数返回值	成功：返回文件指针 失败：–1		

表 4.12　pclose() 函数语法

所需头文件	#include <stdio.h>
函数原型	int pclose（FILE *stream）
函数输入值	stream：要关闭的文件指针
函数返回值	成功：返回由 popen() 所执行的进程的退出码 失败：−1

示例 4.8　读取 date 指令结果，程序如下：

```c
#include <stdio.h>
#include <stdlib.h>
void sys_err（const char *str）
{
    perror（str）;
    exit（1）;
}
int main（int argc，char *argv[]）
{
    FILE *fp = popen（"date"，"r"）;
    if（fp==NULL）{
        sys_err（"popen failed"）;
    }
    char buf[256]={0};
    fread（buf，256，1，fp）;
    pclose（fp）;
    printf（"------------\n"）;
    printf（"%s\n"，buf）;
    return 0;
}
```

编译程序，并运行，结果如下，可以获取 date 指令结果。

```
cw@dell：/mnt/hgfs/share/book/4ipc/2fifo$ gcc popen.c –o popen
cw@dell：/mnt/hgfs/share/book/4ipc/2fifo$ ./popen
------------
2022 年 05 月 18 日 星期三 08：45：36 CST

cw@dell：/mnt/hgfs/share/book/4ipc/2fifo$
```

4.3.3　消息队列

　　管道只能传输无格式的字节流，会给应用程序开发带来不便，而消息队列克服了此缺点。消息队列就是一个消息的链表，可以把消息看作一个具有特定格式的记录。进程可以从消息队列中添加消息，另一些进程则可以从消息队列中读取消息。在内核中以队列方式管理，队列先进先出。消息的发送不是同步机制，实现发送到内核，只要消息没有被清除，另一个进程都可以读取消息。消息可以用在同一程序间，即多个文件间的消息传递，也可以用在不同进程间。消息结构体必须自己定义，但必须按照系统的要求定义，消息结构体如下：

```
struct msgbuf
{
        long msgtype;           // 消息类型，必须是 long 型
        char name[SIZE];        // 消息正文
};
```

1. 键值

系统建立 IPC 通信（消息队列、信号量和共享内存）时必须指定一个 ID 值，该值通过 ftok() 函数获取，其语法结构如表 4.13 所示。

表 4.13　ftok() 函数语法

所需头文件	#include <sys/types.h> #include <sys/ipc.h>
函数原型	key_t ftok（const char *pathname，int proj_id）
函数输入值	pathname：文件名 proj_id：项目名，不为 0 即可
函数返回值	成功：返回文件名对应的键值 失败：-1

2. 打开 / 创建消息队列

打开 / 创建消息队列使用 msgget() 函数，语法如表 4.14 所示。

表 4.14　msgget () 函数语法

所需头文件	#include <sys/types.h> #include <sys/ipc.h> #include <sys/msg.h>	
函数原型	int msgget（key_t key，int msgflg）	
函数输入值	key：消息队列的键值，多个进程可通过它访问同一个消息队列	
	msgflg 权限标志位	IPC_CREAT：如果消息队列对象不存在，则创建，否则进行打开操作
		IPC_EXCL：和 IPC_CREAT 一起使用（用"|"连接），如果消息对象不存在，则创建之，否则产生一个错误并返回
		IPC_NOWAIT：读写消息队列要求无法得到满足时，不阻塞
函数返回值	成功：返回消息队列 ID 失败：-1	

3. 发送消息

向消息队列中发送一条消息使用 msgsnd() 函数，语法如表 4.15 所示。

表 4.15　msgsnd() 函数语法

所需头文件	#include <sys/types.h> #include <sys/ipc.h> #include <sys/msg.h>
函数原型	int msgsnd（int msqid，const void *msgp，size_t msgsz，int msgflg）

（续）

函数输入值	msqid：消息队列的队列 ID	
	msgp：指向消息结构的指针，消息结构格式如前所述	
	msgsz：消息正文的字节数	
	msgflg 发送标志	IPC_NOWAIT：若消息无法立即发送，函数立即返回，比如消息队列已满
		0：阻塞等待，直到发送成功为止
函数返回值	成功：0 失败：−1	

4. 读取消息

从消息队列中读取一个消息使用 msgrcv() 函数，在成功读取了一条消息后，队列中的消息将被删除，语法如表 4.16 所示。

表 4.16　msgrcv() 函数语法

所需头文件	#include <sys/types.h> #include <sys/ipc.h> #include <sys/msg.h>	
函数原型	ssize_t msgrcv（int msqid, void *msgp, size_t msgsz, long msgtyp，int msgflg）	
函数输入值	msqid：消息队列的队列 ID	
	msgp：消息缓冲区，将消息存放在消息结构体中	
	msgsz：消息正文的字节数	
	msgtyp	0：接收消息队列中的第一个消息
		>0：接收消息队列中第一个类型为 msgtyp 的消息
		<0：接收消息队列中第一个类型值不小于 msgtyp 绝对值且类型值最小的消息
	msgflg	MSG_NOERROR：返回的消息比 msgsz 多，消息被截短为 msgsz 字节且不通知消息发送进程
		IPC_NOWAIT：消息队列中没有相应类型的消息可以接收，立即返回
		0：阻塞直到接收一条相应消息为止
函数返回值	成功：0 失败：−1	

5. 消息控制

系统调用由 msqid 标识的消息队列执行 cmd 操作，采用 msgctl() 函数，语法如表 4.17 所示。

表 4.17　msgctl() 函数语法

所需头文件	#include <sys/types.h> #include <sys/ipc.h> #include <sys/msg.h>
函数原型	int msgctl（int msqid, int cmd, struct msqid_ds *buf）

（续）

函数输入值	msqid：消息队列的队列 ID	
	cmd	IPC_STAT：读取消息队列的数据结构 msgid_ds，并将其存储在 buf 指定地址中
		IPC_SET：设置消息队列的数据结构 msqid_ds 中的 ipc_perm 域
		IPC_RMID：删除 msqid 标识的消息队列
	buf	描述消息队列的 msgid_ds 结构类型变量
函数返回值	成功：0 失败：-1	

示例 4.9　创建一个消息队列，向消息队列中发送消息和读取消息。消息队列发送端代码如下：

```
#include <sys/types.h>
#include <sys/ipc.h>
#include <sys/shm.h>
#include <stdio.h>
#include <stdlib.h>
#include <strings.h>
#include <sys/msg.h>
#define A2B 1
#define SIZE 20
struct msgbuf
{
    long msgtype;
    char name[SIZE];
    int num;
};
int main (int argc, char *argv[])
{
    int msgid=msgget (ftok ("./", 1), IPC_CREAT|0666);
    if (msgid<0)
    {
        perror ("msgget failed");
        exit (EXIT_FAILURE);
    }
    int ret;
    struct msgbuf msg;
    bzero (&msg, sizeof (msg));
    puts ("please input your name and number: ");
    scanf ("%s%d", msg.name, &msg.num);
    msg.msgtype=A2B;
    ret=msgsnd (msgid, &msg, (sizeof (msg) -sizeof (msg.msgtype)), 0);
    if (ret==-1)
    {
        perror ("msgsnd failed");
        exit (EXIT_FAILURE);
    }
    printf ("name: %s, number: %d\n", msg.name, msg.num);
    return 0;
}
```

消息队列接收端代码如下：

```c
#include <sys/types.h>
#include <sys/ipc.h>
#include <sys/shm.h>
#include <stdio.h>
#include <stdlib.h>
#include <strings.h>
#include <sys/msg.h>
#define A2B 1
#define SIZE 20
struct msgbuf
{
        long msgtype;
        char name[SIZE];
        int num;
};
int main (int argc, char *argv[])
{
        int msgid=msgget (ftok ("./", 1), IPC_CREAT|0666);
        if (msgid<0)
        {
            perror ("msgget failed");
            exit (EXIT_FAILURE);
        }
        struct msgbuf msg;
        int ret;
        bzero (&msg, sizeof (msg));
        ret=msgrcv (msgid, &msg, (sizeof (msg) -sizeof (msg.msgtype)), A2B, 0);
        if (ret==-1)
        {
            perror ("msgrcv failed");
            exit (EXIT_FAILURE);
        }
        printf ("A name: %s, number: %d\n", msg.name, msg.num);
        if (msgctl (msgid, IPC_RMID, 0) ==-1)
        {
            perror ("msgctl (IPC_RMID) failed");
            exit (EXIT_FAILURE);
        }
        return 0;
}
```

运行结果如下：

```
cw@dell: /mnt/hgfs/share/book/4ipc/3msg$ gcc snd_msg.c –o snd_msg
cw@dell: /mnt/hgfs/share/book/4ipc/3msg$ ipcs –q

---------- 消息队列 ------------
键          msqid      拥有者   权限     已用字节数 消息

cw@dell: /mnt/hgfs/share/book/4ipc/3msg$ ./snd_msg
please input your name and number:
```

```
dell 301
name：dell, number：301
cw@dell：/mnt/hgfs/share/book/4ipc/3msg$ ipcs –q

---------- 消息队列 -----------
键        msqid      拥有者    权限    已用字节数      消息
0x01350121 0          cw        666      24              1

cw@dell：/mnt/hgfs/share/book/4ipc/3msg$ gcc rcv_msg.c –o rcv_msg
cw@dell：/mnt/hgfs/share/book/4ipc/3msg$ ./rcv_msg
A name：dell, number：301
cw@dell：/mnt/hgfs/share/book/4ipc/3msg$ ipcs –q

---------- 消息队列 -----------
键        msqid      拥有者   权限   已用字节数 消息
```

4.3.4　信号

　　信号是进程在运行过程中，由自身产生或进程外部发过来，用来通知进程发生了异步事件的通信机制，是硬件中断的软件模拟（软中断），是进程间通信机制中唯一的异步通信机制。每个信号用一个整型常量宏表示，以 SIG 开头，在头文件 <signal.h> 中定义，可以采用命令 kill –l 查看系统中的信号类型。信号的产生方式有：

　　1）程序执行错误，如除以零、内存越界、内核发送信号给程序。

　　2）由另一个进程发送过来的信号。

　　3）由用户控制终端产生信号，如 Ctrl+c 产生 SIGINT 信号。

　　4）子进程结束时向父进程发送 SIGCHLD 信号。

　　5）程序中设定的定时器产生 SIGALAM 信号。

1. 信号处理的方式

　　用户进程对信号的处理方式有 3 种。

　　1）忽略信号，即对信号不做任何处理，但是 SIGKILL 和 SIGSTOP 这两个信号不能忽略。

　　2）捕捉信号，进程事先注册信号处理函数，当接收到信号时，执行相应的自定义的信号处理函数。

　　3）默认处理，接收默认处理的进程通常会导致进程本身消亡。例如用户按下 Ctrl+c，会导致内核向进程发送 SIGINT 信号，此信号的默认处理方式是终止进程。

2. 信号指令

　　（1）kill[–l < 信号编号 >]

　　　　–l 用于显示所有信号。

　　（2）kill [–s < 信号名称或编号 >] [程序]

　　　　–s 用于发送执行信号，程序是进程的 PID 或工作编号。

　　用法如下：

```
cw@dell：/mnt/hgfs/share/book/4ipc/3msg$ kill –l
 1）SIGHUP   2）SIGINT   3）SIGQUIT   4）SIGILL   5）SIGTRAP
```

```
 6）SIGABRT   7）SIGBUS   8）SIGFPE   9）SIGKILL   10）SIGUSR1
11）SIGSEGV  12）SIGUSR2  13）SIGPIPE  14）SIGALRM  15）SIGTERM
16）SIGSTKFLT 17）SIGCHLD  18）SIGCONT  19）SIGSTOP  20）SIGTSTP
21）SIGTTIN  22）SIGTTOU  23）SIGURG   24）SIGXCPU  25）SIGXFSZ
26）SIGVTALRM 27）SIGPROF  28）SIGWINCH  29）SIGIO   30）SIGPWR
31）SIGSYS   34）SIGRTMIN  35）SIGRTMIN+1  36）SIGRTMIN+2  37）SIGRTMIN+3
38）SIGRTMIN+4  39）SIGRTMIN+5  40）SIGRTMIN+6  41）SIGRTMIN+7  42）SIGRTMIN+8
43）SIGRTMIN+9  44）SIGRTMIN+10  45）SIGRTMIN+11  46）SIGRTMIN+12  47）SIGRTMIN+13
48）SIGRTMIN+14  49）SIGRTMIN+15  50）SIGRTMAX-14  51）SIGRTMAX-13  52）SIGRTMAX-12
53）SIGRTMAX-11  54）SIGRTMAX-10  55）SIGRTMAX-9  56）SIGRTMAX-8  57）SIGRTMAX-7
58）SIGRTMAX-6  59）SIGRTMAX-5  60）SIGRTMAX-4  61）SIGRTMAX-3  62）SIGRTMAX-2
63）SIGRTMAX-1   64）SIGRTMAX
cw@dell: /mnt/hgfs/share/book/4ipc/3msg$ kill 42058
cw@dell: /mnt/hgfs/share/book/4ipc/3msg$ kill -s 9 42058
[5]+ 已杀死                ./rcv_msg
```

常见信号含义及其默认操作如表 4.18 所示。

表 4.18 常见信号含义及其默认操作

信号名	含义	默认操作
SIGHUP	该信号在用户终端连接（正常或非正常）结束时发出，通常是在终端的控制进程结束时，通知同一会话内的各个作业与控制终端不再关联	终止
SIGINT	该信号在用户键盘输入 INTR 字符（通常是 Ctrl+c）时发出，终端驱动程序发送此信号并送到前台进程中的每一个进程	终止
SIGQUIT	该信号和 SIGINT 类似，但由 QUIT 字符（通常是 Ctrl+\）来控制	终止
SIGILL	该信号在一个进程企图执行一条非法指令时（可执行文件本身出现错误，或者试图执行数据段、堆栈溢出时）发出	终止
SIGFPE	该信号在发生致命的算术运算错误时发出。这里不仅包括浮点运算错误，还包括溢出及除数为 0 等其他所有的算术错误	终止
SIGKILL	该信号用来立即结束程序的运行，并且不能被阻塞、处理或忽略	终止
SIGALRM	该信号当一个定时器到时的时候发出	终止
SIGSTOP	该信号用于暂停一个进程，且不能被阻塞、处理或忽略	暂停进程
SIGTSTP	该信号用于交互停止进程，用户键入 SUSP 字符时（通常是 Ctrl+z）发出这个信号	停止进程
SIGCHLD	子进程改变状态时，父进程会收到这个信号	忽略
SIGABORT	进程异常终止时发出	

3. 信号发送和捕捉

发送信号的函数主要有 kill()、raise()、alarm()、pause() 和 abort()，下面一一介绍。

（1）kill() 和 raise()

kill() 向指定的进程发送信号，其语法如表 4.19 所示。

表 4.19 kill() 函数语法

所需头文件	#include <sys/types.h> #include <signal.h>
函数原型	int kill（pid_t pid, int sig）

（续）

函数输入值	pid	正数：要发送信号给进程号
		0：信号被发送到所有和当前进程在同一个进程组的进程
		−1：信号发送给所有的进程表中的进程（进程号最大的进程除外）
		<−1：信号发送给进程组号为 −pid 的每一个进程
	sig：信号	
函数返回值	成功：0 失败：−1	

raise() 是把信号发送到当前进程，其语法如表 4.20 所示。

表 4.20　raise() 函数语法

所需头文件	#include <signal.h>
函数原型	int raise（int sig）
函数输入值	sig：信号
函数返回值	成功：0 失败：−1

示例 4.10　kill() 和 raise() 使用。

```c
#include <stdio.h>
#include <unistd.h>
#include <stdlib.h>
#include <signal.h>
#include <sys/types.h>
#include <sys/wait.h>
int main（void）
{
    int i;
    pid_t pid;
    pid = fork();
    if(pid == −1)
    {
        perror（"fork failed"）;
        exit（1）;
    }
    else if（pid==0）                    // 子进程
    {
        printf（"I'm child pid = %u\n"，  getpid()）;
        while（1）
            sleep（1）;
    }
    else                               // 父进程
    {
        printf（"I'm parent pid=%d\n"，getpid()）;
        sleep（10）;
        kill（pid，SIGKILL）;// 发送 SIGKILL 信号给子进程
        wait（NULL）;
```

```
            printf ("child is killed\n");
            sleep (3);
            raise (SIGKILL);                    // 发送 SIGKILL 信号给自己
            for (int i=0; i<10; i++)
            {
                printf ("parent kill child ---waiting...\n");
                sleep (1);
            }
        }
        return 0;
}
```

代码运行结果如下，父进程等待 10 秒，子进程退出，再等待 3 秒，父进程退出。

```
cw@dell：/mnt/hgfs/share/book/4ipc/signal$ gcc kill_raise.c -o kill_raise
cw@dell：/mnt/hgfs/share/book/4ipc/signal$ ./kill_raise
I'm parent pid=43653
I'm child pid = 43654
child is killed
已杀死
cw@dell：/mnt/hgfs/share/book/4ipc/signal$
```

（2）alarm() 和 pause()

alarm() 为闹钟函数，它可以在进程中设置一个定时器，当定时器指定的时间到时，会向进程发送 SIGALRM 信号。一个进程只能有一个闹钟时间，如果在调用 alarm() 之前已经设置过，那么之前的闹钟时间都会被新值替代。alarm() 函数的语法如表 4.21 所示。

表 4.21　alarm() 函数语法

所需头文件	#include <unistd.h>
函数原型	unsigned int alarm（unsigned int seconds）
函数输入值	seconds：定时时间（单位秒）
函数返回值	成功：若调用 alarm() 前，系统已经设置了闹钟时间，则返回上一个闹钟时间的剩余时间，否则返回 0 失败：−1

pause() 用于将调用进程挂起直到捕捉到信号为止，可以判断信号是否已到，其语法如表 4.22 所示。

表 4.22　pause() 函数语法

所需头文件	#include <unistd.h>
函数原型	int pause（void）
函数返回值	−1，且把 error 值设为 EINTR

示例 4.11　alarm 设置定时时间，时间到，产生 SIGALRM 信号，pause() 等待信号到来。

```
#include <stdio.h>
#include <unistd.h>
int main （void）
```

```
{
    int i=0;
    int ret=alarm（3）;          // 调用定时器，定时 3 秒，3 秒到发送 SIGALARM 信号
    for（i=0；；i++）
    {
        printf（"%d\n"，i）;
        sleep（1）;
    }
    pause();                     // 进程挂起捕捉信号，等待信号到来
    printf（"I have been waked up %d\n"，ret）; // 此语句不会执行
    return 0;
}
```

代码编译运行结果如下：

```
cw@dell：/mnt/hgfs/share/book/4ipc/signal$ gcc alarm.c –o alarm
cw@dell：/mnt/hgfs/share/book/4ipc/signal$ ./alarm
0
1
2
闹钟
```

4. 信号的处理

（1）signal () 和 sigaction ()

一个进程可以决定该进程对哪些信号进行什么样的处理，可以忽略，也可以选择如何处理信号，这就是信号的处理，采用 signal() 函数，sigaction() 函数和信号集函数组。signal() 函数语法如表 4.23 所示。

表 4.23　signal() 函数语法

所需头文件	#include <signal.h>	
函数原型	typedef void (*sighandler_t)(int) sighandler_t signal（int signum, sighandler_t handler）	
函数输入值	signum：要捕捉的信号	
	handler	SIG_IGN：忽略该信号
		SIG_DFL：采用系统默认方式处理信号
		自定义的信号处理函数指针
函数返回值	成功：原来的信号处理函数指针 失败：–1	

还可以采用 sigaction() 函数捕捉信号，其语法如表 4.24 所示。

表 4.24　sigaction() 函数语法

所需头文件	#include <signal.h>
函数原型	int sigaction（int signum, const struct sigaction *act, struct sigaction *oldact）
函数输入值	signum：要捕捉的信号，除 SIGKILL 和 SIGSTOP
	act：是 struct sigaction 的指针。指定对特定信号的处理
	oldact：保存原来对相应信号的处理
函数返回值	成功：0 失败：–1

struct sigaction 结构体的定义如下：

```
struct sigaction
{
    void     (*sa_handler)(int);
    void     (*sa_sigaction)(int, siginfo_t *, void *);
    sigset_t   sa_mask;
    int        sa_flags;
    void     (*sa_restorer)(void);
};
```

sa_handler 是一个函数指针，指定信号处理函数，也可以是 SIG_DFL 或 SIG_IGN。

sa_mask 是一个信号集，可以执行在信号处理函数执行过程中哪些信号应当屏蔽，在调用信号处理函数前，该信号集要加入到信号的信号屏蔽字中。

sa_flags 是标志位，是对信号进行处理的各种选择项，常见可选值如表 4.25 所示。

表 4.25　常见可选值

选项	含义
SA_NODEFER\ SA_NOMASK	当捕到此信号，在执行信号处理函数时，系统不会屏蔽此信号
SA_NOCLDSTOP	进程忽略子进程产生的 SIGSTOP、SIGTSTP、SIGTTIN、SIGTTOU 信号
SA_RESTART	使重启的系统调用起作用
SA_ONESHOT\ SA_RESETHAND	自定义信号只执行一次，在执行完后恢复信号的默认动作

示例 4.12　捕捉相应信号并作出给定处理。

```
#include <stdio.h>
#include <sys/types.h>
#include <unistd.h>
#include <stdlib.h>
#include <signal.h>
void sighand(int sig)
{
    switch(sig)
    {
      case SIGINT:
            printf("this is SIGINT\n ");
            break;
      case SIGQUIT:
            printf("this is SIGQUIT\n ");
            break;
      case SIGKILL:
            printf("this is SIGKILL\n ");
            break;
    }
}
int main(void)
{
    signal(SIGINT, sighand);                 // 注册捕捉信号 SIGINT, ctrl+c
```

```
        signal（SIGQUIT, sighand）;              // 注册捕捉信号 SIGQUIT, ctrl+\
        signal（SIGKILL, sighand）;              // 注册捕捉信 SIGKILL, 不能捕捉
        printf（"my pid: %d, send me SIGINT or SIGQUIT or SIGKILL.\n", getpid()）;
        pause();
        return 0;
}
//kill –SIGINT 进程号
//kill –SIGQUIT 进程号
```

代码编译运行结果如下，按下 Ctrl+c、Ctrl+\ 键盘产生对应信号并捕捉。

```
cw@dell: /mnt/hgfs/share/book/4ipc/signal$ gcc signal.c –o signal
cw@dell: /mnt/hgfs/share/book/4ipc/signal$ ./signal
my pid: 46920, send me SIGINT or SIGQUIT or SIGKILL.
^Cthis is SIGINT
 cw@dell: /mnt/hgfs/share/book/4ipc/signal$ ./signal
my pid: 46921, send me SIGINT or SIGQUIT or SIGKILL.
^\this is SIGQUIT
cw@dell: /mnt/hgfs/share/book/4ipc/signal$ ./signal
my pid: 46924, send me SIGINT or SIGQUIT or SIGKILL.
已杀死
```

另一个终端输入 kill –9 46924，可以发送 SIGKILL 信号，发现没有输出，说明不可以捕获。

以下是用 sigaction() 函数实现，运行结果和 signal() 一致。

```
int main（void）
{
        struct sigaction act, oact;
        /* 初始化 sigaction 结构体成员 */
        act.sa_handler=sighand;
        sigemptyset（&act.sa_mask）;
        act.sa_flags=0;
        /* 发送相应信号，并跳转到信号处理函数处理 */
        sigaction（SIGINT, &act, &oact）;              // 注册捕捉信号 SIGINT, ctrl+c
        sigaction（SIGQUIT, &act, &oact）;             // 注册捕捉信号 SIGQUIT, ctrl+\
        sigaction（SIGKILL, &act, &oact）;             // 注册捕捉信 SIGKILL, 不能捕捉

        printf（"my pid: %d, send me SIGINT or SIGQUIT or SIGKILL.\n", getpid()）;
        pause();
        return 0;
}
```

（2）信号集函数组

信号集函数组是一系列函数，按照调用的先后次序可分为以下几大功能模块：创建信号集合、注册信号处理函数以及检测信号。

创建信号集合的函数格式如表 4.26 所示。

表 4.26　创建信号集合的函数格式

所需头文件	#include <signal.h>
函数原型	int sigemptyset（sigset_t *set） int sigfillset（sigset_t *set） int sigaddset（sigset_t *set, int signum） int sigdelset（sigset_t *set, int signum） int sigismember（const sigset_t *set, int signum）
函数输入值	set：信号集
	signum：信号
函数返回值	成功：0 失败：−1

其中：

➤ sigemptyset() 是将信号集合初始化为空。

➤ sigfillset() 是将信号集合初始化为包含所有已定义的信号的集合。

➤ sigaddset() 是将指定信号加入到信号集合中去。

➤ sigdelset() 是将指定信号从信号集合中删除。

➤ sigismember() 是查询指定信号是否在信号集合之中。

注册信号处理函数主要用于决定进程如何处理信号。信号集里的信号并不是真正可以处理的信号，只有当信号的状态处于非阻塞状态时才会真正起作用。

首先使用 sigprocmask() 函数检测并更改信号屏蔽字（信号屏蔽字是用来指定当前被阻塞的一组信号，它们不会被进程接收），然后使用 sigaction() 函数定义进程接收到特定信号之后的行为。检测信号是信号处理的后续步骤，因为被阻塞的信号不会传递给进程，所以这些信号就处于"未处理"状态（即进程不清楚它的存在）。sigpending() 函数允许进程检测"未处理"信号，并进一步决定对它们作何处理。

sigprocmask() 函数语法如表 4.27 所示。

表 4.27　sigprocmask() 函数语法

所需头文件	#include <signal.h>		
函数原型	int sigprocmask（int how, const sigset_t *set, sigset_t *oldset）		
函数输入值	how 决定函数的 操作方式	SIG_BLOCK：增加一个信号集合到当前进程的阻塞集合之中	
		SIG_UNBLOCK：从当前的阻塞集合之中删除一个信号集合	
		SIG_SETMASK：将当前的信号集合设置为信号阻塞集合	
	set：指定信号集		
	oldset：信号屏蔽字		
函数返回值	成功：0 失败：−1		

若 set 是一个非空指针，how 表示函数的操作方式，如果 how 为空，则表示忽略此操作。

sigpending() 函数语法如表 4.28 所示。

表 4.28　sigpending() 函数语法

所需头文件	#include <signal.h>
函数原型	int sigpending（sigset_t *set）
函数输入值	set：要检查的信号集
函数返回值	成功：0 失败：-1

在处理信号时，一般的操作流程如图 4.6 所示。

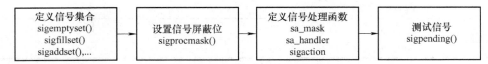

图 4.6　处理信号的一般操作流程

示例 4.13　将 SIGINT、SIGQUIT 加入到信号集中，设置信号集为阻塞状态，待用户输入"i"字符后，将信号集设置为非阻塞状态，SIGQUIT 执行默认操作，SIGINT 指定自定义信号处理函数。程序如下：

```
/* sig_mask.c */
#include <sys/types.h>
#include <unistd.h>
#include <signal.h>
#include <stdio.h>
#include <stdlib.h>
/* 自定义的信号处理函数 */
void func（int signum）
{
        printf（"If you want to quit，please try SIGQUIT\n"）;
}
int main()
{
        int ch;
        sigset_t set，pendset;
        struct sigaction action1，action2;
        /* 初始化信号集为空 */
        if(sigemptyset（&set）< 0 )
        {
          perror（"sigemptyset"）;
          exit（1）;
        }
        /* 将相应的信号加入信号集 */
        if(sigaddset（&set，SIGQUIT）< 0 )              //SIGQUIT 加入到信号集中
        {
          perror（"sigaddset"）;
          exit（1）;
        }
        if(sigaddset（&set，SIGINT）< 0 )               //SIGINT 加入到信号集中
        {
          perror（"sigaddset"）;
```

```
        exit（1）;
    }
    if(sigismember（&set, SIGINT））              // 如果 SIGINT 在信号集中
    {
        sigemptyset（&action1.sa_mask）;
        action1.sa_handler = func;               // 信号处理函数
        action1.sa_flags = 0;
        sigaction（SIGINT, &action1, NULL）;
    }
    if(sigismember（&set, SIGQUIT））
    {
        sigemptyset（&action2.sa_mask）;
        action2.sa_handler = SIG_DFL;            // 默认处理方式
        action2.sa_flags = 0;
        sigaction（SIGQUIT, &action2, NULL）;
    }
    //设置信号集屏蔽字，此时 set 中的信号不会被传递给进程，暂时进入待处理状态
    if(sigprocmask（SIG_BLOCK, &set, NULL）< 0 ) //设置信号阻塞
    {
        perror（"sigprocmask"）;
        exit（1）;
    }
    printf（"Signal set was blocked, Press   key i !\n"）;
    while（1）
    {
        ch=getchar();
        if（ch=='i'）
        {
            /* 在信号屏蔽字中删除 set 中的信号 */
            if(sigprocmask（SIG_UNBLOCK, &set, NULL）< 0 )   // 设置信号非阻塞
            {
                perror（"sigprocmask"）;
                exit（1）;
            }
            printf（"Signal set is in unblock state\n"）;
        }
    }
    exit（0）;
}
```

编译并运行，结果如下：

```
cw@dell：/mnt/hgfs/share/book/4ipc/signal$ gcc sig_mask.c –o sig_mask
cw@dell：/mnt/hgfs/share/book/4ipc/signal$ ./sig_mask
Signal set was blocked, Press   key i !      // 没有按下"i"键不解除阻塞
^C                                           // 此时按下 ctrl+c 键，不响应 SIGINT
i                                            // 按下"i"键解除阻塞
If you want to quit, please try SIGQUIT      // 响应 SIGINT
Signal set is in unblock state
^\ 退出（核心已转储）                          // 按下 ctrl+\ 键，响应 SIGQUIT
```

可以看到，在信号处于阻塞状态下，所发出的信号不起作用，进入待处理状态。当输入"i"后，信号处于非阻塞状态，之前发出的信号实现相对应的处理。

4.3.5　共享内存

共享内存是一种最为高效的进程间通信方式。为了在多个进程间交换信息，内核专门留了一块内存区，这段内存区可以由需要访问的进程将其映射到自己的私有地址空间。进程可以直接读写这一内存区而不需要进行数据的复制，从而大大提高了效率。由于多个进程共享一段内存，因此需要依靠同步机制，如互斥锁和信号量等。

1. 共享内存创建

共享内存是存在于内核级别的一种资源，在 shell 中可使用 ipcs –m 查看当前系统 IPC 中的状态，在文件系统 /proc 目录中有对其描述的相应文件。创建或打开一块共享内存区使用 shmget() 函数，其语法如表 4.29 所示。

表 4.29　shmget() 函数语法

所需头文件	#include <sys/ipc.h> #include <sys/shm.h>
函数原型	int shmget（key_t key, size_t size, int shmflg）
函数输入值	key：共享内存的键值，每一个 IPC 对象与一个 key 相对应。key 为 IPC_PRIVATE，指创建私有共享内存
	size：共享内存区大小
	shmflg：标志，与 open 的权限位相同，可用八进制表示，如 0666
函数返回值	成功：共享内存 ID 失败：–1

2. 共享内存段连接到本进程空间

创建好共享内存区，需要将共享内存区映射到本进程空间，使用 shmat() 函数，其语法如表 4.30 所示。

表 4.30　shmat() 函数语法

所需头文件		#include <sys/ipc.h> #include <sys/shm.h>
函数原型		void *shmat（int shmid, const void *shmaddr, int shmflg）
函数输入值	shmid：共享内存 ID	
	shmaddr：将共享内存映射到指定地址，0 表示系统自动分配地址并把共享内存映射到调用进程的地址空间	
	shmflg	SHM_RDONLY：共享内存只读
		0：可读可写
函数返回值	成功：被映射的段地址 失败：–1	

3. 共享内存解除

映射得到了地址就可以直接访问了，对共享内存段操作结束时，要调用 shmdt() 函数将指定的共享内存段从当前进程空间中脱离出去，其语法如表 4.31 所示。

表 4.31 shmdt() 函数语法

所需头文件	#include <sys/ipc.h> #include <sys/shm.h>
函数原型	int shmdt（const void *shmaddr）
函数输入值	shmaddr：被映射的共享内存段地址
函数返回值	成功：0 失败：-1

4. 共享内存的操作

共享内存是特殊的资源类型，不同于普通文件，系统提供 shmctl() 函数对其操作，语法如表 4.32 所示。

表 4.32 shmctl() 函数语法

所需头文件		#include <sys/ipc.h> #include <sys/shm.h>
函数原型		int shmctl（int shmid, int cmd, struct shmid_ds *buf）
函数输入值		shmid：共享内存 ID
	cmd	IPC_RMID：删除 shmid 指向的共享内存段
		SHM_LOCK：锁定共享内存，只能由超级用户请求
		SHM_UNLOCK：对共享内存段解锁，只能由超级用户请求
		buf：描述共享内存段的 shmid_ds 结构
函数返回值		成功：0 失败：-1

示例 4.14 一个进程实现将用户输入的字符串写入到共享内存，另一个进程从共享内存读取内容并在屏幕中打印。

实现将用户输入的字符串写入到共享内存代码如下：

```
/*w_shm.c*/
#include <sys/types.h>
#include <sys/ipc.h>
#include <sys/shm.h>
#include <stdio.h>
#include <stdlib.h>
#include <strings.h>
#define SHMSIZE 128
int main（int argc, char *argv[]）
{
    //key_t ftok（const char *pathname, int proj_id);
    key_t key=ftok（"./", 1）;
    printf（"key=%d\n", key）;
    int shmid=shmget（key, SHMSIZE, IPC_CREAT|0666）;
    if（shmid==-1）
    {
```

```
        perror ("shmget error");
        exit (1);
    }
    char *addr1=shmat (shmid, NULL, 0);            // 映射，NULL 自动获取，0：可读可写
    if (addr1==-1)
    {
        perror ("shmat error");
        shmctl (shmid, IPC_RMID, NULL);            // 释放
        exit (1);
    }
    //system ("ipcs -m");
    bzero (addr1, SHMSIZE);
    fgets (addr1, SHMSIZE, stdin);
    shmdt (addr1);                                 // 解除映射
    //shmctl (shmid, IPC_RMID, NULL);              // 释放
    return 0;
}
```

从共享内存读取内容并在屏幕中打印代码如下：

```
/*r_shm.c*/
#include <sys/types.h>
#include <sys/ipc.h>
#include <sys/shm.h>
#include <stdio.h>
#include <stdlib.h>
#include <strings.h>
#define SHMSIZE 128
int main (int argc, char *argv[])
{
    //key_t ftok (const char *pathname, int proj_id);
    key_t key=ftok ("./", 1);
    printf ("key=%d\n", key);

    int   shmid=shmget (key, SHMSIZE, IPC_CREAT|0666);
    if (shmid==-1)
    {
        perror ("shmget error");
        exit (1);
    }
    char *addr2=shmat (shmid, NULL, 0);
    if (addr2==-1)
    {
        perror ("shmat error");
        shmctl (shmid, IPC_RMID, NULL);            // 释放
        exit (1);
    }
    //system ("ipcs -m");
    printf ("from w_shm: %s", addr2);
    shmdt (addr2);
    shmctl (shmid, IPC_RMID, NULL);
    return 0;
}
```

将上述代码编译运行，结果如下，从终端输入"hello embeded!"，执行读进程可以看到结果。

```
cw@dell：/mnt/hgfs/share/book/4ipc/shm$ ./w_shm
key=20251061
hello embeded!                                          //终端输入"hello embeded!"
cw@dell：/mnt/hgfs/share/book/4ipc/shm$ ./r_shm
key=20251061
from w_shm：hello embeded!
```

4.3.6 信号量

在多任务操作系统环境下，多个进程会同时运行，多个进程可能为了完成同一个任务相互协作，这就是进程之间的同步关系。而在不同进程间，为了争夺有限的系统资源（硬件或软件资源）会进入竞争状态，这就是进程之间的互斥关系。进程间的同步与互斥存在的根源在于临界资源，包括硬件资源（处理器、内存、存储器以及其他外围设备等）和软件资源（共享代码段，共享结构和变量等）。临界资源是指在同一个时刻只允许有限个（通常是一个）进程可以访问（读）或修改（写）的资源，访问临界资源的代码叫做临界区，临界区本身也会成为临界资源。

信号量是用来解决进程之间的同步与互斥问题的一种进程之间通信机制。信号量的实现原理是 PV 原子操作，P 操作使信号量减 1，如果信号量为 0 则被阻塞，直到信号量大于 0，V 操作使信号量加 1。信号量的操作通常分为以下几个步骤：

1）创建信号量或获取信号量。

2）初始化信号量。

3）进行信号量的 PV 操作。

4）如果不需要信号量，从系统中删除它。

1. 信号量创建

创建信号量使用 semget() 函数，语法如表 4.33 所示。

表 4.33　semget() 函数语法

所需头文件	#include <sys/types.h> #include <sys/ipc.h> #include <sys/sem.h>
函数原型	int semget（key_t key, int nsems, int semflg）
函数输入值	key：信号量键值
	nsems：信号量个数
	semflg：访问权限和创建标识，可用八进制表示，如 0666，IPC_CREAT 表示创建新信号量，IPC_EXCL 表示如果信号量已经存在则该函数返回出错，防止重复创建
函数返回值	成功：信号量 ID 失败：−1

2. 信号量操作

（1）控制信号量

控制信号量采用 semctl() 函数，其语法如表 4.34 所示。

表 4.34 semctl() 函数语法

所需头文件	#include <sys/types.h> #include <sys/ipc.h> #include <sys/sem.h>
函数原型	int semctl（int semid, int semnum, int cmd, union semun arg）
函数输入值	semid：信号量 ID
	semnum：信号量编号，通常取 0，当使用信号量集才用到
	cmd：对信号量的各种操作 　　IPC_STAT：获取信号量信息 　　SETVAL：将信号量值设置为 arg 　　GETVAL：获取信号量值 　　IPC_RMID：删除信号量

	arg：需要设置或获取信号量的结构，是 union semun 结构，要自己定义。结构如下：
	union semun
	{
	　　　int val;
	　　　struct semid_ds *buf;
	　　　unsigned short *array;
	};

函数返回值	IPC_STAT、SETVAL、IPC_RMID：返回 0 GETVAL：返回信号量的当前值 失败：–1

（2）操作信号量

操作信号量采用 semop() 函数，其语法如表 4.35 所示。

表 4.35 semop() 函数语法

所需头文件	#include <sys/types.h> #include <sys/ipc.h> #include <sys/sem.h>
函数原型	int semop（int semid, struct sembuf *sops, size_t nsops）
函数输入值	semid：信号量 ID

	sops：信号量结构体
	struct sembuf
	{
	　　short sem_num;　// 信号量编号，使用单个信号量时，通常取值为 0
	　　short sem_op;　　// 信号量操作：取值为 –1 表示 P 操作，取值为 +1 表示 V 操作
	　　short sem_flg;　　// 通常设为 SEM_UNDO。进程没释放信号量时，系统自动释放
	};

	nsops：操作数组 sops 中的操作个数，通常为 1
函数返回值	成功：信号量标识符 失败：–1

示例 4.15 采用信号量控制父子进程之间的执行顺序。

```
//sem.h
#ifndef SYSTEM_SEM_H
```

```
#define SYSTEM_SEM_H
#include <stdio.h>
#include <stdlib.h>
#include <errno.h>
#include <sys/ipc.h>
#include <sys/shm.h>
#include <sys/sem.h>
#include <string.h>
#include <sys/types.h>
#include <unistd.h>
int init_sem（int sem_id, int init_value）;          // 初始化信号量
void seminit（int semid, int semnum, int val）;       // 信号量初始化
int sem_p（int sem_id）;                              //P 操作
int sem_v（int sem_id）;                              //V 操作
int del_sem（int sem_id）;                            // 删除信号量
union semun
{
    int val;
    struct semid_ds *buf;
    unsigned short *array;
    struct seminf *__buf;
};
#endif
// sem.c
#include "sem.h"
/* 信号量初始化（赋值）函数 */
int init_sem（int sem_id, int init_value）
{
    union semun sem_union;
    sem_union.val = init_value;                      // init_value 为初始值
    if（semctl（sem_id, 0, SETVAL, sem_union）== -1）
    {
        perror（"init sem failed\n"）;
        return -1;
    }
    return 0;
}
/* 从系统中删除信号量的函数 */
int del_sem（int sem_id）
{
    union semun sem_union;
    if（semctl（sem_id, 0, IPC_RMID, sem_union）== -1）
    {
        perror（"delete sema failed\n"）;
        return -1;
    }
}
/* P 操作函数 */
int sem_p（int sem_id）
{
    struct sembuf sem_b;
    sem_b.sem_num = 0;                               // 单个信号量的编号应该为 0
```

```
    sem_b.sem_op = -1;                      // 表示 P 操作
    sem_b.sem_flg = SEM_UNDO;               // 系统自动释放将会在系统中残留的信号量
    if(semop (sem_id, &sem_b, 1)== -1)
    {
        perror ("P operation\n");
        return -1;
    }
    return 0;
}
/* V 操作函数 */
int sem_v (int sem_id)
{
    struct sembuf sem_b;
    sem_b.sem_num = 0;                      // 单个信号量的编号应该为 0
    sem_b.sem_op = 1;                       // 表示 V 操作
    sem_b.sem_flg = SEM_UNDO;               // 系统自动释放将会在系统中残留的信号量
    if(semop (sem_id, &sem_b, 1)== -1)
    {
        perror ("V operation\n");
        return -1;
    }
    return 0;
}


//sem_fork.c
#include "sem.h"
int main (void)
{
    int semid;
    key_t key;
    pid_t pid;
    key=ftok ("./", 's');
    semid=semget (key, 1, 0666|IPC_CREAT);  // 创建一个信号量
    init_sem (semid, 0);                    // 初始化信号量值为 0
    pid=fork();                             // 创建子进程
    if (pid>0)                              // 父进程 p 操作（-1）
    {
        sem_p (semid);
        printf ("This is parents\n");
        sem_v (semid);
        del_sem (semid);
    }
    else if (pid==0)                        // 子进程 v 操作（+1）
    {
        printf ("child process will do something...\n");
        sleep (3);
        printf ("child process finished...\n");
        sem_v (semid);
    }
    else
    {
        perror ("fork failed\n");
```

```
        }
    return 0;
}
```

将程序进行编译并运行，操作如下：

可以发现子进程在运行中，父进程在等待子进程结束。

```
cw@dell：/mnt/hgfs/share/book/4ipc/sem1$ ls
sem.c    sem_fork.c    sem.h
cw@dell：/mnt/hgfs/share/book/4ipc/sem1$ gcc sem.c –o sem.o –c
cw@dell：/mnt/hgfs/share/book/4ipc/sem1$ gcc sem_fork.c sem.o –o sem_fork
cw@dell：/mnt/hgfs/share/book/4ipc/sem1$ ls
sem.c    sem_fork    sem_fork.c    sem.h    sem.o
cw@dell：/mnt/hgfs/share/book/4ipc/sem1$ ./sem_fork
child process will do something...
child process finished...
This is parents
cw@dell：/mnt/hgfs/share/book/4ipc/sem1$
```

4.3.7　网络通信

1. TCP/IP 简介

TCP/IP 协议（Transmission Control Protocol/ Internet Protocol）叫做传输控制 / 网际协议，又叫网络通信协议。

TCP/IP 虽然叫传输控制协议（TCP）和网际协议（IP），但实际上是一组协议，它包含了上百个功能的协议，如 ICMP、RIP、TELNET、FTP、SMTP、ARP、TFTP 等，这些协议一起被称为 TCP/IP 协议。TCP/IP 协议族中一些常用协议的英文名称及含义如表 4.36 所示。

表 4.36　TCP/IP 协议族中一些常用协议

常用协议的英文名称	含义
TCP	传输控制协议
IP	网际协议
UDP	用户数据报协议
ICMP	互联网控制信息协议
SMTP	简单邮件传输协议
SNMP	简单网络管理协议
FTP	文件传输协议
ARP	地址解析协议

通俗而言：TCP 负责发现传输的问题，一旦有问题就发出信号，要求重新传输，直到所有数据安全正确地传输到目的地。而 IP 则是给因特网的每一台电脑规定一个地址。

TCP/IP 是四层的体系结构：应用层、传输层、网络层和网络接口层。但最下面的网络接口层并没有具体内容。因此往往采取折中的办法，即综合 OSI 和 TCP/IP 的优点，采用一种只有 4 层协议的体系结构, 如图 4.7 所示。

应用层: 向用户提供一组常用的应用程序, 比如电子邮件、文件传输访问、远程登录等。文件传输访问 FTP 使用 FTP 协议来提供网络内机器间的文件复制功能。

传输层: 提供应用程序间的通信。其功能包括①格式化信息流; ②提供可靠传输。为实现后者, 传输层协议规定接收端必须发回确认, 并且假如分组丢失, 必须重新发送, 即耳熟能详的 "三次握手" 过程, 从而提供可靠的数据传输。

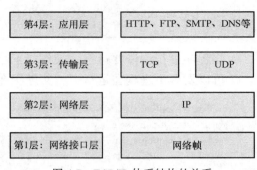

图 4.7 TCP/IP 体系结构的关系

网络层: 负责相邻计算机之间的通信。其功能包括①处理来自传输层的分组发送请求: 收到请求后, 将分组装入 IP 数据报, 填充报头, 选择去往信宿机的路径, 然后将数据报发往适当的网络接口。②处理输入数据报: 首先检查其合法性, 然后进行寻径——假如该数据报已到达信宿机, 则去掉报头, 将剩下部分交给适当的传输协议; 假如该数据报尚未到达信宿, 则转发该数据报。③处理路径、流控、拥塞等问题。

网络接口层: TCP/IP 协议的最底层, 负责接收 IP 数据报和把数据报通过选定的网络发送出去。

2. Sock 通信基本概念

（1）套接字 socket

套接字（socket）的本义是插座, 在网络中用来描述计算机中不同程序与其他计算机程序的通信方式。人们常说的 socket 是一种特殊的 IO 接口, 它也是一种文件描述符。socket 是一种常用的进程间通信机制, 通过它不仅能实现本机上的进程间通信, 而且通过网络能够在不同机器上的进程间进行通信。

套接字由 3 个参数构成: IP 地址、端口号、传输层协议, 以区分不同应用程序进程间的网络通信与连接。在 Linux 中的网络编程是通过 socket 接口来进行的。每一个 socket 都用一个相关描述 { 协议、本地地址、本地端口 } 来表示; 一个完整的套接字则用一个相关描述 { 协议、本地地址、本地端口、远程地址、远程端口 } 来表示。socket 也有一个类似于打开文件的函数调用, 该函数返回一个整型的 socket 描述符, 随后的连接建立、数据传输等操作都是通过 socket 来实现的。

常见的 socket 有以下 3 种类型。

1）流式 socket（SOCK_STREAM）。流式套接字提供可靠的、面向连接的通信流; 它使用 TCP 协议, 从而保证了数据传输的正确性和顺序性。

2）数据报 socket（SOCK_DGRAM）。数据报套接字定义了一种无连接的服务, 数据通过相互独立的报文进行传输, 是无序的, 并且不保证是可靠、无差错的。它使用数据报协议 UDP。

3）原始 socket。原始套接字允许对底层协议如 IP 或 ICMP 进行直接访问, 它功能强大但使用较为不便, 主要用于一些协议的开发。

（2）套接字数据结构

C 程序进行套接字编程时, 常会使用到 sockaddr 和 sockaddr_in 数据类型。这两种数据类型是系统中定义的结构体，用于保存套接字信息，如 IP 地址、通信端口等，下面首先重点介绍两个数据类型：sockaddr 和 sockaddr_in。

```
struct sockaddr
{
    unsigned short sa_family; /* 地址族 */
    char sa_data[14];
    /*14 字节的协议地址，包含该 socket 的 IP 地址和端口号。*/
};
struct sockaddr_in
{
    short int sa_family; /* 地址族 */
    unsigned short int sin_port; /* 端口号 */
    struct in_addr sin_addr; /*IP 地址 */
    unsigned char sin_zero[8];
    /* 填充 0 以保持与 struct sockaddr 同样大小 */
};
```

这两个数据类型是等效的，可以相互转化，通常 sockaddr_in 数据类型使用更为方便。在建立 sockaddr 或 sockaddr_in 后，就可以对该 socket 进行适当的操作了。

sa_family 字段可选的常见值见表 4.37 所示。

表 4.37　sa_family 字段可选的常见值

结构定义头文件	#include <netinet/in.h>
sa_family	AF_INET：IPv4 协议
	AF_INET6：IPv6 协议
	AF_LOCAL：UNIX 域协议
	AF_LINK：链路地址协议
	AF_KEY：密钥套接字（socket）

注：结构字段对了解 sockaddr_in 其他字段的含义非常清楚，具体的设置涉及其他函数，在后面会有详细讲解。

3. 网络编程相关函数说明

（1）主机名与 IP 地址转换

由于 IP 地址比较长，特别到了 IPv6 时，地址长度多达 128 位，使用起来不方便。因此，使用主机名将会是很好的选择。在 Linux 中，同样有一些函数可以实现主机名和地址的转化，最为常见的有 gethostbyname、gethostbyaddr、getaddrinfo 等，它们都可以实现 IPv4 和 IPv6 的地址和主机名之间的转化。其中 gethostbyname 是将主机名转化为 IP 地址，gethostbyaddr 则是逆操作，是将 IP 地址转化为主机名，另外 getaddrinfo 还能实现自动识别 IPv4 地址和 IPv6 地址。

gethostbyname 函数语法要点如表 4.38 所示，getaddrinfo 函数语法要点如表 4.39 所示。

表 4.38　gethostbyname 函数语法要点

所需头文件	#include <netdb.h>
函数原型	struct hostent *gethostbyname（const char *hostname）
函数输入值	hostname：主机名
函数返回值	成功：hostent 类型指针 出错：−1

调用该函数时可以首先对 addrinfo 结构体中的 h_addrtype 和 h_length 进行设置，若为 IPv4 可设置为 AF_INET 和 4；若为 IPv6 可设置为 AF_INET6 和 16；若不设置则默认为 IPv4 地址类型。

表 4.39　getaddrinfo 函数语法要点

所需头文件	#include <netdb.h>
函数原型	int getaddrinfo（const char *hostname，const char *service，const struct addrinfo *hints，struct addrinfo **result）
函数输入值	hostname：主机名
	service：服务名或十进制的串口号字符串
	hints：服务线索
	result：返回结果
函数返回值	成功：0 出错：–1

在调用之前，首先要对 hints 服务线索进行设置。它是一个 addrinfo 结构体，该结构体常见的选项值如表 4.40 所示。

表 4.40　addrinfo 结构体常见选项值

结构体头文件	#include <netdb.h>
ai_flags	AI_PASSIVE：该套接口是用作被动地打开
	AI_CANONNAME：通知 getaddrinfo 函数返回主机的名字
family	AF_INET：IPv4 协议
	AF_INET6：IPv6 协议
	AF_UNSPE：IPv4 或 IPv6 均可
ai_socktype	SOCK_STREAM：字节流套接字 socket（TCP）
	SOCK_DGRAM：数据报套接字 socket（UDP）
ai_protocol	IPPROTO_IP：IP 协议
	IPPROTO_IPV4：IPv4 协议
	IPPROTO_IPV6：IPv6 协议
	IPPROTO_UDP：UDP
	IPPROTO_TCP：TCP

（2）地址格式转换

通常用户在表达地址时采用的是点分十进制表示的数值（或者是以冒号分开的十进制 IPv6 地址），而在通常使用的 socket 编程中所使用的则是二进制值，因此需要将这两个数值进行转换。IPv4 中用到的函数有 inet_aton、inet_addr 和 inet_ntoa，而 IPv4 和 IPv6 兼容的函数有 inet_pton 和 inet_ntop。inet_pton 函数是将点分十进制地址映射为二进制地址，而 inet_ntop 是将二进制地址映射为点分十进制地址。

inet_pton 函数语法要点如表 4.41 所示，inet_ntop 函数语法要点如表 4.42 所示。

表 4.41　inet_pton 函数语法要点

所需头文件	#include <arpa/inet.h>	
函数原型	int inet_pton（int family, const char *strptr, void *addrptr）	
函数输入值	family	AF_INET：IPv4 协议
		AF_INET6：IPv6 协议
	strptr：要转化的值	
	addrptr：转化后的地址	
函数返回值	成功：0 出错：−1	

表 4.42　inet_ntop 函数语法要点

所需头文件	#include <arpa/inet.h>	
函数原型	int inet_ntop（int family, void *addrptr, char *strptr, size_t len）	
函数输入值	family	AF_INET：IPv4 协议
		AF_INET6：IPv6 协议
	addrptr：转化后的地址	
	strptr：要转化的值	
	len：转化后值的大小	
函数返回值	成功：0 出错：−1	

（3）数据存储优先顺序

计算机数据存储有两种字节优先顺序：高位字节优先和低位字节优先。Internet 上数据以高位字节优先顺序在网络上传输，因此需要对这两个字节存储优先顺序进行相互转化。数据存储用到的函数有 htons、ntohs、htonl、ntohl。这四个地址分别实现网络字节序和主机字节序的转化，这里的 h 代表 host，n 代表 network，s 代表 short，l 代表 long。通常 16 位的 IP 端口号用 s 代表，而 IP 地址用 l 来代表。

htons 等函数语法要点如表 4.43 所示。

表 4.43　htons 等函数语法要点

所需头文件	#include <netinet/in.h>
函数原型	uint16_t htons（unit16_t host16bit） uint32_t htonl（unit32_t host32bit） uint16_t ntohs（unit16_t net16bit） uint32_t ntohs（unit32_t net32bit）
函数输入值	host16bit：主机字节序的 16bit 数据 host32bit：主机字节序的 32bit 数据 net16bit：网络字节序的 16bit 数据 net32bit：网络字节序的 32bit 数据
函数返回值	成功：返回要转换的字节序 出错：−1

调用该函数只是使其得到相应的字节序，用户不需清楚该系统的主机字节序和网络字节序是否真正相等。如果是相同不需要转换的，该系统的这些函数会定义成空宏。

4. 网络编程程序设计

（1）TCP 客户服务器程序设计

网络上绝大多数的通信服务采用服务器机制（Client/Server），TCP 提供的是一种可靠的、面向连接的服务。

通常应用程序通过打开一个 socket 来使用 TCP 服务，TCP 管理到其他 socket 的数据传递。可以说，通过 IP 的源/目的可以唯一地区分网络中两个设备的关联，通过 socket 的源/目的可以唯一地区分网络中两个应用程序的关联。下面介绍基于 TCP 协议的编程函数及功能，如表 4.44 所示。

表 4.44　基于 TCP 协议的编程函数及功能

函　数	作用
socket	用于建立一个 socket 连接
bind	将 socket 与本机上的一个端口绑定，随后就可以在该端口监听服务请求
connect	面向连接的客户程序使用 connect 函数来配置 socket，并与远端服务器建立一个 TCP 连接
listen	listen 函数使 socket 处于被动的监听模式，并为该 socket 建立一个输入数据队列，将达到的服务器请求保存在此队列中，直到程序处理它们
accept	accept 函数让服务器接收客户的连接请求
close	停止在该 socket 上的任何数据操作
send	数据发送函数
recv	数据接收函数

socket 函数语法要点如表 4.45 所示，bind、listen、accept、connect、send 和 recv 函数语法要点分别如表 4.46 ～表 4.51 所示。

表 4.45　socket 函数语法要点

所需头文件	#include <sys/socket.h>	
函数原型	int socket（int family，int type，int protocol）	
函数输入值	family：协议族	AF_INET：IPv4 协议
		AF_INET6：IPv6 协议
		AF_LOCAL：UNIX 域协议
		AF_ROUTE：路由套接字（socket）
		AF_KEY：密钥套接字（socket）
	type：套接字类型	SOCK_STREAM：字节流套接字 socket
		SOCK_DGRAM：数据报套接字 socket
		SOCK_RAW：原始套接字 socket
	protocol：0（原始套接字除外）	
函数返回值	成功：非负套接字描述符 出错：–1	

表 4.46　bind 函数语法要点

所需头文件	#include <sys/socket.h>
函数原型	int bind（int sockfd, struct sockaddr *my_addr, int addrlen）
函数输入值	sockfd：套接字描述符
	my_addr：本地地址
	addrlen：地址长度
函数返回值	成功：0 出错：−1

　　端口号和地址在 my_addr 中给出了，若不指定地址，则内核随意分配一个临时端口给该应用程序。

表 4.47　listen 函数语法要点

所需头文件	#include <sys/socket.h>
函数原型	int listen（int sockfd, int backlog）
函数输入值	sockfd：套接字描述符
	backlog：请求队列中允许的最大请求数，大多数系统缺省值为 20
函数返回值	成功：0 出错：−1

表 4.48　accept 函数语法要点

所需头文件	#include <sys/socket.h>
函数原型	int accept（int sockfd, struct sockaddr *addr, socklen_t *addrlen）
函数输入值	sockfd：套接字描述符
	addr：客户端地址
	addrlen：地址长度
函数返回值	成功：0 出错：−1

表 4.49　connect 函数语法要点

所需头文件	#include <sys/socket.h>
函数原型	int connect（int sockfd, struct sockaddr *serv_addr, int addrlen）
函数输入值	sockfd：套接字描述符
	serv_addr：服务器端地址
	addrlen：地址长度
函数返回值	成功：0 出错：−1

表 4.50　send 函数语法要点

所需头文件	#include <sys/socket.h>
函数原型	int send（int sockfd, const void *msg, int len, int flags）
函数输入值	sockfd：套接字描述符
	msg：指向要发送数据的指针
	len：数据长度
	flags：一般为 0
函数返回值	成功：0 出错：−1

表 4.51　recv 函数语法要点

所需头文件	#include <sys/socket.h>
函数原型	int recv（int sockfd, void *buf, int len, unsigned int flags）
函数输入值	sockfd：套接字描述符
	buf：存放接收数据的缓冲区
	len：数据长度
	flags：一般为 0
函数返回值	成功：接收的字节数 出错：−1

示例 4.16　实例分为客户端和服务器端，服务器端首先建立起 socket，然后调用本地端口的绑定，接着就开始与客户端建立联系，并接收客户端发送的消息。客户端则在建立 socket 之后调用 connect 函数来建立连接。

1）基于 TCP 协议流程图如图 4.8 所示。

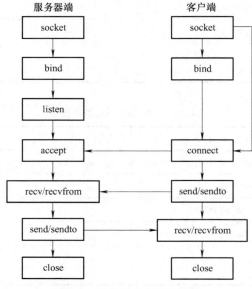

图 4.8　基于 TCP 协议流程图

2）服务器端的代码：

```c
/*tcp_server.c*/
#include <stdlib.h>
#include <stdio.h>
#include <errno.h>
#include <string.h>
#include <netdb.h>
#include <sys/types.h>
#include <netinet/in.h>
#include <sys/socket.h>
#include <unistd.h>
#include <arpa/inet.h>

#define portnumber 3333            // 端口号
#define BUFFER_SIZE 1024
#define MAX_QUE_CONN_NM 5          // 最多连接数量

int main（int argc, char *argv[]）
{
      int sockfd, client_fd;
      struct sockaddr_in server_addr;
      struct sockaddr_in client_addr;
      int sin_size;
      int recvbytes;
      char buff[BUFFER_SIZE];
      /* 服务器端开始建立 sockfd 描述符 */
      if（(sockfd=socket（AF_INET, SOCK_STREAM, 0））==-1）            //
AF_INET: IPv4; SOCK_STREAM: TCP
      {
          fprintf（stderr, "Socket error：%s\n\a", strerror（errno））;
          exit（1）;
      }
      /* 服务器端填充 sockaddr 结构 */
      bzero（&server_addr, sizeof（struct sockaddr_in））;      // 初始化，置 0
      server_addr.sin_family=AF_INET;                    // Internet    IPv4
      server_addr.sin_addr.s_addr=htonl（INADDR_ANY）;
      //（将本机器上的 long 数据转化为网络上的 long 数据）服务器程序能运行在任何 IP 的主机上
      //INADDR_ANY 表示主机可以是任意 IP 地址，即服务器程序可以绑定到所有的 IP 上
      server_addr.sin_addr.s_addr=inet_addr（"192.168.1.1"）;
      // 用于绑定到一个固定 IP，inet_addr 用于把数字加格式的 IP 转化为整形 IP
      server_addr.sin_port=htons（portnumber）;
      //（将本机器上的 short 数据转化为网络上的 short 数据）端口号
      /* 捆绑 sockfd 描述符到 IP 地址 */
      if（bind（sockfd, (struct sockaddr *)（&server_addr）, sizeof（struct sockaddr））==-1）
      {
          fprintf（stderr, "Bind error：%s\n\a", strerror（errno））;
          exit（1）;
      }
      /* 设置允许连接的最大客户端数 5 */
      if（listen（sockfd, 5）==-1）
      {
```

```
        fprintf (stderr, "Listen error: %s\n\a", strerror (errno));
        exit (1);
    }
    while (1)
    {
        /* 服务器阻塞, 直到客户程序建立连接 */
        sin_size=sizeof (struct sockaddr_in);
        //              套接字描述符               客户端地址      地址长度
        if ((client_fd=accept (sockfd, (struct sockaddr *) (&client_addr), &sin_size)) ==-1)
        {
            fprintf (stderr, "Accept error: %s\n\a", strerror (errno));
            exit (1);
        }
        fprintf (stderr, "Server get connection from %s\n", inet_ntoa (client_addr.sin_addr));
        // 将网络地址转换成.字符串
        if ((recvbytes=read (client_fd, buff, 1024)) ==-1)
        {
            fprintf (stderr, "Read Error: %s\n", strerror (errno));
            exit (1);
        }
        buff[recvbytes]='\0';
        printf ("Server received %s\n", buff);
        /* 这个通讯已经结束 */
        close (client_fd);
        /* 循环下一个 */
    }
    /* 结束通讯 */
    close (sockfd);
    exit (0);
}
```

3）客户端代码：

```
/*tcp_client.c*/
#include <stdlib.h>
#include <stdio.h>
#include <errno.h>
#include <string.h>
#include <netdb.h>
#include <sys/types.h>
#include <netinet/in.h>
#include <sys/socket.h>
#include <unistd.h>

#define portnumber 3333

int main (int argc, char *argv[])
{
    int sockfd;
    char buffer[1024];
    struct sockaddr_in server_addr;
    struct hostent *host;
```

```
        if (argc!=2)
        {
            fprintf (stderr, "Usage: %s hostname \a\n", argv[0]);
            exit (1);
        }
    /* 使用 hostname 查询 host 名字 */
        if ((host=gethostbyname (argv[1])) ==NULL)
        {
            fprintf (stderr, "Gethostname error\n");
            exit (1);
        }
    /* 客户程序开始建立 sockfd 描述符 */
        if ((sockfd=socket (AF_INET, SOCK_STREAM, 0)) ==-1)
AF_INET: Internet; SOCK_STREAM: TCP
        {
            fprintf (stderr, "Socket Error: %s\a\n", strerror (errno));
            exit (1);
        }
    /* 客户程序填充服务端的资料 */
        bzero (&server_addr, sizeof (server_addr));          // 初始化，置 0
        server_addr.sin_family=AF_INET;                      // IPV4
        server_addr.sin_port=htons (portnumber);             // (将本机器上的 short 数据转化为网络上的
                                                             // short 数据) 端口号
        server_addr.sin_addr=* ((struct in_addr *) host->h_addr); // IP 地址

    /* 客户程序发起连接请求 */
        if (connect (sockfd, (struct sockaddr *) (&server_addr), sizeof (struct sockaddr)) ==-1)
        {
            fprintf (stderr, "Connect Error: %s\a\n", strerror (errno));
            exit (1);
        }
    /* 连接成功了 */
        printf ("Please input char: \n");

    /* 发送数据 */
        fgets (buffer, 1024, stdin);
        write (sockfd, buffer, strlen (buffer));
    /* 结束通讯 */
        close (sockfd);
        exit (0);
    }
```

4）将代码进行编译，终端 1 先运行客户端程序，终端 2 再运行服务器端程序，结果如下：

```
cw@dell: /mnt/hgfs/share/book/6socket$ gcc tcp_client.c –o tcp_client
cw@dell: /mnt/hgfs/share/book/6socket$ gcc tcp_server.c –o tcp_server
cw@dell: /mnt/hgfs/share/book/6socket$ ./tcp_client 127.0.0.1
Please input char:
hello embeded
cw@dell: /mnt/hgfs/share/book/6socket$ ./tcp_client dell
Please input char:
```

```
hello world
cw@dell：/mnt/hgfs/share/book/6socket$ ifconfig
ens33：flags=4163<UP，BROADCAST，RUNNING，MULTICAST>　mtu 1500
        inet 192.168.40.154　netmask 255.255.255.0　broadcast 192.168.40.255
        inet6 fe80::7769：a6b7：674c：665a　prefixlen 64　scopeid 0x20<link>
        ether 00：0c：29：32：3f：f8　txqueuelen 1000　（以太网）
        RX packets 21035　bytes 24730791（24.7 MB）
        RX errors 0　dropped 0　overruns 0　frame 0
        TX packets 9454　bytes 697393（697.3 KB）
        TX errors 0　dropped 0 overruns 0　carrier 0　collisions 0
lo：flags=73<UP，LOOPBACK，RUNNING>　mtu 65536
        inet 127.0.0.1　netmask 255.0.0.0
        inet6 ::1　prefixlen 128　scopeid 0x10<host>
        loop　txqueuelen 1000　（本地环回）
        RX packets 1092　bytes 92118（92.1 KB）
        RX errors 0　dropped 0　overruns 0　frame 0
        TX packets 1092　bytes 92118（92.1 KB）
        TX errors 0　dropped 0 overruns 0　carrier 0　collisions 0
cw@dell：/mnt/hgfs/share/book/6socket$ ./tcp_client 192.168.40.154
Please input char：
hello
```

5）终端 2 运行服务器端程序，可以收到从客户端传来的信息。

```
cw@dell：/mnt/hgfs/share/book/6socket$ ./tcp_server
Server get connection from 127.0.0.1
Server received hello embeded

Server get connection from 127.0.0.1
Server received hello world

Server get connection from 192.168.40.154
Server received hello
^Z
[2]+  已停止                    ./tcp_server
cw@dell：/mnt/hgfs/share/book/6socket$
```

在运行时需要先启动服务器端程序，再启动客户端程序。也可以把服务器端下载到开发板上，客户端在宿主机上运行，然后配置双方的 IP 地址，在确保双方可以通信的情况下运行程序即可。

（2）UDP 客户服务器程序设计

UDP 是面向无连接的通信协议，UDP 数据包括目的端口号和源端口号信息。因此其主要特点是在客户端不需要用函数 bind 把本地 IP 地址与端口号进行绑定也能进行相互通信。

基于 UDP 协议通信相关函数如表 4.52 所示。

表 4.52 无连接的套接字通信相关函数

函 数	作 用
bind	将 socket 与本机上的一个端口绑定，随后就可以在该端口监听服务请求
close	停止在该 socket 上的任何数据操作
sendto	数据发送函数
recvfrom	数据接收函数

sendto 函数语法要点如表 4.53 所示，recvfrom 函数语法要点如表 4.54 所示。

表 4.53 sendto 函数语法要点

所需头文件	#include <sys/socket.h>
函数原型	int sendto（int sockfd, const void *msg, int len, unsigned int flags, const struct sockaddr *to, int tolen）
函数输入值	sockfd：套接字描述符
	msg：指向要发送数据的指针
	len：数据长度
	flags：一般为 0
	to：目的机的 IP 地址和端口号信息
	tolen：地址长度
函数返回值	成功：发送的字节数 出错：−1

表 4.54 recvfrom 函数语法要点

所需头文件	#include <sys/socket.h>
函数原型	int recvfrom（int sockfd, void *buf, int len, unsigned int flags, struct sockaddr *from, int *fromlen）
函数输入值	sockfd：套接字描述符
	buf：存放接收数据的缓冲区
	len：数据长度
	flags：一般为 0
	from：源机的 IP 地址和端口号信息
	fromlen：地址长度
函数返回值	成功：接收的字节数 出错：−1

示例 4.17 该实例分为服务器端和客户端，其中服务器端首先建立起 socket，然后调用本地端口的绑定，并接收客户端发送的消息。客户端则在建立 socket 之后直接发送信息。

1）基于 UDP 协议流程图如图 4.9 所示。

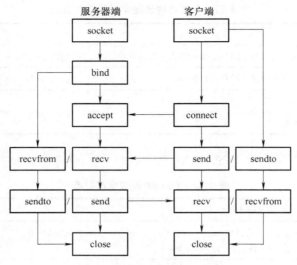

图 4.9　基于 UDP 协议流程图

2）服务器端代码：

```
#include<stdio.h>
#include<stdlib.h>
#include<string.h>
#include<sys/socket.h>
#include<netinet/in.h>
#include<arpa/inet.h>
#include<netdb.h>
#include<errno.h>
#include<sys/types.h>
int port=8888;
int main()
{
    int sockfd;
    int len;
    int z;
    char buf[256];
    struct sockaddr_in adr_inet;
    struct sockaddr_in adr_clnt;
    printf ("等待客户端 ....\n");
    /* 建立 IP 地址 */
    adr_inet.sin_family=AF_INET;
    adr_inet.sin_port=htons (port);
    adr_inet.sin_addr.s_addr =htonl (INADDR_ANY);
    bzero (& (adr_inet.sin_zero), 8);
    len=sizeof (adr_clnt);
    /* 建立 socket */
    sockfd=socket (AF_INET, SOCK_DGRAM, 0);
    if (sockfd==-1)
    {
        perror ("socket 出错 ");
        exit (1);
    }
```

```
        /* 绑定 socket */
        z=bind（sockfd，（struct sockaddr *）&adr_inet，sizeof（adr_inet））;
        if（z==-1）
        {
                perror（"bind 出错 "）;
                exit（1）;
        }
        while（1）
        {
        /* 接收传来的信息 */
            z=recvfrom（sockfd，buf，sizeof（buf），0，（struct sockaddr *）&adr_clnt，&len）;
            if（z<0）
            {
                perror（"recvfrom 出错 "）;
                exit（1）;
            }
            buf[z]=0;
            printf（" 接收：%s"，buf）;
        /* 收到 stop 字符串，终止连接 */
            if（strncmp（buf，"stop"，4）==0）
            {
                printf（" 结束 ....\n"）;
                break;
            }
        }
        close（sockfd）;
        exit（0）;
}
```

3）客户端代码：

```
#include<stdio.h>
#include<stdlib.h>
#include<string.h>
#include<sys/socket.h>
#include<netinet/in.h>
#include<arpa/inet.h>
#include<netdb.h>
#include<errno.h>
#include<sys/types.h>

int port=8888;

int main()
{
    int sockfd;
    int i=0;
    int z;
    char buf[80]，str1[80];
    struct sockaddr_in adr_srvr;
    FILE *fp;
    printf（" 打开文件 ......\n"）;
```

```
/* 以只读的方式打开 liu 文件 */
fp=fopen ("liu", "r");
if (fp==NULL)
{
    perror ("打开文件失败");
    exit (1);
}
printf ("连接服务器端...\n");
/* 建立 IP 地址 */
adr_srvr.sin_family=AF_INET;
adr_srvr.sin_port=htons (port);
adr_srvr.sin_addr.s_addr = htonl (INADDR_ANY);
bzero (& (adr_srvr.sin_zero), 8);
sockfd=socket (AF_INET, SOCK_DGRAM, 0);
if (sockfd==-1)
{
    perror ("socket 出错");
    exit (1);
}
printf ("发送文件 ....\n");
/* 读取三行数据，传给 udpserver*/
for (i=0; i<3; i++)
{
    fgets (str1, 80, fp);
    printf ("%d: %s", i, str1);
    sprintf (buf, "%d: %s", i, str1);
    z=sendto (sockfd, buf, sizeof (buf), 0, (struct sockaddr *) &adr_srvr,
    sizeof (adr_srvr));
    if (z<0)
    {
        perror ("recvfrom 出错");
        exit (1);
    }
}
printf ("发送 .....\n");
sprintf (buf, "stop\n");
z=sendto (sockfd, buf, sizeof (buf), 0, (struct sockaddr *) &adr_srvr,
sizeof (adr_srvr));
if (z<0)
{
    perror ("sendto 出错");
    exit (1);
}
fclose (fp);
close (sockfd);
exit (0);
}
```

4.4　多线程编程

4.4.1　多线程概述

1. 线程概念

进程是系统中程序执行和资源分配的基本单位，每个进程拥有自己的数据段、代码段和堆栈段，会造成进程在进行创建、切换、撤销等操作时的系统开销。为了减少系统开销，从进程中演化出线程。线程是进程中的独立控制流，处理器调度的最小单元，也可称轻量级进程。线程存在于进程中，可以对进程的内存空间和资源进行访问，并与其他线程共享，线程上下文切换的开销比进程小很多。

2. 线程和进程比较

从以下几个方面比较线程和进程。

1）调度：线程是 CPU 调度和分派的基本单元。

2）拥有资源：进程是系统中程序执行和资源分配的基本单位。线程一般不拥有资源（除了必不可少的程序计数器，一组寄存器和栈），但它可以访问其所属进程的资源，如进程代码段，数据段以及系统资源（已打开的文件，I/O 设备等）。

3）系统开销：同一个进程中的多个线程可共享同一地址空间，因此它们之间的同步和通信的实现也变得比较容易。进程切换时，涉及整个当前进程 CPU 环境的保存以及新被调度运行的进程的 CPU 环境的设置；线程切换只需要保存和设置少量寄存器的内容，并不涉及存储器管理方面的操作，从而能更有效地使用系统资源和提高系统的吞吐量。

4）并发性：不仅进程间可以并发运行，在一个进程中的多个线程之间也可以并发执行。

3. 多线程的用处

使用多线程的目的主要有以下几点：

（1）"节俭"多任务程序的设计

一个程序可能要处理不同应用，要处理多种任务，如果开发不同的进程来处理，系统开销很大，数据共享，程序结构都不方便，这时可使用多线程编程方法。

（2）改善程序结构

一个长且复杂的进程可以分为多个线程，成为几个独立或半独立的运行部分，这样的程序利于理解和修改。

（3）共享数据

不同进程具有独立的数据空间，要进行数据传递只能通过进程间通信的方式，这种方式费时也不方便，同一个进程中的不同线程间共享进程的数据空间，线程的数据可直接为其他线程所用，这很快捷且方便。

（4）提高应用程序响应

对图形界面的程序有意义，当一个操作耗时很长，整个系统都在等待这个操作，那么此程序不会响应键盘、鼠标和菜单的操作，将耗时长的操作置于新线程中可避免此情况。

（5）多 CPU 系统更加有效

操作系统会保证当线程数不大于 CPU 数目时，不同线程运行于不同 CPU 中。

4.4.2　线程的基本操作

1. 创建线程

创建线程使用 pthread_create()，实际上是确定调用该线程函数的入口点，在线程创建后，就开始运行相关的线程函数，直到该函数运行完，该线程也就退出了。其语法如表 4.55 所示。

表 4.55　pthread_create() 函数语法

所需头文件	#include <pthread.h>	
函数原型	int pthread_create（pthread_t *thread, const pthread_attr_t *attr, 　　　　　　　　　　void * (*start_routine)(void *), void *arg)	
函数输入值	thread	线程标识符
	attr	线程属性，调度策略、继承性、分离性，采用默认属性为 NULL
	start_routine	线程函数的起始地址，指向函数指针
	arg	传递给线程函数的参数
函数返回值	成功：0 失败：返回错误码	

2. 退出线程

线程终止有两种情况：正常终止和非正常终止。线程主动调用 pthread_exit() 或者从线程函数中 return 使线程正常退出。非正常终止是线程在其他线程干预下或自身运行出错而退出。

pthread_exit() 是线程的主动终止自身线程，其语法如表 4.56 所示。

表 4.56　pthread_exit() 函数语法

所需头文件	#include <pthread.h>
函数原型	void pthread_exit（void *retval)
函数输入值	retval：线程结束时的返回值

pthread_cancel() 可以实现终止另一个进程，其语法如表 4.57 所示。

表 4.57　pthread_cancel() 函数语法

所需头文件	#include <pthread.h>
函数原型	int pthread_cancel（pthread_t thread）
函数输入值	thread：要终止的线程标识符
函数返回值	成功：0 失败：返回错误码

3. 等待线程退出

创建好线程后就会运行相关的线程函数。pthread_join() 是线程阻塞函数，调用后一直等待指定线程结束才返回，被等待线程的资源就会被收回，其语法如表 4.58 所示。

表 4.58　pthread_join() 函数语法

所需头文件	#include <pthread.h>
函数原型	int pthread_join（pthread_t thread，void **retval）
函数输入值	thread：要等待的线程标识符
	retval：用户自定义的指针，用来存储被等待线程结束时的返回值，没有为 NULL
函数返回值	成功：0 失败：返回错误码

示例 4.18　创建线程并传递参数，等待线程并返回参数。

```c
#include <pthread.h>
#include <stdio.h>
#include <unistd.h>
struct STU
{
    int runn;
    int num;
    char name[16];
};
void *run1（void *buf）
{
    char *str=（char *）buf;
    printf（"------pthread run1 id=%ld, buf=%s\n", pthread_self(), str);
    int i;
    for（i=0; i<5; i++）
    {
        printf（"------pthread run1 id=%ld, i=%d\n", pthread_self(), i);
        usleep（1000000）;
    }
    return str;
}
void *run2（void *buf）
{
    struct STU *p=buf;
    printf（"------pthread run2 id=%ld, num=%d, name=%s\n", pthread_self(), p->num, p->name);
    int j;
    while（j<p->num）
    {
        printf（"------pthread run2 id=%ld, j=%d\n", pthread_self(), j++);
        usleep（1000000）;
    }
    pthread_exit（NULL）;
}
int main（int argc, char *argv[]）
{
    pthread_t tid1, tid[2];
    int i;
    char buf[256]="hello embeded";
```

```
        struct STU stu[]={
            {12，7，"aaa"},
            {13，11，"bbb"}
        };
        pthread_create (&tid1，NULL，run1，buf);          // 创建线程 tid1，线程函数是 run1，
                                                         // 传递参数是数组

        for (i=0；i<2；i++)
        {
            pthread_create (&tid[i]，NULL，run2，&stu[i]); // 创建线程 tid[0]，tid[1]，线程函数是 run2，传递
                                                         // 参数是结构体
        }
        void *val1, *val2, *val3;
        pthread_join (tid1, &val1);                      // 等待线程 tid1 返回，并将返回值放在 val1
        printf ("run1 return value：%s\n", (char *) val1);

        pthread_join (tid[0], &val2);                    // 等待线程 tid[0] 返回，并将返回值放在 val2
        pthread_join (tid[1], &val3);                    // 等待线程 tid[1] 返回，并将返回值放在 val3
        printf ("run2 return value2：%s\n", (char *) val2);
        printf ("run2 return value3：%s\n", (char *) val3);
        return 0;
    }
```

将代码编译并运行，创建了 3 个线程，将"hello embeded"传递给线程 1，线程 1 执行 run1() 线程函数，又将"hello embeded"返回给主线程；将结构体作为参数传递给线程 2 和线程 3，执行 run2() 线程函数，并将 NULL 返回给主线程，结果如下：

```
cw@dell：/mnt/hgfs/share/book/5pthread$ gcc pthread.c –o pthread –lpthread
cw@dell：/mnt/hgfs/share/book/5pthread$ ./pthread
------pthread run2 id=140607839360768，num=11，name=bbb
------pthread run2 id=140607839360768，j=0
------pthread run2 id=140607847753472，num=7，name=aaa
------pthread run2 id=140607847753472，j=0
------pthread run1 id=140607856146176，buf=hello embeded
------pthread run1 id=140607856146176，i=0
------pthread run2 id=140607839360768，j=1
------pthread run2 id=140607847753472，j=1
------pthread run1 id=140607856146176，i=1
------pthread run2 id=140607839360768，j=2
------pthread run2 id=140607847753472，j=2
------pthread run1 id=140607856146176，i=2
------pthread run2 id=140607839360768，j=3
------pthread run2 id=140607847753472，j=3
------pthread run1 id=140607856146176，i=3
------pthread run2 id=140607839360768，j=4
------pthread run2 id=140607847753472，j=4
------pthread run1 id=140607856146176，i=4
------pthread run2 id=140607839360768，j=5
------pthread run2 id=140607847753472，j=5
run1 return value：hello embeded
------pthread run2 id=140607839360768，j=6
------pthread run2 id=140607847753472，j=6
```

```
------pthread run2 id=140607839360768，j=7
------pthread run2 id=140607839360768，j=8
------pthread run2 id=140607839360768，j=9
------pthread run2 id=140607839360768，j=10
run2 return value2：（null）
run2 return value3：（null）
cw@dell：/mnt/hgfs/share/book/5pthread$
```

习题与练习

1. 什么是进程，如何创建进程？

2. 编写程序，实现创建多个子进程（比如 6 个进程）。

3. 进程有哪几种通信方式？

4. 简述消息队列操作步骤。

5. 简述共享内存操作步骤。

6. 简述信号量操作步骤。

7. 和进程相比，线程有哪些优势？

8. 线程有哪几种退出方式？

9. 请写出基于 TCP 协议的服务器和客户端设计流程。

10. 请写出基于 UDP 协议的服务器和客户端设计流程。

11. 设计 TCP 客户服务器程序，实现传输文件。

12. 基于 UDP 协议的编程练习：编写服务器和客户端程序，实现服务器和客户端互传数据。

教学目标

1. 熟悉 GEC6818 硬件平台；
2. 掌握 S5P6818 芯片的 GPIO 控制器及其应用；
3. 掌握 S5P6818 芯片的 UART 控制器的使用方法；
4. 了解 S5P6818 中断体系结构；
5. 掌握 S5P6818 芯片的中断服务程序编写方法。

重点内容

1. GPIO 控制器及其应用；
2. UART 控制器的使用；
3. 中断服务程序编写。

5.1　Cortex-A53 处理器

5.1.1　功能及特点

Cortex-A53 处理器，属于 A50 系列处理器的产品，这一系列产品标志着进一步扩大 ARM 在高性能与低功耗领域的领先地位，Cortex-A53 处理器就是由此诞生的。ARM Cortex-A53 是实现 ARM Holdings 设计的 ARMv8-A64 位指令集的前两个微体系结构之一。

Cortex-A53 是一款功耗低而效率很高的 ARM 应用处理器。可独立运作或整合为 ARM big.LITTLE 处理器架构。该处理器系列的可扩展性使 ARM 的合作伙伴能够针对智能手机、高性能服务器等各类不同市场需求开发系统级芯片（SoC）。

Cortex-A53 将持续推动移动计算体验的发展，提供最多可达现有超级手机（Superphone）三倍的性能，还可将现有超级手机体验延伸至入门级智能手机。配合 ARM 及 ARM 合作伙伴所提供的完整工具套件与仿真模型以加快并简化软件开发，全面兼容现有的 ARM32 位软件生态系统，并能与 ARM 快速发展中的 64 位软件生态系统相整合。

IP 内核硬化加速技术以及先进互补金属氧化物半导体（Complementary Metal Oxide Semiconductor，CMOS）与鳍式场效应晶体管（Fin Field-Effect Transistor，FinFET）制程技术的支持下，Cortex-A53 处理器可提供数 GHz 级别的性能。Cortex-A53 内核的内部构造如图 5.1 所示。

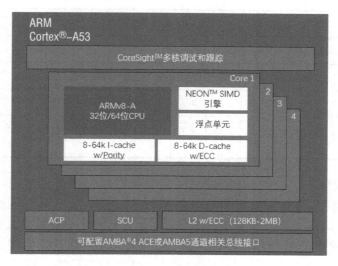

图 5.1　Cortex-A53 内核的内部构造

Cortex-A53 内核特点如下：

➢ 具有双向超标量，有序执行的 8 级流水线处理器。

➢ 每个核心都必须使用 DSP 和 NEON SIMD 扩展。

➢ 板载 VFPv4 浮点单元（每个核心）。

➢ 硬件虚拟化支持。

➢ TrustZone 安全扩展。

➢ 10 项 L1 TLB 和 512 项 L2 TLB。

➢ 4Kbit 件分支预测器，256 项间接分支预测器。

5.1.2　支持的数据类型

Cortex-A53 采用的是 ARMv8 64 位架构，ARMv8 架构支持整数、浮点数等数据类型。

1. ARM 的基本数据类型

ARMv8 架构支持的基本数据类型有以下 5 种。

➢ Byte：字节，8bit。

➢ Halfword：半字，16bit（半字必须与 2 字节边界对齐）。

➢ Word：字，32bit（字必须与 4 字节边界对齐）。

➢ DoubleWord：双字，64bit。

➢ QueaWord：四字，128bit。

存储器可以看作是序号为 0 ～（232-1）的线性字节阵列。表 5.1 所示为 ARM 存储器的组织结构，其中每一个字节都有唯一的地址。字节可以占用任意位置，半字占有两个字节的位置，该位置开始于偶数字节地址（地址最末一位为 0）。长度为 1 个字的数据项占用一组 4 字节的位置，该位置开始于 4 的倍数的字节地址（地址最末两位为 00）。

表 5.1 ARM 存储器的组织结构

四字 1															
双字 1								双字 2							
字 1				字 2				字 3				字 4			
半字 1		半字 2		半字 3		半字 4		半字 5		半字 6		半字 7		半字 8	
字节 1	字节 2	字节 3	字节 4	字节 5	字节 6	字节 7	字节 8	字节 9	字节 10	字节 11	字节 12	字节 13	字节 14	字节 15	字节 16

2. 浮点数据类型

浮点运算使用在 ARM 硬件指令集中未定义的数据类型。尽管如此，ARM 公司仍然在协处理器指令空间定义了一系列浮点指令。通常这些指令全部可以通过未定义指令异常（此异常收集所有硬件协处理器不接收的协处理器指令）在软件中实现，但是其中的一小部分也可以由浮点运算协处理器 FPA10 以硬件方式实现。另外，ARM 公司还提供了用 C 语言编写的浮点库作为 ARM 浮点指令集的替代方法（Thumb 代码只能使用浮点指令集），该库支持 IEEE 标准的单精度和双精度格式。C 编译器有一个关键字标志来选择这个历程，它产生的代码与软件仿真（通过避免中断、译码和浮点指令仿真）相比既快又紧凑。

3. 存储器大 / 小端模式

从软件角度看，内存相当于一个大的字节数组，其中每个数组元素（字节）都是可寻址的。ARM 支持大端（Big-Endian）和小端（Little-Endian）两种内存模式。大端模式和小端模式数据存放的特点如图 5.2 所示。

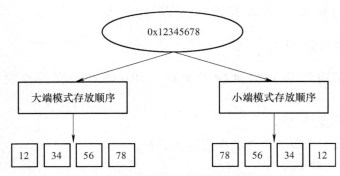

图 5.2 大端模式和小端模式数据存放的特点

在大端模式下，一个字的高地址放的是数据的低位；而在小端模式下，数据的低位放在内存中的低地址。要小心对待存储器中一个字内字节的顺序。

5.1.3 内核工作模式

ARM 架构中处理器有不同的运行模式，因此同一个功能的寄存器在不同的运行模式下可能对应不同的物理寄存器，这些寄存器被称为备份寄存器。SPSR_svc 表示 svc 模式下使用的，如表 5.2 所示。

表 5.2　SPSR 寄存器

处理器模式	描述
用户模式（User Mode，USR）	正常程序执行的模式
快速中断模式（FIQ Mode，FIQ）	用于高速数据传输和通道处理
外部中断模式（IRQ Mode，IRQ）	用于通常的中断处理
特权模式（Supervisor Mode，SVC）	供操作系统使用的一种保护模式
数据访问中止模式（Abort Mode，ABT）	当数据或指令预取中止时进入该模式，用于虚拟存储及存储保护
未定义指令中止模式（Undefined Mode，UND）	当执行未定义指令时进入该模式，用于支持通过软件仿真硬件的协处理器
系统模式（System Mode，SYS）	用于运行特权级的操作系统任务

ARMv8–A 架构还有安全监控模式（Monitor Mode，MON），用于处理器安全状态与非安全状态的切换。捕获异常模式（Hypervisor Mode，HYP）则用于对虚拟化有关功能的支持。

5.1.4　存储系统

ARM 存储系统有非常灵活的体系结构，可以适应不同的嵌入式应用系统的需要。ARM 的存储器系统是由多级构成的，可以分为内核级、芯片级、板卡级和外设级。存储器的层次结构如图 5.3 所示。

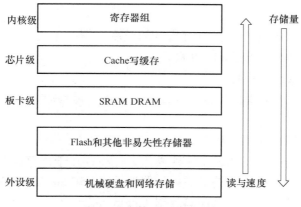

图 5.3　存储器的层次结构

1. 存储管理单元

在创建多任务嵌入式系统时，最好用一个简单的方式来编写、装载及运行各自独立的任务。目前大多数的嵌入式系统不再使用自己定制的控制系统，而使用操作系统来简化这个过程。较高级的操作系统采用基于硬件的存储管理单元（MMU）来实现上述操作。MMU 提供的一个关键服务是使各个任务作为各自独立的程序在自己的私有存储空间中运行。在带 MMU 的操作系统控制下，运行的任务无须知道其他与之无关的任务的存储需求情况，这就简化了各个任务的设计。MMU 提供了一些资源以允许使用虚拟存储器（将系统物理存储器重新编址，可将其看成一个独立于系统物理存储器的存储空间）。MMU 作为转换器，将程序和数据的虚拟地址（编译时的链接地址）转换成实际的物理地址，即在物理主存中的地址。这个转换过程允许运行的多个程序使用相同的虚拟地址，而数据存储在物理存储器的不同位置。这样存储器就有两种类型的地址：虚拟地址和物理地址。虚拟地址由编译器和链接器在定位程序时分配；物理地址用来访问实际的主存硬件模块（物理上程序存在的区域）。

2. 高速缓冲存储器

高速缓冲存储器（Cache）是一个容量小但存取速度非常快的存储器，它保存最近用到的存储器数据副本。对于程序员来说，Cache 是透明的。它自动决定保存哪些数据、覆盖哪些数据。现在 Cache 通常与处理器在同一芯片上实现。Cache 能够发挥作用是因为程序具有局部性。所谓局部性就是指在任何特定的时间，处理器趋于对相同区域的数据（如堆栈）多次执行相同的指令（如循环）。Cache 经常与写缓存器（Write Buffer）一起使用。写缓存器是一个非常小的先进先出（FIFO）存储器，位于处理器核与主存之间。使用写缓存的目的是，将处理器核和 Cache 从较慢的主存写操作中解脱出来。当 CPU 向主存储器做写入操作时，它先将数据写入到写缓存区中，由于写缓存器的速度很高，这种写入操作的速度也将很高。写缓存区在 CPU 空闲时，以较低的速度将数据写入到主存储器中相应的位置。通过引入 Cache 和写缓存区，存储系统的性能得到了很大的提高，但同时也带来了一些问题。例如，由于数据将存在于系统中不同的物理位置，可能造成数据的不一致性；由于写缓存区的优化作用，可能有些写操作的执行顺序不是用户期望的顺序，从而造成操作错误。

5.1.5 指令流水线

指令流水线是指为提高处理器执行指令的效率，把一条指令的操作分成多个细小的步骤，每个步骤由专门的电路完成的方式。

1. 指令流水线的概念与原理

处理器按照一系列步骤来执行每一条指令，典型的步骤如下：

① 从存储器读取指令（fetch）。

② 译码以鉴别它属于哪一条指令（decode）。

③ 从指令中提取指令的操作数（这些操作数往往存在于寄存器 reg 中）。

④ 将操作数进行组合以得到结果或存储器地址（Arithmetic and Logic Unit，ALU）。

⑤ 如果需要，则访问存储器以存储数据（mem）。

⑥ 将结果写回到寄存器堆（res）。

并不是所有的指令都需要上述的每一个步骤，但是多数指令需要其中的多个步骤。

2. 指令流水线的分类

ARM 微处理器主要包含以下 5 种流水线：3 级指令流水线、5 级指令流水线、7 级指令流水线、8 级指令流水线和 13 级指令流水线。

（1）3 级指令流水线

到 ARM7 为止的 ARM 处理器使用简单的 3 级流水线，它包括下列流水线级。

① 取指令（fetch）：从寄存器装载一条指令。

② 译码（decode）：识别被执行的指令，并为下一个周期准备数据通路的控制信号。

在这一级，指令占有译码逻辑，不占用数据通路。

③ 执行（execute）：处理指令并将结果写回寄存器。

3 级指令流水线的执行过程如图 5.4 所示。

图 5.4　3 级指令流水线

当处理器执行简单的数据处理指令时，流水线使得平均每个时钟周期能完成 1 条指令。但 1 条指令需要 3 个时钟周期来完成，因此，有 3 个时钟周期的延时（latency），但吞吐率（throughput）是每个周期 1 条指令。

（2）5 级指令流水线

所有的处理器都要满足对高性能的要求，在 ARM 核中使用的 3 级流水线的性价比是很高的。但是，为了得到更高的性能，需要重新考虑处理器的组织结构。有两种方法来提高性能：一是提高时钟频率。时钟频率的提高，必然引起指令执行周期的缩短，所以要求简化流水线每一级的逻辑，流水线的级数就要增加。二是减少每条指令的平均指令周期数（CPI）。这就要求重新考虑 3 级流水线 ARM 中多于 1 个流水线周期的实现方法，以便使其占有较少的周期，或者减少因指令执行造成的流水线停顿。也可以将两者结合起来。

在 ARM9TDMI 中使用了典型的 5 级流水线，它包括下面的流水线级。

① 取指令（fetch）：从存储器中取出指令，并将其放入指令流水线。

② 译码（decode）：指令被译码，从寄存器堆中读取寄存器操作数。在寄存器堆中有 3 个操作数读端口，因此，大多数 ARM 指令能在 1 个周期内读取其操作数。

③ 执行（execute）：将其中 1 个操作数移位，并在 ALU 中产生结果。如果指令是 Load 或 Store，则在 ALU 中计算存储器的地址。

④ 缓冲 / 数据（buffer/data）：如果需要则访问数据存储器，否则 ALU 只是简单地缓冲 1 个时钟周期。

⑤ 回写（write-back）：将指令的结果回写到寄存器堆，包括任何从寄存器读出的数据。

5 级指令流水线中指令的执行过程如图 5.5 所示。

图 5.5　5 级指令流水线

（3）8 级指令流水线

在 Cortex-A53 中有一条 8 级的流水线，但是由于 ARM 公司没有对其中的技术公开任何相关的细节，这里只能简单介绍一下，从经典 ARM 系列到现在的 Cortex 系列，ARM 处理器的结构在向复杂的阶段发展，但没有改变的是 CPU 的取指令和地址关系，不管是几级流水线，都可以按照最初的 3 级流水线的操作特性来判断其当前的 PC 位置。这样做主要还是为了软件兼容性上的考虑，由此可以判断的是，后面 ARM 所推出的处理核心都想满足这一特点，感兴趣的读者可以自行查阅相关资料。

3. 影响流水线性能的因素

（1）互锁

在典型的程序处理过程中，经常会遇到这样的情形，即一条指令的结果被用做下一条指令的操作数。

例如，有如下指令序列：

```
LDR X0, [X0, #0]
ADD X0, X0, X1          // 在 5 级流水线上产生互锁
```

从例子可以看出，流水线的操作产生中断，因为第 1 条指令的结果在第 2 条指令取数时还没有产生。第 2 条指令必须停止，直到第 1 条指令的结果产生为止。

（2）跳转指令

跳转指令也会破坏流水线的行为，因为后续指令的取指步骤受到跳转目标计算的影响，因而必须推迟。但是，当跳转指令被译码时，在它被确认是跳转指令之前，后续的取指操作已经发生。这样一来，已经被预取进入流水线的指令不得不被丢弃。如果跳转目标的计算是在 ALU 阶段完成的，那么在得到跳转目标之前已经有两条指令按原有指令流读取。

5.1.6　寄存器组织

ARMv8 架构的处理器为了更好向下兼容 ARMv7 架构，因此 ARMv8 架构支持 AArch32 和 AArch64 两种状态，在不同的状态下使用不同的寄存器组织。

1. 通用寄存器

1）AArch32 重要寄存器简介，如表 5.3 所示。

表 5.3　AArch32 重要寄存器

寄存器类型	位数	描述
R0-R14	32bit	通用寄存器，但是 ARM 不建议使用有特殊功能的 R13、R14、R15 作为通用寄存器使用
SP_x	32bit	通常称 R13 为堆栈指针，除了 USR 和 SYS 模式外，其他各种模式下都有对应的 SP_x 寄存器：x={und/svc/abt/irq/fiq/hyp/mon}
LR_x	32bit	称 R14 为链接寄存器，除了 USR 和 SYS 模式外，其他各种模式下都有对应的 SP_x 寄存器：x={und/svc/abt/svc/irq/fiq/mon}，用于保存程序返回链接信息地址，AArch32 环境下，也用于保存异常返回地址，也就说 LR 和 ELR 是公用一个。AArch64 下是独立的
ELR_hyp	32bit	Hypervisor mode 下特有的异常链接寄存器，保存异常进入 Hypervisor mode 时的异常地址
PC	32bit	通常称 R15 为程序计算器 PC 指针，AArch32 中 PC 指向取指地址，是执行指令地址 +8，AArch64 中 PC 读取时指向当前指令地址
CPSR	32bit	记录当前 PE 的运行状态数据，CPSR.M[4：0] 记录运行模式，AArch64 下使用 PSTATE 代替
APSR	32bit	应用程序状态寄存器，EL0 下可以使用 APSR 访问部分 PSTATE 值
SPSR_x	32bit	CPSR 的备份，除了 USR 和 SYS 模式外，其他各种模式下都有对应的 SPSR_x 寄存器：x={und/svc/abt/irq/fiq/hpy/mon}。注意：这些模式只适用于 32bit 运行环境
HCR	32bit	EL2 特有，HCR.{TEG, AMO, IMO, FMO, RW}，控制 EL0/EL1 的异常路由
SCR	32bit	EL3 特有，SCR.{EA, IRQ, FIQ, RW}，控制 EL0/EL1/EL2 的异常路由，注意 EL3 始终不会路由
VBAR	32bit	保存任意异常进入非 Hypervisor mode& 非 Monitor mode 的跳转向量基地址
HVBAR	32bit	保存任意异常进入 Hypervisor mode 的跳转向量基地址
MVBAR	32bit	保存任意异常进入 Monitor mode 的跳转向量基地址

（续）

寄存器类型	位数	描述
ESR_ELx	32bit	保存异常进入 ELx 时的异常综合信息，包含异常类型 EC 等，可以通过 EC 值判断异常 class
PSTATE		不是一个寄存器，是保存当前 PE 状态的一组寄存器统称，其中可访问寄存器有：PSTATE.{NZCV，DAIF，CurrentEL，SPSel}，属于 ARMv8 新增内容，主要用于 64bit 环境下

2）AArch32 状态下寄存器组织如图 5.6 所示。

用户级视图		系统级视图							
	USR	SYS	HYP	SVC	ABT	UND	MON	IRQ	FIQ
R0	R0_usr								
R1	R1_usr								
R2	R2_usr								
R3	R3_usr								
R4	R4_usr								
R5	R5_usr								
R6	R6_usr								
R7	R7_usr								
R8	R8_usr								R8_fiq
R9	R9_usr								R9_fiq
R10	R10_usr								R10_fiq
R11	R11_usr								R11_fiq
R12	R12_usr								R12_fiq
SP	SP_usr		SP_hyp	SP_svc	SP_abt	SP_und	SP_mon	SP_irq	SP_fiq
LR	LR_usr			LR_svc	LR_abt	LR_und	LR_mon	LR_irq	LR_fiq
PC	PC_usr								
	CPSR								
			SPSR_hyp	SPSR_svc	SPSR_abt	SPSR_und	SPSR_mon	SPSR_irq	SPSR_fiq
			ELR_hyp						

图 5.6　AArch32 状态下寄存器组织

2. 程序状态寄存器

在 AArch32 状态下使用当前程序状态寄存器（Current Program Status Register，CPSR），记录程序的执行状态。CPSR 可以在任何处理器模式下被访问，它包含下列内容：

➢ 算术逻辑单元（Arithmetic Logic Unit，ALU）状态标志的备份。

➢ 当前的处理器模式。

➢ 中断使能标志。

➢ 设置处理器的状态。

每一种处理器模式下都有一个专用的物理寄存器做备份程序状态寄存器（Saved Program Status Register，SPSR）。当特定的异常中断发生时，这个物理寄存器负责存放当前程序状态寄存器的内容。当异常处理程序返回时，再将其内容恢复到当前程序状态寄存器。

AArch32 状态下 CPSR（和保存它的 SPSR）中的每一位功能如图 5.7 所示。

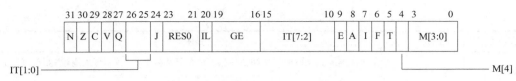

图 5.7　AArch32 程序状态寄存器格式

下面给出各个状态位的定义。

（1）标志位

N（Negative）、Z（Zero）、C（Carry）和 V（Overflow）通称为条件标志位。这些条件标志位会根据程序中的算术指令或逻辑指令的执行结果进行修改，而且这些条件标志位可由大多数指令检测以决定指令是否执行。

在 ARM v4T 架构中，所有的 ARM 指令都可以条件执行，而 Thumb 指令却不能。

各条件标志位的具体含义如下：

1）N。本位设置成当前指令运行结果的 bit[31] 的值。当两个由补码表示的有符号整数运算时，N=1 表示运算的结果为负数，N=0 表示结果为正数或零。

2）Z。Z=1 表示运算的结果为零，Z=0 表示运算的结果不为零。

3）C。下面分 4 种情况讨论 C 的设置方法。

① 在加法指令中（包括比较指令 CMN），当结果产生了进位，则 C=1，表示无符号数运算发生上溢出；其他情况下 C=0。

② 在减法指令中（包括比较指令 CMP），当运算中发生错位（即无符号数运算发生下溢出），则 C=0；其他情况下 C=1。

③ 对于在操作数中包含移位操作的运算指令（非加 / 减法指令），C 被设置成被移位寄存器最后移出去的位。

④ 对于其他非加 / 减法运算指令，C 的值通常不受影响。

4）V。下面分两种情况讨论 V 的设置方法。

① 对于加 / 减运算指令，当操作数和运算结果都是以二进制的补码表示的带符号数时，且运算结果超出了有符号运算的范围是溢出。V=1 表示符号位溢出。

② 对于非加 / 减法指令，通常不改变标志位 V 的值（具体可参照 ARM 指令手册）。

尽管以上 C 和 V 的定义看起来颇为复杂，但使用时在大多数情况下用一个简单的条件测试指令即可，不需要程序员计算出条件码的精确值即可得到需要的结果。

（2）控制位

CPSR 的低 8 位（I、F、T、M[4] 及 M[3：0]）统称为控制位。当异常发生时，这些位的值将发生相应的变化。另外，如果在特权模式下，也可以通过软件编程来修改这些位的值。

1）中断禁止位。

I=1，IRQ 被禁止。

F=1，FIQ 被禁止。

2）状态控制位。

T 位是处理器的状态控制位。

T=0，处理器处于 ARM 状态（即正在执行 32 位的 ARM 指令）。

T=1，处理器处于 Thumb 状态（即正在执行 16 位的 Thumb 指令）。

当然，T 位只有在 T 系列的 ARM 处理器上才有效，在非 T 系列的 ARM 版本中，T 位将始终为 0。

（3）模式控制位

M[3：0] 作为位模式控制位，这些位的组合确定了处理器处于哪种状态。如表 5.4 所示，列出了其具体含义。

表 5.4　状态控制位 [3：0]

M[3：0]	处理器模式
0b0000	User
0b0001	FIQ
0b0010	IRQ
0b0011	Supervisor
0b0111	Abort
0b1010	Hyp
0b1011	Undefined
0b1111	System

5.1.7　基于 Cortex-A53 的 S5P6818 处理器

S5P6818 是一款基于 RISC 的 64 位处理器，适用于平板电脑和手机，采用 28nm 低功耗工艺。S5P6818 的功能包括：

➢ SOC 内部集成了 8 个 Cortex-A53 核。

➢ 高内存带宽。

➢ 全高清显示。

➢ 硬件支持 1080p60 帧视频解码和 1080p30 帧编码。

➢ 硬件支持 3D 图形显示。

➢ 高速接口，如 eMMC4.5 和 USB2.0。

S5P6818 的特征如下：

➢ 采用 28nm，HKMG（High-K Metal Gate）工艺技术。

➢ 537 针 FCBGA 封装，0.65mm 球间距，17mm*17mm 主体尺寸。

➢ Cortex-A53 8 核 CPU 主频 >1.4GHz。

➢ 高性能 3D 图形加速器。

➢ 全高清多格式视频编解码器。

➢ 支持各种内存，LVDDR3（低电压版 DDR3），DDR3 高达 800MHz。

➢ 支持采用硬连线 ECC 算法的 MLC/SLC NAND 闪存（4/8/12/16/24/40/60 位）。

➢ 支持高达 1920×1080 的双显示屏，TFT-LCD，LVDS，HDMI，MIPI-DSI 和 CVBS 输出。

➢ 支持 3 通道 ITUR.BT656 并行视频接口和 MIPI-CSI。

➢ 支持 10/100/1000M 位以太网 MAC（RGMII I/F）。

➢ 支持 3 通道 SD/MMC，6 通道 UART，32 通道 DMA，4 通道定时器，中断控制器，RTC。

➢ 支持 3 路 I2S，SPDIF Rx/Tx，3 路 I2C，3 路 SPI，3 路 PWM，1 路 PPM 和 GPIO。

➢ 支持用于 CVBS 的 8 通道 12 位 ADC，1 通道 10 位 DAC。

➢ 支持 MPEG–TS 串行 / 并行接口和 MPEG–TSHW 分析器。

➢ 支持 1 路 USB2.0 主机，1 路 USB2.0OTG，1 路 USBHSIC 主机。

➢ 支持安全功能（AES，DES/TDES，SHA–1，MD5 和 PRNG）和安全 JTAG。

➢ 支持 ARM TrustZone 技术。

➢ 支持各种功耗模式（正常，睡眠，停止）。

➢ 支持各种启动模式，包括 SPI Flash/EEPROM，NOR，SD（eMMC），USB 和 UART。

S5P6818 芯片内部构成框图如图 5.8 所示。

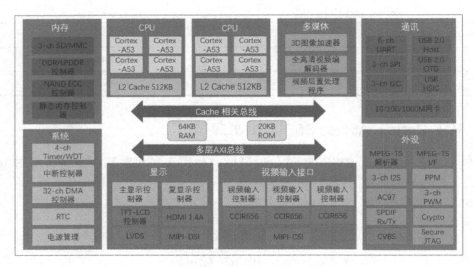

图 5.8　S5P6818 芯片内部构成框图

5.2　GEC6818 开发平台简介

GEC6818 开发板是广州粤嵌通信科技股份有限公司研发的一款基于三星的 S5P6818 的硬件平台，如图 5.9 所示。GEC6818 开发平台，核心板采用 10 层板工艺设计，确保稳定可靠，可以批量用于平板电脑、车机、学习机、POS 机、游戏机、行业监控等多个领域。该平台搭载三星 Cortex–A53 系列高性能八核处理器 S5P6818，最高主频高达 1.4GHz，可应用于嵌入式 Linux 和 Android 等操作系统的驱动、应用开发。开发板留有丰富的外设，支持千兆以太网、板载 LVDS 接口、MIPI 接口、USB 接口等。

GEC6818 开发平台支持三大操作系统，具备完整的教学资源和教学内容，包括：ARM 微处理器系统驱动的实验、嵌入式实时操作系统 Linux 开发、嵌入式 Android 系统开发、嵌入式 Android 应用开发、嵌入式系统项目实战开发等内容。

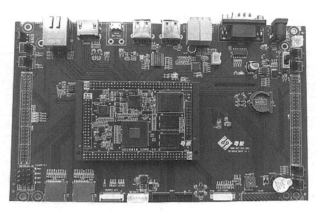

图 5.9　GEC6818 开发板

GEC-S5P6818 核心板具有以下特性，如表 5.5 所示。

表 5.5　GEC-S5P6818 核心板特性

结构参数	
核心板尺寸	75mm*55mm
引脚间距	2.0mm
特点	易更换、易维护
系统配置	
CPU	S5P6818
主频	64 位八核 1.4+GHz
内存	标配 1GB，可定制 2GB
存储器	4GB/8GB/16GB/32GB emmc 可选，标配 8GB
电源 IC	使用 AXP228，支持动态调频，库仑计等
以太网	使用 RTL8211E 千兆以太网 PHY
接口参数	
LCD 接口	同时支持 TTL、LVDS、MIPI 接口输出
Touch 接口	电容触摸，可使用 USB 或串口扩展电阻触摸
音频接口	AC97/IIS 接口，支持录放音
SD 卡接口	2 路 SDIO 输出通道
emmc 接口	板载 emmc 接口，管脚不另外引出
以太网接口	支持千兆以太网
USB HOST 接口	一路 HOST2.0，一路 HSIC
USB OTG 接口	一路 OTG2.0
UART 接口	6 路串口，支持带流控串口
PWM 接口	4 路 PWM 输出
IIC 接口	2 路 IIC 输出
SPI 接口	1 路 SPI 输出
ADC 接口	2 路 ADC 输出

（续）

接口参数	
Camera 接口	1 路 CIF，1 路 MIPI 输出
HDMI 接口	高清音视频输出接口，音视频同步输出
VGA 接口	使用 LCD 输出接口扩展
启动配置接口	无需启动配置，核心板自动适配

➢ 最佳尺寸，即保证精悍的体积又保证足够的 GPIO 口，仅 75mm*55mm。
➢ 使用 AXP228 PMU 电源管理设计，在保证工作稳定可靠的同时，成本足够低廉。
➢ 支持多种品牌，多种容量的 emmc，默认使用东芝 8GB emmc（19nm MLC 工艺）。
➢ 使用单通道 DDR3 设计，默认支持 1GB 容量，可定制 2GB 容量。
➢ 支持电源休眠唤醒。
➢ 支持 Linux、android5.1、Ubuntu 嵌入式操作系统。
➢ 板载千兆有线以太网。
➢ 板载 MIPI 接口。

5.3 通用 I/O 接口

GPIO 控制技术是接口技术中最简单的一种。本章通过介绍 S5P6818 芯片的 GPIO 控制方法，让读者初步掌握控制硬件接口的方法。

5.3.1 GPIO 功能简介

首先应该理解什么是 GPIO。GPIO 的英文全称为 General-Purpose IO ports，也就是通用 IO 接口。在嵌入式系统中常常有数量众多，但是结构却比较简单的外部设备 / 电路，对这些设备 / 电路，有的需要 CPU 为之提供控制手段，有的则需要 CPU 用做输入信号。而且，许多这样的设备 / 电路只要求一位，即只要有开 / 关两种状态。比如，控制某个 LED 灯亮与灭，或者通过获取某个引脚的电平属性来达到判断外围设备的状态。对这些设备 / 电路的控制，使用传统的串行口或并行口都不合适。所以在控制器芯片上一般都会提供一个"通用可编程 IO 接口"，即 GPIO。接口至少有两个寄存器，即"通用 IO 控制寄存器"与"通用 IO 数据寄存器"。数据寄存器的各位都直接引到芯片外部，而对这种寄存器中每一位的作用，即每一位的信号流通方向，则可以通过控制寄存器中对应位独立地加以设置。例如，可以设置某个引脚的属性为输入、输出或其他特殊功能。在实际的 MCU 中，GPIO 是有多种形式的，比如，有的数据寄存器可以按照位寻址，有些却不能按照位寻址，这在编程时就要区分了。比如传统的 8051 系列，就区分成可位寻址和不可位寻址两种寄存器。另外，为了使用方便，很多 MCU 的 GPIO 接口除必须具备两个标准寄存器外，还提供上拉寄存器，可以设置 IO 的输出模式是高阻还是带上拉的电平输出。这样在电路设计中，外围电路就可以简化不少。

5.3.2 S5P6818 处理器的 GPIO 控制器详解

S5P6818 内含 100kΩ 上拉电阻，当上拉使能的时候通过的电流为 33uA，不使能的时候通过的最大电流为 0.1uA。S5P6818 的引脚包含了输入、输出两种功能，它们交互使用。

S5P6818 芯片的 GPIO 引脚具有以下特性：

> 可编程上拉控制。
> 边沿 / 电平检测。
> 支持可编程的上拉电阻。
> 支持 4 种事件检测。

① 上升沿检测。② 下降沿检测。③ 低电平检测。④ 高电平检测。

> GPIO 引脚数目为：160。

S5P6818 处理器将 160 个 GPIO 引脚平均分配成了 5 组，每组包含 32 个 GPIO 引脚，分别为 GPIOA、GPIOB、GPIOC、GPIOD、GPIOE。每组引进的编号为 GPIOx_0 ～ GPIOx_31（x= A，B，C，D，E）。GPIO 控制器的寄存器有很多，这里只介绍与后面案例有关的寄存器，其他寄存器后面用到时再详细解释。

1. GPIO 引脚功能控制寄存器——GPIOxALTFN0（x= A ～ E）

GPIOxALTFN0 寄存器地址：

① 基地址：0xC001_A000h（GPIOA）。
② 基地址：0xC001_B000h（GPIOB）。
③ 基地址：0xC001_C000h（GPIOC）。
④ 基地址：0xC001_D000h（GPIOD）。
⑤ 基地址：0xC001_E000h（GPIOE）。

地址 = 基地址 +0020h，0020h，0020h，0020h，0020h，复位值 =0x0000_0000。

GPIOxALTFN0 寄存器功能描述如表 5.6 所示。

表 5.6　GPIOxALTFN0 寄存器功能描述

名字	位	类型	描述	复位值
GPIOxALTFN0_n （n = 0 ～ 15）	[2n+1：2n]	RW	GPIOx[n]：选择 GPIOxn 引脚的功能 00 = 复用功能 0 01 = 复用功能 1 10 = 复用功能 2 11 = 复用功能 3	2'b0

2. GPIO 引脚功能控制寄存器——GPIOxALTFN1（x=A ～ E）

GPIOxALTFN1 寄存器地址：

地址 = 基地址 +0024h，0024h，0024h，0024h，0024h，复位值 =0x0000_0000。

GPIOxALTFN1 寄存器功能描述如表 5.7 所示。

表 5.7　GPIOxALTFN1 寄存器功能描述

名字	位	类型	描述	复位值
GPIOxALTFN1_n （n = 16 ～ 31）	[2*(n–16)+1：2*(n–16)]	RW	GPIOx[n]：选择 GPIOxn 引脚的功能 00 = 复用功能 0 01 = 复用功能 1 10 = 复用功能 2 11 = 复用功能 3	2'b0

GPIO 引脚复用功能选择：

配置 GPIO 引脚具体是哪个复用功能需要查看 S5P6818 芯片手册的《2.3 I/O Function Description》章节，由于 GPIO 引脚较多，此处就不对所有的 GPIO 引脚的复用功能全部列出，只列出几个，如表 5.8 所示。

表 5.8　GPIO 引脚的复用功能

引脚	名字	类型	输入／输出	上拉／下拉	复用功能 0	复用功能 1	复用功能 2	复用功能 3
U21	VICLK1	S	IO	N	GPIOA28	VICLK1	I2SMCLK2	I2SMCLK1
E14	VIHSYNC1	S	IO	N	GPIOE13	GMAC_COL	VIHSYNC1	–
W24	ALE0	S	IO	N	ALE0	ALE1	GPIOB12	–

3. GPIO 引脚输入／输出使能——GPIOxOUTENB（x = A ~ E）

GPIOxOUTENB 寄存器地址：

地址 = 基地址 +0004h，0004h，0004h，0004h，0004h，复位值 =0x0000_0000。

GPIOxOUTENB 寄存器功能描述如表 5.9 所示。

表 5.9　GPIOxOUTENB 寄存器功能描述

名字	位	类型	描述	复位值
GPIOxOUTENB	[31：0]	RW	GPIOx[31：0]：指定 GPIOx 输入／输出模式。 0 = 输入模式 1 = 输出模式	32'h0

4. GPIO 引脚输出电平——GPIOxOUT（x=A ~ E）

GPIOxOUT 寄存器地址：

地址 = 基地址 + 0000h，0000h，0000h，0000h，0000h，复位值 =0x0000_0000。

GPIOxOUT 寄存器功能描述如表 5.10 所示。

表 5.10　GPIOxOUT 寄存器功能描述

名字	位	类型	描述	复位值
GPIOxOUT	[31：0]	RW	GPIOx[31：0]：在输出模式下，指定 GPIOx 输出值。 0 = 低电平 1 = 高电平	32'h0

5.3.3　GPIO 控制器案例

通过控制 S5P6818 的 GPIOC8 的引脚控制 LED 发光二极管闪烁。

1. 实验原理

如图 5.10 所示，D7 ~ D11 分别与 GPIOE13，GPIOC17，GPIOC8，GPIOC7 和 GPIOC12 连接，通过控制 GPIOC8 引脚的高低电平控制 D9 的亮灭。

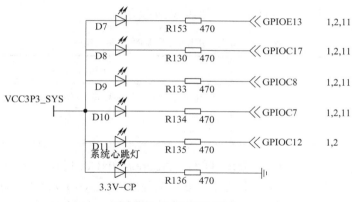

图 5.10　LED 灯电路图

2. 寄存器配置

GPIO 相关寄存器的配置步骤：

1）配置 GPIOC8 引脚为 GPIO 功能，对应着 GPIOC_ALTFN0 寄存器，如表 5.11 所示。

表 5.11　GPIOC_ALTFN0 寄存器第 16、17 位

名字	位	类型	描述	复位值
GPIOxALTFN0_8	[17：16]	RW	GPIOx[8]：选择 GPIOx8 引脚的功能 00 = 复用功能 0 01 = 复用功能 1 10 = 复用功能 2 11 = 复用功能 3	2'b0

根据 S5P6818 芯片手册的 2.3 章节可知 GPIOC8 引脚 GPIO 功能，如表 5.12 所示。

表 5.12　GPIOC8 引脚 GPIO 功能

引脚	名字	类型	输入 / 输出	上拉 / 下拉	复用功能 0	复用功能 1	复用功能 2	复用功能 3
C8	M_VDD10_PLL	P	IO	N	SA8	GPIO8	UARTnDTRI	SDnINT1

通过以上分析，只需要把 GPIOC_ALTFN0（地址 = 0xC001C020）寄存器的 [17：16] 位，设置为 0b01，此时 GPIOC8 引脚就是 GPIO 功能。

2）配置 GPIOC8 引脚为输出功能，对应着 GPIOC_OUTENB 寄存器，如表 5.13 所示。

表 5.13　配置 GPIOC8 引脚为输出功能

名字	位	类型	描述	复位值
GPIOxOUTENB	[31：0]	RW	GPIOx[31：0]：指定 GPIOx 输入 / 输出模式。 0 = 输入模式 1 = 输出模式	32'h0

通过以上分析，只需要把 GPIOC_OUTENB（地址 =0xC001C004）寄存器的 [8] 位，设置为 0b1，此时 GPIOC8 引脚就是输出功能。

3）配置 GPIOC8 引脚输出高低电平，对应着 GPIOC_OUT 寄存器。

配置 GPIOC8 引脚输出高低电平，如表 5.14 所示。

表 5.14　配置 GPIOC8 引脚输出高低电平

名字	位	类型	描述	复位值
GPIOxOUT	[31：0]	RW	GPIOx[31：0]：在输出模式下，指定 GPIOx 输出值。 0 = 低电平 1 = 高电平	32'h0

通过以上分析，只需要把 GPIOC_OUT（Address=0xC001C000）寄存器的 [8] 位，设置为 0b1，GPIOC8 引脚就会输出高电平；相反设置为 0b0，GPIOC8 引脚就会输出低电平。

为了实现控制 LED 的目的，需要对寄存器 GPIOxOUTENB 设置为输出模式，通过控制 GPIOxOUT 寄存器，控制高低电平，实现 LED 灯的亮灭。

3. 相关代码

程序编写如下：

```
#define   GPIOCOUT          *（volatile unsigned int *）        0xc001c000
#define   GPIOCOUTENB       *（volatile unsigned int *）        0xc001c004
#define   GPIOCALTFN0       *（volatile unsigned int *）        0xc001c020
void delay（int val）;
void main（void）
{
    GPIOCALTFN0 &= ~（3<<16）;
    GPIOCALTFN0 |=（1<<16）;
    GPIOCOUTENB |=（1<<8）;
    while（1）
    {
        GPIOCOUT |=（1<<8）;
        delay（0x4000000）;                    // 延时程序
        GPIOCOUT &= ~（1<<8）;
        delay（0x4000000）;                    // 延时程序
    }
}
void delay（int val）
{
    volatile int i;
    for（i=0；i<val；i++）;
}
```

编写 Makefile 文件如下：

```
led.bin: LedDemo.o
    arm-linux-ld -Ttext 0x20000000 -o led.elf $^
    arm-linux-objcopy -O binary led.elf led.bin
    arm-linux-objdump -D led.elf > led_elf.dis
%.o : %.S
    arm-linux-gcc -o $@ $< -c
clean:
    rm *.o *.elf *.bin
```

4. 实验步骤

1）进入 Ubuntu 中。

2）建立 demo 的目录文件。

```
mkdir   LedDemoS
```

3）进入目录中。

```
cd LedDemoS
```

4）建立 LED 的裸机源码。

```
vim   LedDemo.S
```

其内容为程序源码的内容

5）建立 Makefile 文件。

```
vim   Makefile
```

其内容为 Makefile 文件

6）编译源码。

```
make
```

生成目标文件 led.bin 文件

7）复制源码到 tftp 共享目录中。

例如我的共享目录为 /home/zr/tftp。

```
cp led.bin /home/zr/tftp
```

8）下载源码到开发板中。

开发板上电启动之后，进入 uboot 模式中。输入：

```
tftp 0x40000000 led.bin
```

9）执行程序。

```
go 0x40000000
```

5. 实验现象

```
dwmac.c0060000 Waiting for PHY auto negotiation to complete...... done
dwmac.c0060000: No link.
GEC6818# tftp 0x40000000 led.bin
Speed: 1000, full duplex
Using dwmac.c0060000 device
TFTP from server 192.168.1.45; our IP address is 192.168.1.23
Filename 'led.bin'.
Load address: 0x40000000
Loading: #
         67.4 KiB/s
done
Bytes transferred = 208 (d0 hex)
GEC6818# go 0x40000000
## Starting application at 0x40000000 ...
```

可以看到 LED 灯 D9 做有规律的闪烁。

5.4 外部中断

5.4.1 ARM 异常中断简介

在 ARM 体系结构中，存在 7 种异常处理。ARM 处理器中有 7 种类型的异常，按优先级从高到底的排列如下：复位异常（Reset）、数据异常（Data Abort）、快速中断异常（FIQ）、外部中断异常（IRQ）、预取异常（Prefetch Abort）、软中断异常（SWI）和未定义指令异常（Undefined Interrupt）。

当异常发生时，处理器会把 PC 设置为一个特定的存储器地址。这一地址存放在被称为向量表（vector table）的特定地址范围内。向量表的入口是一些跳转指令，跳转到专门处理某个异常或中断的子程序。存储器映射地址 0x00000000 是为向量表（一组 32 位字）保留的。在有些处理器中，向量表可以选择定位存储空间的高地址（从偏移量 0xffff0000 开始）。如表 5.15 所示，列出了 ARM 的 7 种异常类型。

表 5.15 ARM 的 7 种异常类型

异常类型	处理器模式	执行低地址	执行高地址
复位异常（Reset）	特权模式	0x00000000	0xffff0000
未定义指令异常 （Undefined Interrupt）	未定义指令中止模式	0x00000004	0xffff0004
软中断异常（SWI）	特权模式	0x00000008	0xffff0008
预取异常（Prefetch Abort）	数据访问中止模式	0x0000000C	0xffff000C
数据异常（Data Abort）	数据访问中止模式	0x00000010	0xffff0010
外部中断异常（IRQ）	外部中断请求模式	0x00000018	0xffff0018
快速中断异常（FIQ）	快速中断请求模式	0x0000001C	0xffff001C

异常处理向量表如图 5.11 所示。

5.4.2 S5P6818 中断机制分析

S5P6818 采用的是向量中断控制器 GIC，采用的是 ARM 基于 PrimeCell 技术下的 Pl400 核心。GIC 通用中断控制器主要包括 AMBA 总线从接口（AMBA Salve Interface）、分配器（Distributor）、CPU 接口（CPU Interface）、虚拟接口控制器（Virtual Interface Control）、虚拟 CPU 接口（Virtual CPU Interface）、时钟和复位（Clock and Reset）。GIC 系统框图如图 5.12 所示。

S5P6818 中断控制器支持 151 个中断源，包含了以下 4 种中断类型。

➤ 16 路软件触发中断（Software Generated Interrupt，SGI）。

➤ 6 路外部专用外设中断（external Private Peripheral Interrupt，external PPI）。

图 5.11 异常处理向量表

➢ 1 种内部专用外设中断（internal PPI）。
➢ 128 种共享外设中断（Shared Peripheral Interrupt，SPI）。

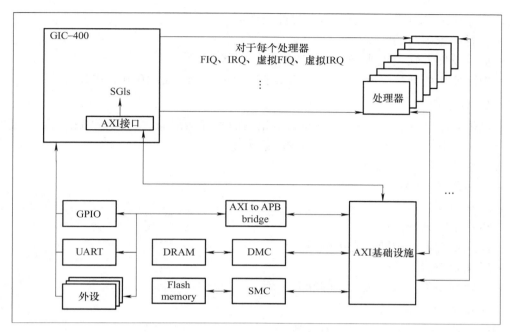

图 5.12　GIC 系统框图

1. 分配器

在系统中所有的中断源都被分配器（Distributor）控制。分配器由相应的寄存器控制每个中断优先级、状态、安全，路由信息的属性并启用状态。分配器确定哪些中断通过所连接的 CPU 接口转发到核心。GIC 分配器框图如图 5.13 所示。

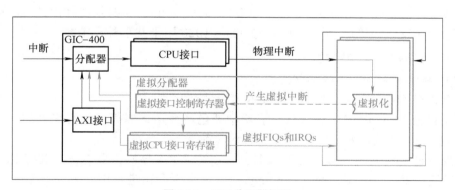

图 5.13　GIC 分配器框图

分配器提供如下功能：
➢ 使能挂起中断是否传递到 CPU 接口。
➢ 使能和禁用任意中断。
➢ 设定任意中断优先级。

> ➤ 设置任意目标处理器。
> ➤ 设置中断为电平触发或者边沿触发。
> ➤ 设置中断为组别。
> ➤ 传递任意 SGI 到一个或者多个目标处理器。
> ➤ 查看任意中断的状态。
> ➤ 提供软件方式设置或清除任意中断的挂起状态。
> ➤ 中断使用中断号来标识，每个 CPU 接口可以处理多达 1020 个中断。

2. CPU 接口

通过配置 CPU 接口（CPU Interface）相关的寄存器屏蔽，可以识别和控制中断并转发到内核。每个核心都有一个单独的 CPU 系统接口。

每个 CPU 接口提供如下编程接口：

> ➤ 使能通知 ARM 核中断请求。
> ➤ 应答中断。
> ➤ 指示中断处理完成。
> ➤ 设置处理器的中断优先级屏蔽。
> ➤ 定义处理器中断抢占策略。
> ➤ 为处理器决定最高优先级的挂起中断。

3. GIC 中断控制器中断类型

GIC 中断控制器中断类型分为三种：

1）软件触发中断（Software Generated Interrupt，SGI）。软件生成的中断，是通过软件写入到一个专门的寄存器——软中断产生中断寄存器（ICDSGIR），它常用在内核间通信。软中断能以所有核为目标或选定的一组系统中的核心为目标，中断号 0 ~ 15 为此保留。

2）专用外设中断（Private Peripheral Interrupt，PPI）。这是由外设产生的专用特定核心处理的中断。中断号码 16 ~ 31 为 PPI 保留。这些中断源对核心是私有的，并且独立于其他核上相同的中断源，例如每个核上的定时器中断源。

3）共享外设中断（Shared Peripheral Interrupt，SPI）。这些是由外设产生的可以发送给一个或多个核心处理的中断源。中断号 32 ~ 1020 用于共享外设中断。

4. GIC 中断控制器中断状态

GIC 中断信号有许多不同的状态：

1）无效态（Inactive）。无效状态表示中断没有发生。

2）挂起态（Pending）。挂起状态表示中断已经发生，但等待核心来处理。待处理中断都作为通过 CPU 接口发送到核心处理的候选者。

3）激活态（Active）。激活态表示中断信号发送给了核心，目前正在进行中断处理。

4）激活挂起态（Active and pending）。一个中断源正进行中断处理而 GIC 又接收到来自同一中断源的中断触发信号。

中断状态转移如图 5.14 所示。

5. GIC 中断处理流程

当 ARM 核心接收到中断时，它会跳转到异常向量表中，PC 寄存器获得对应异常向量并开始执行中断处理函数。在中断处理函数中，先读取 GIC 控制器 CPU 接口模块内的中断响应寄存器（GICC_IAR），一方面获取需要处理的中断 ID 号，进行具体的中断处理，另一方面也作为 ARM 核心对 GIC 发来的中断信号进行应答，GIC 接收到应答信号，GIC 分配器会把对应中断源的状态设置为激活态。当中断处理程序执行结束后，中断处理函数需要写入相同的中断 ID 号到 GIC 控制器 CPU 接口模块内的中断结束寄存器（GICC_EOIR），作为给 GIC 控制器的中断处理结束信号。GIC 分配器会把对应中断源的状态由激活态设置为无效态（如果在中断处理过程中，又有相同中断触发，状态设置为无效挂起态）。同时 GIC 控制器 CPU 接口模块就可以继续提交一个优先级最高的状态为挂起态的中断到 ARM 核心进行中断处理，一次完整的中断处理就此完成。

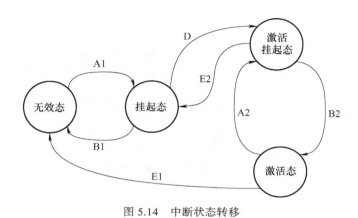

图 5.14　中断状态转移

5.4.3　按键中断电路与程序设计

利用 S5P6818 的 K6 按键引起 IO 引脚的中断模式，当被按下时进入相应的中断处理函数，处理相应的事件。

1. 按键中断的原理

按键中断的原理如图 5.15 所示。

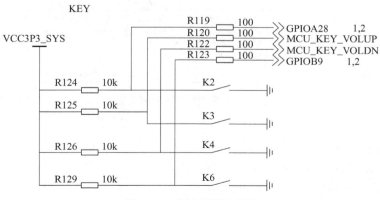

图 5.15　按键中断原理图

图 5.15 中 K6 对应 GPIOB9 引脚，在没有按下 K6 的时候引脚处于高电平，可以把 K6 设为中断模式并为双边沿触发，因此，当 K6 被按下或松开时，产生 GPIO 中断进入相应的中断函数，处理中断事件。

2. 中断寄存器配置

配置引脚为输入模式，如图 5.16 所示。

16.5.1.2 GPIOxOUTENB

- Base Address: C001_A000h (GPIOA)
- Base Address: C001_B000h (GPIOB)
- Base Address: C001_C000h (GPIOC)
- Base Address: C001_D000h (GPIOD)
- Base Address: C001_E000h (GPIOE)
- Address = Base Address + A004h, B004h, C004h, D004h, E004h, Reset Value = 0x0000_0000

Name	Bit	Type	Description	Reset Value
GPIOXOUTENB	[31:0]	RW	GPIOx[31:0]: Specifies GPIOx In/Out mode. The Open drain pins are operated in Input/Output mode by the GPIOxOUTPUT register (GPIOxOUT) and not by this bit. 0 = Input Mode 1 = Output Mode	32'h0

图 5.16　配置引脚为输入模式

配置引脚为中断功能，如图 5.17 所示。

16.5.1.5 GPIOxINTENB

- Base Address: C001_A000h (GPIOA)
- Base Address: C001_B000h (GPIOB)
- Base Address: C001_C000h (GPIOC)
- Base Address: C001_D000h (GPIOD)
- Base Address: C001_E000h (GPIOE)
- Address = Base Address + A010h, B010h, C010h, D010h, E010h, Reset Value = 0x0000_0000

Name	Bit	Type	Description	Reset Value
GPIOXINTENB	[31:0]	RW	GPIOx[31:0]: Specifies the use of an interrupt when a GPIOx Event occurs. The events specified in GPIOxDETMODE0 and GPIOxDETMODE1 are used. 0 = Disable 1 = Enable	32'h0

图 5.17　配置引脚为中断功能

配置 GPIO 的中断是否清零，如图 5.18 所示。
找到 GPIOB 对应的中断源，如图 5.19 所示。
配置相关的中断使能，如图 5.20 所示。

16.5.1.6 GPIOxDET

- Base Address: C001_A000h (GPIOA)
- Base Address: C001_B000h (GPIOB)
- Base Address: C001_C000h (GPIOC)
- Base Address: C001_D000h (GPIOD)
- Base Address: C001_E000h (GPIOE)
- Address = Base Address + A014h, B014h, C014h, D014h, E014h, Reset Value = 0x0000_0000

Name	Bit	Type	Description	Reset Value
GPIOXDET	[31:0]	RW	GPIOx[31:0]: Shows if an event is detected in accordance with Event Detect mode in GPIOx Input Mode. Set "1" to clear the relevant bit. GPIOx[31:0] is used as a Pending register when an interrupt occurs. Read: 0 = Not Detect 1 = Detected Write: 0 = Not Clear 1 = Clear	32'h0

图 5.18　配置 GPIO 的中断是否清零

Interrupt Number	Source	Description
53	GPIOA	GPIOA interrupt
54	GPIOB	GPIOB interrupt
55	GPIOC	GPIOC interrupt
56	GPIOD	GPIOD interrupt
57	GPIOE	GPIOE interrupt

图 5.19　GPIOB 对应的中断源 54

10.9.1.5 GICD_ISENABLERn (n = 0 to 4)

- Base Address: 0xC000_0000
- Address = Base Address + 0x9100, 0x9104, 0x9108, 0x910C, 0x9110, Reset Value = 0x0000_0000

Name	Bit	Type	Description	Reset Value
Set-enable bits	[31:0]	RW	For SPIs and PPIs, each bit controls the forwarding of the corresponding interrupt from the Distributor to the CPU interfaces: Reads 0 = Forwarding of the corresponding interrupt is disabled. 1 = Forwarding of the corresponding interrupt is enabled. Writes 0 = Has no effect. 1 = Enables the forwarding of the corresponding interrupt. After a write of 1 to a bit, a subsequent read of the bit returns the value 1. For SGIs the behavior of the bit on reads and writes is IMPLEMENTATION DEFINED.	–

图 5.20　配置相关的中断使能

3. 相关代码

（1）设置异常向量表

```
.text
    .arm
.global  _start
_start:
    b reset
    ldr pc, _undefined_instruction
    ldr pc, _software_interrupt
    ldr pc, _prefetch_abort
    ldr pc, _data_abort
    ldr pc, _not_used
    ldr pc, _irq
    ldr pc, _fiq


_undefined_instruction:
    .long undefined_instruction
_software_interrupt:
    .long software_interrupt
_prefetch_abort:
    .long prefetch_abort
_data_abort:
    .long data_abort
_not_used:
    .long not_used
_irq:
    .long irq
_fiq:
    .long fiq
    .align 4
/* Magic number（16bytes）- xbootmagicnumber */
    .byte 0x78, 0x62, 0x6f, 0x6f, 0x74, 0x6d, 0x61, 0x67, 0x69, 0x63, 0x6e, 0x75, 0x6d, 0x62, 0x65,
    0x72
/* Image start and image end information */
    .long __image_start, __image_end
/* Where the image was linked address */
    .long _start
/* Image sha256 digest */
    .long 0, 0, 0, 0
/* Magic number（16bytes）- xbootmagicnumber */
    .byte 0x78, 0x62, 0x6f, 0x6f, 0x74, 0x6d, 0x61, 0x67, 0x69, 0x63, 0x6e, 0x75, 0x6d, 0x62, 0x65,
    0x72

/*
 * The actual reset code
 */
reset:
    /* Set the cpu to svc32 mode */
    mrs r0, cpsr
    bic r0, r0, #0x1f
    orr r0, r0, #0xd3
```

```
    msr cpsr, r0
    ..........................
```

（2）中断函数处理

```
static void gpiob9_interrupt_func (void * data)
{
    serial_printf ( 0, "GPIOB9 interrupt\r\n");

    if (gpio_get_value (S5P6818_GPIOB ( 9 )) == 0 )
        led_set_status (LED_NAME_LED2, LED_STATUS_ON);
    else
        led_set_status (LED_NAME_LED2, LED_STATUS_OFF);
}
```

（3）主函数

```
static void do_system_initial (void)
{
    malloc_init();

    s5p6818_clk_init();
    s5p6818_irq_init();
    s5p6818_gpiochip_init();
    s5p6818_gpiochip_alv_init();
    s5p6818_pwm_init();
    s5p6818_serial_initial();
    s5p6818_tick_initial();
    s5p6818_tick_delay_initial();
    s5p6818_fb_initial();

    led_initial();
    beep_initial();
    key_initial();
}

int main (int argc, char * argv[])
{
    do_system_initial();

    tester_key_interrupt (argc, argv);
    return 0;
}
```

4. 实验步骤

1）把工程源码复制到 Ubuntu 中。

2）进入目录中，修改 Makefile 文件。

更改交叉编译工具链的路径。
vim Makefile
我的交叉编译工具链的路径在 /home/zr/6818/6818GEC/prebuilts/gcc/linux-x86/arm/arm-eabi-4.8/bin/ 中。

所以路径修改如下所示：

```
#CROSS        ?= arm-none-eabi-
#CROSS        ?= arm-linux-
CROSS         ?= /home/zr/6818/6818GEC/prebuilts/gcc/linux-x86/arm/arm-eabi-4.8/bin/arm-eabi-
NAME          := key-interrupt
```

3）编译生成 key-interrupt.bin 文件。

编译：make –j4
编译完成之后可以在 output 目录中找到 key-interrupt.bin 文件

4）把文件下载到开发板上。

在开发中的命令终端中输入命令：
tftp 0x40000000 key-interrup.bin

5）执行程序 go 0x40000000，得到的结果如图 5.21 所示。

5. 实验现象

当 K6 按下时，终端会打印 GPIOB9 Interrupt，如图 5.22 所示。LED 灯 D8 亮，松开的时候，灯灭。

```
GEC6818#
GEC6818#
GEC6818# tftp 0x40000000 key-interrupt.bin
dwmac.c0060000 waiting for PHY auto negotiation to complete...... done
dwmac.c0060000: No link.
GEC6818# tftp 0x40000000 key-interrupt.bin
Speed: 1000, full duplex
Using dwmac.c0060000 device
TFTP from server 192.168.1.45; our IP address is 192.168.1.23
Filename 'key-interrupt.bin'.
Load address: 0x40000000
Loading: T ###########
         32.2 KiB/s
done
Bytes transferred = 169284 (29544 hex)
GEC6818# go 0x40000000
## Starting application at 0x40000000 ...
GPIOB9 interrupt
GPIOB9 interrupt
```

图 5.21　执行 go 0x40000000 程序结果

```
done
Bytes transferred = 169276 (2953c hex)
GEC6818# go 0x40000000
## Starting application at 0x40000000 ...
GPIOB9 interrupt
GPIOB9 interrupt
GPIOB9 interrupt
GPIOB9 interrupt
GPIOB9 interrupt
GPIOB9 interrupt
GPIOB9 interrupt
GPIOB9 interrupt
```

图 5.22　终端打印结果

5.5　UART 串口通信

5.5.1　异步串行通信原理

串行通信接口广泛地应用于各种控制设备，是计算机、控制主板与其他设备传递信息的一种标准接口。

1. 串行通信与并行通信

串行通信是指计算机与 I/O 设备之间数据传输的各位是按照顺序依次一位接一位进行传输。通常数据在一根数据线或一对差分线上传输。

并行通信是指计算机与 I/O 设备之间通过多条传输线交换数据，数据的各位同时进行传输。

二者比较：串行通信通常传输速度慢，但是用的传输设备成本低，可利用现有的通信手段和通信设备，适合于计算机的远程通信；并行通信的速度较快，但是用的传输设备成本高，适合于近距离的数据传输。

2. 异步串行方式的特点

所谓异步通信，是指数据传输以字符为单位，字符与字符间的传输是完全异步的，位与位之间的传输基本上是同步的。异步串行通信的特点可以概括为：

- 以字符为单位传输信息。
- 相邻两字符间的间隔是任意长。
- 因为一个字符中的位长度有限，所以需要的接收时钟和发送时钟只要相近就可以。
- 字符间异步，字符内部各位同步。

3. 异步串行方式的数据格式

异步串行通信的数据格式如图 5.23 所示，每个字符（每帧信息）由 4 部分组成：

- 1 位起始位，规定为低电平 0。
- 5 ～ 8 位数据位，即要传输的有效信息。
- 1 位奇偶校验位。
- 1 ～ 2 位停止位，规定为高电平 1。

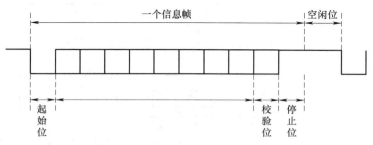

图 5.23　异步串行数据格式

4. 比特率、比特率因子与位周期

比特率是指单位时间传输二进制数据的位数，其单位为位 / 秒（bit/s）。它是一个用以衡量数据传输速率的量。一般串行异步通信的传输速率为 50 ～ 19200bit/s，串行同步

通信的传输速率可达 500kbit/s。

比特率因子是指时钟脉冲频率与比特率的比。

位周期 Td 是指每个数据位传输所需的时间，它与比特率的关系是：Td=1/ 比特率。它用以反映连续二次采样数据之间的间隔时间。

5.5.2 S5P6818 UART 控制器

1. S5P6818 UART 控制器概述

S5P6818 UART 控制器可支持 6 个独立的异步串行输入 / 输出口，通道 0 和 1 支持 NOMODEM_DMA 模式，通道 2 支持 MODEM_DMA 模式，通道 3、4 和 5 支持 NOMODEM_NODMA 模式。UART 可以产生一个中断或者发出一个 DMA 请求，来传输 CPU 与 UART 之间的数据。UART 的比特率最大可达到 4Mbit/s，每一个 UART 通道包含两种 64bytes 的 FIFOs。

2. S5P6818 UART 控制器特点

➢ 所有串口支持中断模式。

➢ 除了串口 0 外，其他的串口都支持 DMA-based 或者 Interrupt-based 操作。

➢ 除了串口 2 外，其他的串口都支持自动控制 nRTS 和 nCTS。

➢ 都支持握手收发协议。

3. S5P6818 UART 控制器概括图

S5P6818 UART 控制器概括图如图 5.24 所示。

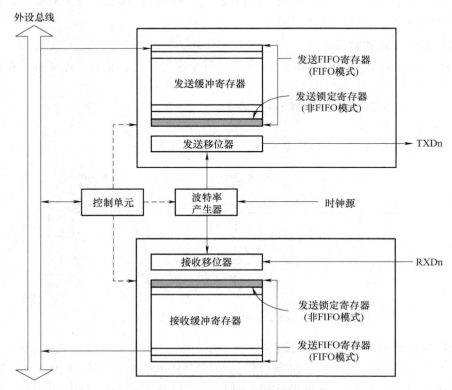

图 5.24 S5P6818 UART 控制器概括图

发送的数据帧是可编程的。一个数据帧包含一个起始位、5 ～ 8 个数据位、一个可选的奇偶校验位和 1 ～ 2 个停止位，停止位通过行控制寄存器 ULCONn 配置。

与发送类似，接收数据帧也是可编程的。接收数据帧由一个起始位、5 ～ 8 个数据位、一个可选的奇偶校验位和 1 ～ 2 个行控制寄存器 ULCONn 里的停止位组成，接收器还可以检测溢出错误、奇偶校验错误、帧错误和传输中断，每一个错误均可以设置一个错误标志。溢出错误（Overrun Error）是指已接收到的数据在读取之前被新接收的数据覆盖。奇偶校验错误是指接收器检测到校验和与设置的不符。帧错误指没有接收到有效的停止位。传输中断表示接收数据 RxDn 保持逻辑 0 超过一帧的传输时间。在 FIFO 模式下，如果 RxFIFO 非空，而在 3 个字的传输时间内没有接收到数据，则产生超时。

5.5.3　UART 电路与程序设计

利用 S5P6818 的 UARTRXD0、UARTTXD0 这两个复用引脚收发串口上的数据，实现在串口调试助手上显示数据，电路如图 5.25 所示。PC 端和 S5P6818 要设置相同的串口配置，如波特率 115200，停止位 1 位，数据位宽 8 位，无奇偶校验位，在 S5P6818 上编程实现串口配置后，向 PC 主机发送一层字符，PC 主机使用串口终端软件闲暇时接收到的字符。

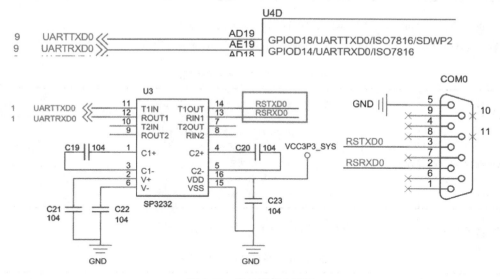

图 5.25　串口通信电路图

1. UART 配置相关寄存器列表

S5P6818 有 6 个 UART 串口，分为是 UART0 ～ UART5。6 个串口寄存器的基地址如下：

① UART0 基地址：0xC006_1000。
② UART1 基地址：0xC006_0000。
③ UART2 基地址：0xC006_2000。

④ UART3 基地址：0xC006_3000。
⑤ UART4 基地址：0xC006_D000。
⑥ UART5 基地址：0xC006_F000。
UART 的相关寄存器如表 5.16 所示。

表 5.16 UART 寄存器列表

寄存器名称	偏移地址	描述	复位值
ULCONn	0x000	UART 行控制寄存器	0x0000_0000
UCONn	0x004	UART 控制寄存器	0x0000_3000
UTRSTATn	0x010	UART 状态寄存器	0x0000_0006
UTXHn	0x020	UART 发送寄存器	Undefined
URXHn	0x1024	UART 接收寄存器	0x0000_0000
UBRDIVn	0x1028	波特率整数部分设置寄存器	0x0000_0000
UFRACVALn	0x102C	波特率小数部分设置寄存器	0x0000_0000

2. 配置引脚功能 –GPIOxALTFN[0：1]（x = A ～ E）

配置 GPIOD14 引脚为 UART 功能，如表 5.17 所示。

表 5.17 GPIOD14 引脚配置

名字	位	类型	描述	复位值
GPIOxALTFN0_14	[29：28]	RW	GPIOx[14]：选择 GPIOx14 引脚的功能 00 = 复用功能 0 01 = 复用功能 1 10 = 复用功能 2 11 = 复用功能 3	2'b0

配置 GPIOD18 引脚为 UART 功能，如表 5.18 所示。

表 5.18 GPIOD18 引脚配置

名字	位	类型	描述	复位值
GPIOxALTFN1_18	[5：4]	RW	GPIOx[18]：选择 GPIOx18 引脚的功能 00 = 复用功能 0 01 = 复用功能 1 10 = 复用功能 2 11 = 复用功能 3	2'b0

3. UART 行控制寄存器 –ULCONn（n = 0 ～ 5）

ULCONn 寄存器功能介绍如表 5.19 所示。

表 5.19　ULCONn 寄存器功能介绍

名字	位	类型	描述	复位值
Infrared Mode	[6]	RW	确定是否使用红外模式 0 = 正常操作模式 1 = 红外 Tx/Rx 模式	1′b0
Parity Mode	[5：3]	RW	指定 UART 传输和接收操作期间执行和检查奇偶校验的类型 0xx = 无校验　　100 = 偶校验 101 = 奇校验　　110 = 奇偶校验 / 校验为 1 111 = 奇偶校验 / 校验为 0	3′h0
Number of Stop bit	[2]	RW	用于指定发送帧结束信号的停止位数 0 = 每帧一个停止位 1 = 每帧两个停止位	1′b0
Word Length	[1：0]	RW	表示每帧要发送或接收的数据位个数 00 = 5-bit　　01 = 6-bit 10 = 7-bit　　11 = 8-bit	2′b00

4. UART 控制寄存器 –UCONn（n = 0 ～ 5）

UCONn 寄存器功能介绍如表 5.20 所示。

表 5.20　UCONn 寄存器功能介绍

名字	位	类型	描述	复位值
Transmit Mode	[3：2]	RW	决定使用哪种功能将 Tx 数据写入 UART 发送缓冲区 00 = 禁止 01 = 中断请求或轮训模式 10 = DMA 模式 11 = 保留	2′b00
Receive Mode	[1：0]	RW	决定使用哪种功能在 UART 接收缓冲区读取数据 00 = 禁止 01 = 中断请求或轮训模式 10 = DMA 模式 11 = 保留	2′b00

5. UART 状态寄存器 –UTRSTATn（n=0 ～ 5）

UTRSTATn 寄存器功能介绍如表 5.21 所示。

表 5.21　UTRSTATn 寄存器功能介绍

名字	位	类型	描述	复位值
Transmit buffer empty	[1]	R	当发送缓冲区是空时，这位被自动设置为 1 0 = 缓冲区非空 1 = 缓冲区空	1′b1
Receive buffer data ready	[0]	R	如果接收缓冲区包含通过 RXDn 端口接收的有效数据，则该位自动设置为 "1" 0 = 缓冲区为空 1 = 缓冲区有接收的数据（在非 FIFO 模式下，请求中断或 DMA）	1′b0

6. UART 发送数据寄存器 –UTXHn（n = 0 ～ 5）

UTXHn 寄存器功能介绍如表 5.22 所示。

表 5.22　UTXHn 寄存器功能介绍

名字	位	类型	描述	复位值
RSVD	[31：8]	–	保留	–
UTXHn	[7：0]	W	串口发送寄存器	–

7. UART 接收数据寄存器 –URXHn（n = 0 ～ 5）

URXHn 寄存器功能介绍如表 5.23 所示。

表 5.23　URXHn 寄存器功能介绍

名字	位	类型	描述	复位值
RSVD	[31：8]	–	保留	–
URXHn	[7：0]	W	串口接收寄存器	–

发送寄存器 UTXHn 和接收寄存器 URXHn 这两种寄存器存放着发送和接收的数据，在关闭 FIFO 的情况下只有一个字节即 8 位数据。需要注意的是，在发生溢出错误时，接收的数据必须被读出来，否则会引发下次溢出错误。

8. UART 波特率分频整数部分设置寄存器 –UBRDIVn（n= 0 ～ 5）

UBRDIVn 寄存器功能介绍如表 5.24 所示。

表 5.24　UBRDIVn 寄存器功能介绍

名字	位	类型	描述	复位值
RSVD	[31：16]	–	保留	–
UBRDIVn	[15：0]	RW	波特率分频整数部分 注意：UBRDIV 值必须大于 0	16′h0

9. UART 波特率分频小数部分设置寄存器 –UFRACVALn（n = 0 ～ 5）

UFRACVALn 寄存器功能介绍如表 5.25 所示。

表 5.25　UFRACVALn 寄存器功能介绍

名字	位	类型	描述	复位值
RSVD	[31：4]	–	保留	–
UFRACVALn	[3：0]	RW	确定波特率除数的小数部分	4′h0

串口波特率的设置方法如下：

```
DIV_VAL = UBRDIVn + UFRACVALn/16
or DIV_VAL=（SCLK_UART/（bps * 16））– 1
```

例如，以波特率为 115200 为目标：

```
DIV_VAL =（SCLK_UART/（bps * 16））–1 ;（SCLK_UART is 40MHz）
=（40000000/（115200 * 16））–1
```

```
= 21.7 −1
=20.7
UBRDIVn =20（interger part of DIV_VAL）
UFRACVALn/16 = 0.7
so，UFEACVALn = 11
```

10. 串口程序

串口程序如下：

```c
#define GPIODALTFN0            (*（volatile unsigned int *）0xC001D020）
#define GPIODALTFN1            (*（volatile unsigned int *）0xC001D024）
#define ULCON0              *（（volatile unsigned int *）0xC00A1000）
#define UCON0               *（（volatile unsigned int *）0xC00A1004）
#define UTRSTAT0            *（（volatile unsigned int *）0xC00A1010）
#define UTXH0               *（（volatile unsigned int *）0xC00A1020）
#define URXH0               *（（volatile unsigned int *）0xC00A1024）
#define UBRDIV0             *（（volatile unsigned int *）0xC00A1028）
#define UFRACVAL0           *（（volatile unsigned int *）0xC00A102C）
void uart_init（void）
{
    GPIODALTFN0&= ~（3<<28）;            // 配置功能为 function1
    GPIODALTFN0|=（1<<28）;
    GPIODALTFN1&= ~（3<<4）;             // 配置功能为 function1
    GPIODALTFN1|=（1<<4）;
    ULCON0=0x3;                        // 配置1位 stop 位 8 位数据位 无奇偶校验位
    UCON0=0x5;                         // 查询方式
    UBRDIV0=27;                        // 波特率为 115200
    UFRACVAL0=2;
}
char uart_getc（void）
{
    while（!（UTRSTAT0&（1<<0）））;   //UTRSTAT0[0]==1
    return URXH0;
}
void uart_putc（char c）                        // 发送一个字符
{
    while（!（UTRSTAT0&（1<<1）））;
    UTXH0=c;
    if（c=='\n'）
        uart_putc（'\r'）;
}
void main()
{
    uart_init();
    while（1）
    {
        uart_putc（uart_getc()）;
    }
}
```

11. 实验步骤

1）把工程源码复制到 Ubuntu 中。

2）进入目录中，修改 Makefile 文件。

更改交叉编译工具链的路径。
vim Makefile
交叉编译工具链的路径在 /home/zr/6818/6818GEC/prebuilts/gcc/linux-x86/arm/arm-eabi-4.8/bin/ 中。

所以路径修改如图 5.26 所示。

```
#CROSS      ?= arm-none-eabi-
#CROSS      ?= arm-linux-
CROSS       ?= /home/zr/6818/6818GEC/prebuilts/gcc/linux-x86/arm/arm-eabi-4.8/bin/arm-eabi-
NAME        := key-interrupt
```

图 5.26　交叉编译路径

3）编译生成 serial-shell.bin 文件。

编译：make -j4
编译完成之后可以在 output 目录中找到 serial-shell.bin 文件

4）把文件下载到开发板上。

在开发板的命令终端中输入命令：
tftp 0x40000000 serial-shell.bin

5）执行程序 go 0x40000000。

12. 实验结果

显示终端，会打印出你的键盘上输入的字符，如图 5.27 所示。

```
hello,GEC6818 serial test!
Could not found "hello,GEC6818" command
If you want to konw available commands, type 'help'
--> help
help -- Command help
clear -- Clear the screen
hello -- Say hello to system
-->
```

图 5.27　串口程序运行结果

习题与练习

1. 利用 PWM 定时器实现蜂鸣器的控制。

如图 5.28 所示，定时器 2 的输出引脚 TOUT0 和蜂鸣器的引脚相连，此电路的晶体管是 PNP 特性，当 TOUT2 是高电平时，此晶体管处于饱和状态，电流流过蜂鸣器，此时蜂鸣器响；反之，当 TOUT2 是低电平时，此晶体管处于截止状态，蜂鸣器不响。蜂鸣器的声音导通时间完全由 TOUT2 控制。

2. 通过对 RTCCTRL 寄存器设置，实现 RTC 计时功能，通过对 RTCCNTRED 寄存器读取，获得当前的 RTC 数值。

3. ADC 电路连接如图 5.29 所示，利用一个电位计输出电压到 S5P6818 的 ADC_IN0 引脚。输入的电压范围是 0 ～ 1.8V。旋转电位器 RP 使 ADCIN0 和 GND 两端的电压发生变化，即 ADC0 引脚采集变化的模拟电压，ADC 控制器的数据寄存器可输出对应二进制数值。

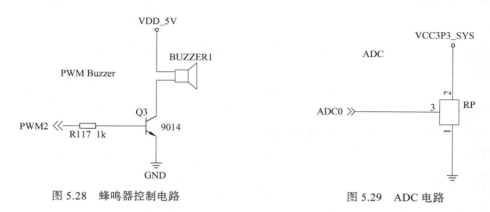

图 5.28　蜂鸣器控制电路　　　　　　　　图 5.29　ADC 电路

第6章 设备驱动程序设计

教学目标

1. 理解设备驱动程序开发的概念、作用;
2. 理解设备驱动的执行过程;
3. 掌握设备驱动接口函数及开发过程;
4. 掌握字符设备驱动编程。

重点内容

1. 内核模块编程实现;
2. 字符设备驱动编程。

6.1 Linux 驱动开发概述

设备驱动程序(Device Driver)简称驱动程序(Driver),是一个允许计算机软件与硬件交互的程序。这种程序建立了硬件与硬件,硬件与软件的连接,这样的连接使得硬件设备之间的数据交换成为可能。

依据不同的计算机架构与操作系统差异平台,驱动程序可以是 8 位、16 位、32 位,甚至是最新的 64 位,这是为了调和操作系统与程序之间的依存关系,32 位的 Windows 系统,大部分是使用 32 位驱动程序,至于 64 位的 Linux 或 Windows 平台,就必须使用 64 位驱动程序。

设备驱动程序是计算机硬件与应用程序的接口,是软件系统与硬件系统沟通的桥梁。

6.1.1 设备驱动的作用

设备驱动程序是一种可以使计算机与设备进行通信的特殊程序,可以说相当于硬件的接口。操作系统只有通过这个接口,才能控制硬件设备的工作。假如某设备的驱动程序未能正确安装,是不能正常工作的。正因为这个原因,驱动程序在系统中的地位十分重要。一般操作系统安装完毕后,首要做的便是安装硬件设备的驱动程序。

但是,大多数情况下,并不需要安装所有硬件设备的驱动程序,例如硬盘、显示器、光驱、键盘、鼠标等就不需要安装驱动程序,而显卡、声卡、扫描仪、摄像头、Modem 等就需要安装驱动程序。另外,不同版本的操作系统对硬件设备 IDE 支持也是不同的,一般情况下,版本越高所支持的硬件设备也越多。

设备驱动程序用来将硬件本身的功能告诉操作系统,完成硬件设备电子信号与操作系统及软件的高级编程语言之间的相互翻译。当操作系统需要使用某个硬件时,例如让声卡播放音乐，它会先发送相应指令到声卡驱动程序。声卡驱动程序接收到后，马上将其翻译成声卡才能听懂的电子信号命令，从而让声卡播放音乐。所以简单地说，驱动程序是提供硬件到操作系统的一个接口，并且协调二者之间的关系。而因为驱动程序有如此重要的作用，所以人们都称驱动程序是"硬件的灵魂""硬件的主宰"，同时驱动程序也被形象地称为"硬件和系统之间的桥梁"。

6.1.2　设备驱动的分类

计算机系统的主要硬件由 CPU、存储器和外部设备组成，驱动程序的对象一般是存储器和外部设备。随着芯片制造工艺的提高，为了节约成本，通常将很多原属于外部设备的控制嵌入到 CPU 内部。所以现在的驱动程序应该支持 CPU 中的嵌入控制器。Linux 将这些设备分为 3 大类，分别是字符设备、块设备、网络设备。

1. 字符设备

字符设备是指那些能一个字节一个字节读取数据的设备，如 LED 灯、键盘、鼠标等。字符设备一般需要在驱动层实现 open()、close()、read()、write()、ioctl() 等函数。这些函数最终将被文件中的相关函数调用。内核为字符设备对应一个文件，如字符设备文件 /dev/console。对字符设备的操作可以通过字符设备文件 /dev/console 来进行。这些字符设备文件与普通文件没有太大的差别，差别之处是字符设备一般不支持寻址，但特殊情况下，有很多字符设备也是支持寻址的。

2. 块设备

块设备与字符设备类似，一般是像磁盘一样的设备。在块设备中还可以容纳文件系统，并存储大量的信息。在 Linux 系统中，进行块设备读写时，每次只能传输一个或多个块。Linux 可以让应用程序像访问字符设备一样访问块设备，一次只读取一个字节。所以块设备从本质上更像一个字符设备的扩展，块设备能完成更多的工作，例如传输一块数据。块设备比字符设备要求更复杂的数据结构来描述，其内容实现也不是一样的。所以，在 Linux 内核中，与字符驱动相比，块设备驱动程序具有完全不同的 API 接口。

3. 网络设备

计算机连接到互联网需要一个网络设备，网络设备主要负责主机之间的数据交换。与字符设备和块设备完全不同，网络设备主要是面向数据的接收和发送而设计的。网络设备在 Linux 操作系统中是一种非常特殊的设备，其没有实现类似块设备和字符设备的 read()、write()、ioctl() 等函数。网络设备实现了一种套接字接口，任何网络数据传输都可以通过套接字来完成。

6.1.3　Linux 设备驱动与整个软硬件系统的关系

如图 6.1 所示，除网络设备外，字符设备与块设备都被映射到 Linux 文件系统的文件和目录，通过文件系统的系统调用接口 open()、write()、read()、close() 等即可访问字符设备和块设备。所有字符设备和块设备都统一呈现给用户。Linux 的块设备有两种访问方法：一种是类似 dd 命令对应的原始块设备，如 /dev/sdb1 等；另外一种是在块设备上建 FAT、EXT4、BTRFS 等文件系统，然后以文件路径如 /hom/cw/hello.txt 的形式进行访问。在 Linux 中，针对 NOR、NAND 等提供了独立的内存技术设备（Memory Technolory

Device，MTD）子系统，其上运行 YAFFS2、JFFS2、UBIFS 等具备擦除和负载均衡能力的文件系统。针对磁盘或者 Flash 设备的 FAT、EXT4、YAFFS2、JFFS2、UBIFS 等文件系统定义了文件和目录在存储介质上的组织。而 Linux 的虚拟文件系统则统一对它们进行了抽象。

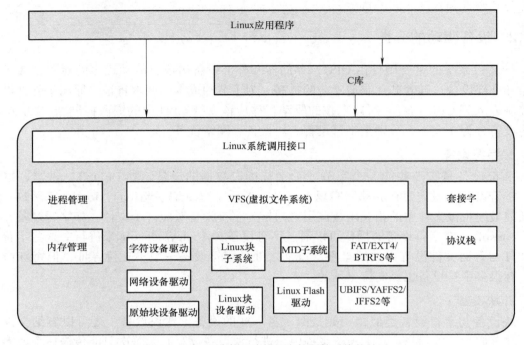

图 6.1　Linux 设备驱动与整个软硬件系统的关系

应用程序可以使用 Linux 的系统调用接口编程，也可使用 C 库函数，出于代码可移植性目的，后者更值得推荐。C 库函数本身也通过系统调用接口而实现，如 C 库函数 fopen()、fwrite()、fread()、fclose() 分别会调用操作系统的 API open()、write()、read()、close()。

6.2　内核模块

Linux 内核的整体架构非常庞大，包含的组件非常多。太多的设备驱动程序和内核功能集成在内核中，内核可能会过于庞大。怎样把需要的部分包含在内核中呢？

一种方法是把所有需要的功能都编译进内核中，这样可能会造成内核很大，另一种方法是在现有的内核中新增、删除或修改内核的某个功能，那就不得不重新编译内核，重新启动整个系统，这对于驱动开发者来说是不可接受的。Linux 提供了模块（module）机制，模块本身不被编译入内核映像，从而控制了内核大小，模块一旦被加载，就和内核中的其他部分一样。即需要时动态地加载到内核，增加内核功能，不需要时动态地卸载，减少内核功能并节约一部分内存。

内核模块是如何被调入内核工作的？当操作系统内核需要的扩展功能不存在时，内核模块管理守护进程 kmod 执行 modprobe 去加载内核模块。modprobe 遍历文件 /lib/modules/version/modules.dep 来判断是否有其他内核模块需要在该模块加载前被加载。最后 modprobe 调用 insmod 先加载被依赖的模块，然后加载该内核要求的模块。

6.2.1　第一个内核模块程序

编写内核模块程序 hello_drv.c 如下：

```
#include <linux/module.h>
#include <linux/kernel.h>
#include <linux/init.h>
// 入口函数 ---> 安装驱动
static int __init hello_init（void）
{
    printk（KERN_INFO  "hello driver init \n"）;
    return 0;
}
// 出口函数 ---> 卸载驱动
static void __exit hello_exit（void）
{
    printk（KERN_INFO " hello driver exit \n"）;
}
module_init（hello_init）;
module_exit（hello_exit）;

//module 的描述。#modinfo led_drv.ko
MODULE_LICENSE（"GPL"）;
MODULE_AUTHOR（"mnust@163.com"）;                        // 作者联系方式
MODULE_DESCRIPTION（"hello driver "）;                   // 驱动描述
MODULE_VERSION（"V1.0"）;
```

此内核模块只包含内核模块加载函数、卸载函数、对 GPL v2 许可权限的声明和一些描述信息，下面进行相关介绍。

（1）头文件

内核模块程序和应用程序一样，需要包含头文件，这些头文件是在内核源码的头文件中。例如 <linux/ kernel.h> 是在内核源码 include/linux/ kernel.h 头文件中，此文件中包含了 printk() 函数原型的声明。内核模块中用于输出的函数是 printk()，它和应用程序中的 printf() 用法基本相似，一般作为调试手段，printk() 可定义输出级别。

（2）模块加载函数

内核模块加载函数一般以 __init 标识声明，如程序中的 static int __init hello_init（void）函数，是以"module_init（函数名）"的形式指定。模块加载函数在加载模块的时候执行，它返回 int 类型值，返回 0 表示模块的初始化函数执行成功，错误返回错误码，不接收输入参数。错误码是一个接近 0 的负值，在 <linux/errno.h> 中定义，包含 –ENODEV、–ENOMEM 之类的符号值，返回错误码是好习惯，只有这样，用户程序才可以用 perror 等方法把它们转换成有意义的错误信息字符串。

（3）模块卸载函数

内核模块卸载函数一般以 __exit 标识声明，如程序中的 static void __exit hello_exit（void），是以"module_exit（函数名）"的形式指定。模块卸载函数在模块卸载的时候执行，不返回任何值，不接收输入参数，一般完成与模块加载函数相反的功能，如内存释放、驱动注销等。

（4）模块许可证声明

许可证（LICENSE）声明描述内核模块的许可权限，如果不声明 LICENSE，模块被加载时，将收到内核被污染的警告。在 Linux 内核模块领域可接收的 LICENSE 包括"GPL""GPL v2""GPL and additional rights""Dual BSD/GPL""Dual MPL/GPL"等，大多数情况下，内核模块应遵循 GPL 兼容许可证。

（5）模块作者等信息（可选）

Linux 内核模块中，可以用 MODULE_AUTHOR、MODULE_DESCRIPTION、MODULE_VERSION 声明模块的作者、驱动的描述、版本。

6.2.2　模块的编译

内核模块的编译可以采用 Makefile 文件实现，Makefile 文件内容如下：

```
obj-m：=hello_drv.o

#KERNELDIR：=/lib/modules/$（shell uname -r）/build
KERNELDIR：=/home/cw/kernel

PWD：=$（shell pwd）

default：
    make -C $（KERNELDIR）M=$（PWD）modules

clean：
    rm -rf *.ko *.o *.order .*.cmd *.mod.c *.mod *.symvers
```

obj-m：=hello_drv.o 表示后面的目标编译成一个模块。make -C $（KERNELDIR）M=$（PWD）modules 表示进入由 -C $（KERNELDIR）指定的内核源码目录，编译由 M=$（PWD）指定的目录中的模块。

Makefile 文件与源代码 hello_drv.c 位于同一个目录，后执行命令"make"，即可得到 hello_drv.ko 模块。

6.2.3　模块的加载与卸载

将 hello_drv.ko 下载到实验箱中进行加载与卸载。

lsmod：查看当前加载的模块。

insmod：加载执行 .ko 文件到内核。

rmmod：如果内核配置为允许卸载模块，rmmod 将指定的模块从内核中卸载。

```
[root@GEC6818 /IOT]#lsmod
[root@GEC6818 /IOT]#insmod hello_drv.ko
[  275.900000] hello driver init
[root@GEC6818 /IOT]#lsmod
hello_drv 715 0 - Live 0xbf230000（O）
[root@GEC6818 /IOT]#rmmod hello_drv.ko
[  284.747000]   hello driver exit
```

运行 insmod hello_drv.ko 命令，跳到 hello_init() 函数执行，打印输出 hello driver init，运行 rmmod hello_drv.ko 命令，跳到 hello_exit() 函数执行，打印输出 hello driver exit，打印内容由 printk 实现。

6.3　字符设备驱动

6.3.1　字符设备驱动结构

1. cdev 结构体

在 Linux 内核中，使用 cdev 结构体描述一个字符设备，cdev 结构体的定义如下：

```
struct cdev {
    struct kobject kobj;                          // 父类
    struct module *owner;                        // 当前结构所属模块，THIS_MODULE（当前模块）
    const struct file_operations *ops;           // 设备对应操作
    struct list_head list;                       // 内核链表，内核用来管理字符设备
    dev_t dev;                                   // 设备编号（dev_t），高 12 位主设备号，低 20 位次设备号
    unsigned int count;                          // 次设备号个数
};
```

（1）dev_t 成员

cdev 结构体的 dev_t 成员定义了设备号，设备号是 32 位，其中高 12 位为主设备号，低 20 位为次设备号。使用宏 MAJOR（dev_t dev）从 dev_t 获得主设备号，使用宏 MINOR（dev_t dev）获得次设备号，使用宏 MKDEV（int major，int minor）将主设备号和次设备号生成设备号。

（2）file_operations 数据结构

cdev 结构体的一个重要成员 file_operations 定义了字符设备驱动提供给虚拟文件系统的接口。内核通过 file 结构识别设备，通过 file_operations 数据结构提供文件系统的入口点函数，也就是访问设备的函数。file_operations 定义在 linux/fs.h 中，其数据结构如下：

```
struct file_operations {
    struct module *owner;                        // 拥有该结构的模块计数，一般为 THIS_MODULE
    loff_t(*llseek)(struct file *, loff_t, int); // 用于修改文件当前的读写位置
    ssize_t(*read)(struct file *, char __user *, size_t, loff_t *);        // 从设备中同步读取数据
    ssize_t(*write)(struct file *, const char __user *, size_t, loff_t *); // 向设备中写数据
    ssize_t(*aio_read)(struct kiocb *, const struct iovec *, unsigned long, loff_t);
    ssize_t(*aio_write)(struct kiocb *, const struct iovec *, unsigned long, loff_t);
    int(*readdir)(struct file *, void *, filldir_t);
    unsigned int(*poll)(struct file *, struct poll_table_struct *);
                                                 // 轮询函数，判断目前是否可以进行非阻塞的读取或写入
    int(*ioctl)(struct inode *, struct file *, unsigned int, unsigned long);
                                                 // 执行设备的 I/O 命令
    long(*unlocked_ioctl)(struct file *, unsigned int, unsigned long);
    long(*compat_ioctl)(struct file *, unsigned int, unsigned long);
    int(*mmap)(struct file *, struct vm_area_struct *);
                                                 // 用于请求将设备内存映射到进程地址空间
    int(*open)(struct inode *, struct file *);   // 打开设备文件
```

```
        int (*flush)(struct file *, fl_owner_t id);
        int (*release)(struct inode *, struct file *);                    // 关闭设备文件
        int (*fsync)(struct file *, struct dentry *, int datasync);
        int (*aio_fsync)(struct kiocb *, int datasync);
        int (*fasync)(int, struct file *, int);
        int (*lock)(struct file *, int, struct file_lock *);
        ssize_t (*sendpage)(struct file *, struct page *, int, size_t, loff_t *, int);
        unsigned long (*get_unmapped_area) (struct file *, unsigned long, unsigned long, unsigned long, unsigned
        long);
        int (*check_flags) (int);
        int (*flock)(struct file *, int, struct file_lock *);
        ssize_t (*splice_write) (struct pipe_inode_info *, struct file *, loff_t *, size_t, unsigned int);
        ssize_t (*splice_read) (struct file *, loff_t *, struct pipe_inode_info *, size_t, unsigned int);
        int (*setlease) (struct file *, long, struct file_lock **);
```

file_operations 结构体中的成员函数是字符设备驱动程序设计的主体内容。

2. file 结构体

file 结构代表一个打开的文件，特点是一个文件可对应多个 file 结构。它由内核在 open 时创建，并传递给在该文件上操作的所有函数，直到最后 close 函数，在文件的所有实例都被关闭之后，内核才释放这个数据结构。在内核源代码中，指向 struct file 的指针通常称为 filp，file 结构有以下几个重要的成员。

```
struct file{
    mode_t fmode;                    // 文件读写权限，如 FMODE_READ，FMODE_WRITE
    ...
    loff_t f_pos;                    // 当前读写位置，只读不写
    unsigned int f_flags;            // 文件标志，如：O_NONBLOCK*/
    struct file_operations *f_op;    // 文件操作的结构指针
    void *private_data;              // 非常重要，用于存放转换后的设备描述结构指针
    ...
};
```

3. inode 结构体

内核用 inode 结构体在内部表示文件，是实实在在地表示物理硬件上的某一个文件，且一个文件仅有一个 inode 与之对应，文件系统处理的文件所需的信息在 inode 数据结构中，inode 数据结构中提供了关于特别设备文件 /dev/DriverName 的信息，包含大量关于文件的信息。编写驱动代码有用的是下面两个成员。

```
struct inode{
    dev_t i_rdev;                    // 设备编号
    struct cdev *i_cdev;             // cdev 是表示字符设备的内核的内部结构
};
```

可以从 inode 中用宏 imajor() 获取主设备号，用宏 iminor() 获取次设备号。

4. 设备驱动开发的基本函数

（1）驱动初始化

1）分配 cdev，申请设备号。

设备号申请有静态申请和动态申请，静态申请相对较简单，但是一旦驱动被广泛使

用，这个随机选定的主设备号可能会导致设备号冲突，而使驱动程序无法注册。动态申请简单，易于驱动推广，但是无法在安装驱动前创建设备文件（因为安装前还没有分配到主设备号）。静态和动态申请使用下面函数实现。

```
/* 功能：申请使用从 from 开始的 count 个设备号（主设备号不变，次设备号增加）*/
int register_chrdev_region（dev_t from, unsigned count, const char *name）;
/* 功能：请求内核动态分配 count 个设备号，且次设备号从 baseminor 开始。*/
int alloc_chrdev_region（dev_t *dev, unsigned baseminor, unsigned count, const char *name）;
```

2）初始化 cdev。

cdev_init() 函数用于初始化 cdev 的成员，并建立 cdev 和 file_operations 之间的连接。

```
void cdev_init（struct cdev *, struct file_operations *）;
```

3）注册 cdev。

cdev_add() 函数向系统添加一个 cdev，完成字符设备的注册。

```
int cdev_add（struct cdev *p, dev_t dev, unsigned count）
```

4）创建 class。

创建 class 和 device 的目的是在安装驱动时，可以自动生成设备文件，在卸载驱动时，可以自动删除设备文件。函数在 linux/device.h 头文件中。如果不自动生成设备文件，也可以手动创建，手动创建用 mkmod 命令。创建的 class 在 /sys/class/ 目录中。

命令：mkmod c /dev/xxx_drv　主设备号　次设备号

含义是手动创建主设备号，次设备号的字符设备（c），名为 xxx_drv。

```
// 创建 class
struct class *class_create（struct module *owner, const char *name）
// 删除 class
void class_destroy（struct class *cls）;
```

5）创建 device。

使用 device 需要先创建对应的 class 结构体，当驱动程序有了 class 和 device 以后，内核使用 mdev 这个工具，根据 class 和 device 创建该驱动的设备文件。创建的 device 在 /sys/class/***/ 目录中。

```
// 创建 device
struct device *device_create（struct class *class, struct device *parent, dev_t devt, void *drvdata, const char *fmt, ...）
// 删除 device
void device_destroy（struct class *class, dev_t devt）
```

6）申请物理内存。

Linux 驱动使用的虚拟地址，不能直接使用物理地址。

```
// 申请物理内存
struct resource *　request_mem_region（resource_size_t start, resource_size_t n, const char *name）
// 释放申请的物理内存区
void release_mem_region（resource_size_t start, resource_size_t n）
```

7）映射虚拟地址。

将一段物理地址内存区映射成一段虚拟地址内存区。

```
// 内存动态映射
void __iomem *ioremap (phys_addr_t offset, unsigned long size)
// 解除内存动态映射
void iounmap (void __iomem *addr)
```

（2）实现设备操作

1）定义文件操作结构体。

用户空间的程序以访问文件的形式访问字符设备，通常进行 open、read、write、close 等系统调用。而这些系统调用的最终落实则是 file_operations 结构体中成员函数，它们是字符设备驱动与内核的接口。字符设备驱动文件操作结构体模板如下：

```
/* 设备操作集合 */
struct file_operations xxx_fops = {
    .owner = THIS_MODULE,
    .open = xxx_open,
    .read = xxx_read,
    .write = xxx_write,
    .close = xxx_release,
    .ioctl = xxx_ioctl,
};
```

2）实现 file_operations 结构体成员函数。

```
/* 读设备 */
ssize_t xxx_read (struct file *filp, char __user *buf, size_t count, loff_t *f_pos)
{
    /* 使用 filp->private_data 获取设备结构体指针; */
    /* 分析和获取有效的长度; */
    /* 内核空间到用户空间的数据传递 */
    copy_to_user (void __user *to, const void *from, unsigned long count);
}
/* 写设备 */
ssize_t xxx_write (struct file *filp, const char __user *buf, size_t count, loff_t *f_pos)
{
    /* 使用 filp->private_data 获取设备结构体指针; */
    /* 分析和获取有效的长度; */
    /* 用户空间到内核空间的数据传递 */
    copy_from_user (void *to, const void __user *from, unsigned long count);
}
/*ioctl 函数 */
static int xxx_ioctl (struct inode *inode, struct file *filp, unsigned int cmd, unsigned long arg)
{
    switch (cmd) {
      case xxx_CMD1:
          break;
      case xxx_CMD2:
          break;
      default:
```

```
            return −ENOTTY; /* 不能支持的命令 */
    }
    return 0;
}
```

（3）驱动注销

1）删除 cdev。

在字符设备驱动模块卸载函数中通过 cdev_del() 函数向系统删除一个 cdev，完成字符设备的注销。

```
void cdev_del（struct cdev *）;
```

2）释放设备号。

在调用 cdev_del() 函数从系统注销字符设备之后，unregister_chrdev_region() 应该被调用以释放原先申请的设备号。

```
void unregister_chrdev_region（dev_t from, unsigned count）;
```

6.3.2　LED 驱动开发

1. 电路原理图

根据原理图 6.2 所示，控制核心板的 LED 灯的引脚为 GPIOE13，GPIOC17，GPIOC8，GPIOC7。使能 GPIO 引脚，让引脚为输出端口，实现控制 LED 灯的亮灭。

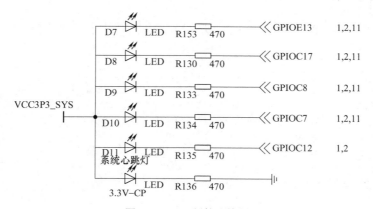

图 6.2　LED 硬件连接图

从 5.3 节已经知道如何控制 LED 灯，主要涉及的寄存器为 GPIOxALTFN0/GPIOxALTFN1、GPIOxOUTENB、GPIOxOUT，对应功能请再自己复习。

2. 编写 LED 驱动程序

根据字符设备驱动结构框架，编写 LED 驱动程序 led_drv.c，程序如下：

```
#include <linux/module.h>
#include <linux/kernel.h>
#include <linux/init.h>
#include <linux/cdev.h>
#include <linux/fs.h>
```

```
#include <linux/errno.h>
#include <linux/uaccess.h>
#include <linux/device.h>
#include <linux/io.h>
//1. 定义一个 cdev
static struct cdev gec6818_led_cdev;
static unsigned int led_major = 0;                // 主设备号
static unsigned int led_minor = 0;                // 次设备号
static dev_t   led_num;                           // 设备号
static struct class * leds_class;
static struct device *leds_device;
static struct resource *   leds_res;
static void __iomem *gpioc_base_va;
static void __iomem *gpiocout_va;                 //0x00
static void __iomem *gpiocoutenb_va;              //0x04
static void __iomem *gpiocaltfn0_va;              //0x20
static void __iomem *gpiocaltfn1_va;              //0x24
static void __iomem *gpiocpad_va;                 //0x18
//2. 定义一个文件操作集，并初始化
// 应用程序 write()---> 系统调用 ---> 驱动程序 gec6818_led_write()
// 定义一个数据格式：
//   user_buf[3]--->D11 的状态：1-- 灯亮，0-- 灯灭
//   user_buf[2]--->D10 的状态：1-- 灯亮，0-- 灯灭
//   user_buf[1]--->D9 的状态：1-- 灯亮，0-- 灯灭
//   user_buf[0]--->D8 的状态：1-- 灯亮，0-- 灯灭
ssize_t gec6818_led_read (struct file *filp, char __user *user_buf, size_t size, loff_t *off)
{
    // 将驱动程序的数据发送给应用程序，这个数据代表 LED 的状态 <----gpiocout_va
    char kbuf[4];
    int ret;
    if (size != 4)
        return -EINVAL;                                          //0--->1   0>>17&1
    // 通过读取寄存器的状态，得到每个 LED 的状态 --->kbuf[4]
    kbuf[0]= (char) (~ readl (gpiocout_va) >>17) &0x01;          //D8    -c17
    kbuf[1]= (char) (~ readl (gpiocout_va) >>8) &0x01;           //D9    -c8
    kbuf[2]= (char) (~ readl (gpiocout_va) >>7) &0x01;           //D10   --c7
    kbuf[3]= (char) (~ readl (gpiocout_va) >>12) &0x01;          //D11   -c12
    ret = copy_to_user (user_buf, kbuf, size);
    if (ret != 0)
        return -EFAULT;
    return size;
}


// 应用程序 write()---> 系统调用 ---> 驱动程序 gec6818_led_write()
//const char __user *user_buf ---> 应用程序写下来的数据
//size_t size ---> 应用程序写下来的数据大小
// 定义一个数据格式：user_buf[1]--->LED 的灯号：8/9/10/11
//                 user_buf[0]--->LED 的状态：1-- 灯亮，0-- 灯灭
ssize_t gec6818_led_write (struct file *filp, const char __user *user_buf, size_t size, loff_t *off)
{
    // 接收用户写下来的数据，并利用这些数据来控制 LED 灯。
    char kbuf[2];
```

```
        int ret;
        if (size != 2)
            return -EINVAL;
        ret = copy_from_user (kbuf, user_buf, size);          // 得到用户空间的数据
        if (ret != 0)
            return -EFAULT;
        switch (kbuf[1]) {
        case 8: //GPIOC17 ---> D8
            if (user_buf[0] == 1)
                writel (readl (gpiocout_va) & ~ (1<<17), gpiocout_va);
            else if (user_buf[0] == 0)
                writel (readl (gpiocout_va) | (1<<17), gpiocout_va);
            else
                return -EINVAL;
            break;
        case 9: //GPIOC8 ---> D9
            if (user_buf[0] == 1)
                writel (readl (gpiocout_va) & ~ (1<<8), gpiocout_va);
            else if (user_buf[0] == 0)
                writel (readl (gpiocout_va) | (1<<8), gpiocout_va);
            else
                return -EINVAL;
            break;
        case 10: //GPIOC7 ---> D10
            if (user_buf[0] == 1)
                writel (readl (gpiocout_va) & ~ (1<<7), gpiocout_va);
            else if (user_buf[0] == 0)
                writel (readl (gpiocout_va) | (1<<7), gpiocout_va);
            else
                return -EINVAL;
            break;
        case 11: //GPIOC12 ---> D11
            if (user_buf[0] == 1)
                writel (readl (gpiocout_va) & ~ (1<<12), gpiocout_va);
            else if (user_buf[0] == 0)
                writel (readl (gpiocout_va) | (1<<12), gpiocout_va);
            else
                return -EINVAL;
            break;
        }
        return size;
}
static const struct file_operations gec6818_led_fops = {
    .owner = THIS_MODULE,
    //.open = gec6818_led_open,
    .read = gec6818_led_read,
    .write = gec6818_led_write,
    //.release = gec6818_led_release,
};
// 入口函数 ---> 安装驱动
static int __init gec6818_led_init (void)
{
```

```
int ret，temp；
//3. 申请设备号
if（led_major == 0）
    ret = alloc_chrdev_region（&led_num，led_minor，1，"led_device"）；
else {
    led_num = MKDEV（led_major，led_minor）；
    ret = register_chrdev_region（led_num，1，"led_device"）；
}
if（ret < 0）{
    printk（"can not get a device number \n"）；
    return ret；
}
//4. 字符设备的初始化
cdev_init（&gec6818_led_cdev，&gec6818_led_fops）；
//5. 将字符设备加入内核
ret = cdev_add（&gec6818_led_cdev，led_num，1）；
if（ret < 0）{
    printk（"can not add cdev \n"）；
    goto cdev_add_error；
}


//6. 创建 class
leds_class = class_create（THIS_MODULE，"gec210_leds"）；
if（leds_class == NULL）{
    printk（"class create error\n"）；
    ret = -EBUSY；
    goto class_create_error；
}


//7. 创建 device
leds_device = device_create（leds_class，NULL，led_num，NULL，"led_drv"）；
if（leds_device == NULL）{
    printk（"device create error\n"）；
    ret = -EBUSY；
    goto device_create_error；
}
//8. 申请物理内存区
leds_res = request_mem_region（0xC001C000，0x1000，"GPIOC_MEM"）；
if（leds_res == NULL）{
    printk（"request memory error\n"）；
    ret = -EBUSY；
    goto request_mem_error；
}
//9. IO 内存动态映射，得到物理地址对应的虚拟地址
gpioc_base_va = ioremap（0xC001C000，0x1000）；
if（gpioc_base_va == NULL）{
    printk（"ioremap error\n"）；
    ret = -EBUSY；
    goto ioremap_error；
}
// 得到每个寄存器的虚拟地址
gpiocout_va = gpioc_base_va + 0x00；
```

```
            gpiocoutenb_va = gpioc_base_va + 0x04;
            gpiocaltfn0_va = gpioc_base_va + 0x20;
            gpiocaltfn1_va = gpioc_base_va + 0x24;
            gpiocpad_va = gpioc_base_va + 0x18;
            printk ("gpiocout_va = %p，gpiocpad_va=%p\n"，gpiocout_va，gpiocpad_va);
            //10. 访问虚拟地址
            //10.1 GPIOC7，8.12，17 --->function1，作为普通的 GPIO
            temp = readl (gpiocaltfn0_va);
            temp &= ~ ((3<<14) | (3<<16) | (3<<24));
            temp |=((1<<14) | (1<<16) | (1<<24));
            writel (temp，gpiocaltfn0_va);
            temp = readl (gpiocaltfn1_va);
            temp &= ~ (3<<2);
            temp |=(1<<2);
            writel (temp，gpiocaltfn1_va);
            //10.2 GPIOC7，8.12，17 ---> 设置为输出
            temp = readl (gpiocoutenb_va);
            temp |=((1<<7) | (1<<8) | (1<<12) | (1<<17));
            writel (temp，gpiocoutenb_va);
            //10.3 GPIOC7，8.12，17 ---> 设置为输出高电平，D8 ～ D11 关断
            temp = readl (gpiocout_va);
            temp |=((1<<7) | (1<<8) | (1<<12) | (1<<17));
            writel (temp，gpiocout_va);
            printk (KERN_WARNING "gec6818 led driver init \n");
            return 0;

ioremap_error:
            release_mem_region (0xC001C000，0x1000);
request_mem_error:
            device_destroy (leds_class，led_num);
device_create_error:
            class_destroy (leds_class);
class_create_error:
            cdev_del (&gec6818_led_cdev);
cdev_add_error:
            unregister_chrdev_region (led_num，1);
            return ret;
}

// 出口函数 ---> 卸载驱动
static void __exit gec6818_led_exit (void)
{
            iounmap (gpioc_base_va);
            release_mem_region (0xC001C000，0x1000);
            device_destroy (leds_class，led_num);
            class_destroy (leds_class);
            cdev_del (&gec6818_led_cdev);
            unregister_chrdev_region (led_num，1);

            printk ("<4>" "gec6818 led driver exit \n");
}
// 驱动程序的入口：#insmod led_drv.ko --->module_init()--->gec6818_led_init()
```

```
module_init (gec6818_led_init);
// 驱动程序的出口：#rmmod led_drv.ko --->module_exit()--->gec6818_led_exit()
module_exit (gec6818_led_exit);
//module 的描述。#modinfo led_drv.ko
MODULE_DESCRIPTION ("LED driver for GEC6818");
MODULE_LICENSE ("GPL");
MODULE_AUTHOR ("mnust@163.com");
MODULE_VERSION ("V1.0");
```

3. 编写 Makefile 文件

```
INSTALLDIR=   /tftpboot
ifneq ($ (KERNELRELEASE), )
obj-m：=led_drv.o
else
KERNELDIR：=/home/baiyun/source/6818GEC/kernel
CROSS_COMPILE：=/home/baiyun/source/6818GEC/prebuilts/gcc/linux-x86/arm/arm-eabi-4.8/bin/arm-eabi-
PWD：=$ (shell pwd)
default：
    mkdir -p $ (INSTALLDIR)
    $ (MAKE) ARCH=arm CROSS_COMPILE=$ (CROSS_COMPILE) -C $ (KERNELDIR) M=$ (PWD)
modules
    cp --target-dir=$ (INSTALLDIR) led_drv.ko
clean：
    rm -rf *.o *.order .*.cmd *.mod.c *.symvers
endif
```

将 led_drv.c 和 Makefile 文件放在同一个目录，执行 " make " 后得到 led_drv.ko，将 led_drv.ko 下载到板子中。

4. 编写应用程序

根据驱动程序编写应用程序 test.c，在此只测试了 D9。

```
#include <stdio.h>
#include <fcntl.h>
#include <stdlib.h>
#include <unistd.h>
int main (void)
{
    int fd，ret；
    char led_ctrl[2]；        //0---liang/mie  1 ---8/9/10/11
    char led_state[4]；       //3--D11, 0--D8
    fd = open ("/dev/led_drv", O_RDWR);
    if (fd < 0)
    {
        perror ("open led_drv");
        return -1;
    }
    while (1)
    {
        ret = read (fd, led_state, sizeof (led_state));
        if (ret != 4)
```

```
            perror ("read");
        printf ("D9 state = %d\n", led_state[1]);
        if (led_state[1] == 1 ) //D10 on
        {
            led_ctrl[1] = 9; led_ctrl[0] = 0;              //D10 off
            ret = write (fd, led_ctrl, sizeof (led_ctrl));
            if (ret != 2 )
                 perror ("write");
            printf ("D9 off\n");
        }
        else if (led_state[1] == 0 ) //D10 off
        {
            led_ctrl[1] = 9; led_ctrl[0] = 1;              //D10 on
            usleep (300*1000);
            ret = write (fd, led_ctrl, sizeof (led_ctrl));
            if (ret != 2 )
                 perror ("write");
            printf ("D9 on\n");
        }
        usleep (200*1000);
    }
    close (fd);
    return 0;
}
```

将 test.c 交叉编译后的可执行文件下载到板子中，加载驱动并执行应用程序。

```
[root@GEC6818 /IOT]#lsmod
[root@GEC6818 /IOT]#insmod led_drv.ko
[  275.900000] gec6818 led driver init
[root@GEC6818 /IOT]#./test
[root@GEC6818 /IOT]#rmmod hello_drv.ko
[  284.747000] gec6818 led driver exit
[root@GEC6818 /IOT]#./test
```

从结果可以看到驱动实现了 D9 灯的控制，改变 test.c 程序可以测试其他引脚。

6.3.3 直流电机驱动

1. 电路原理图
直流电机驱动电路如图 6.3 所示。
通过查看原理图发现控制直流电机的 I/O 引脚为 GPIOC24 和 GPIOC25。

2. LG9110 驱动芯片
LG9110 是为控制和驱动电机设计的两通道推挽式功率放大专用集成电路器件，将分立电路集成在单片 IC 之中，使外围器件成本降低，整机可靠性提高。该芯片有两个 TTL/CMOS 兼容电平的输入，具有良好的抗干扰性；两个输出端能直接驱动电机的正反向运动，具有较大的电流驱动能力，每个通道能通过 750 ～ 800mA 的持续电流，峰值电流能力可达 1.5 ～ 2.0A；同时它具有较低的输出饱和压降；内置的钳位二极管能释放感性负载的反向冲击电流，使它在驱动继电器、直流电机、步进电机或开关功率管的使用上安全可靠。LG9110 被广泛应用于玩具汽车电机驱动、步进电机驱动和开关功率管等电路上。

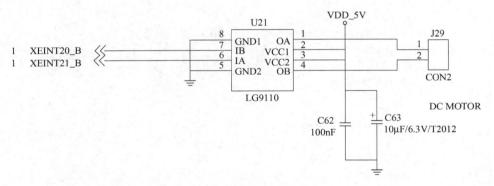

图 6.3   直流电机驱动电路

其引脚定义如表 6.1 所示，常用应用电路如图 6.4 所示。

表 6.1   引脚定义

序号	符号	功能
1	OA	A 路输出引脚
2	VCC	电源电压
3	VCC	电源电压
4	OB	B 路输出引脚
5	GND	地线
6	IA	A 路输入引脚
7	IB	B 路输入引脚
8	GND	地线

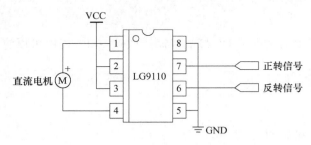

图 6.4   LG9110 电路连接图

如果让直流电机正转，GPIOC24 输出高电平，GPIOC25 输出低电平；直流电机反转，GPIOC24 输出低电平，GPIOC25 输出高电平；直流电机停止，GPIOC24 输出低电平，GPIOC25 输出低电平。

3. 混杂设备和 GPIO 口

（1）混杂设备

混杂设备也叫杂项设备，是普通字符设备驱动（struct cdev）的一个封装，可以简化一个普通字符设备驱动的设计流程。混杂设备的主设备号是 10，次设备号不同，使用上和 cdev 没有差异。混杂设备驱动的设计流程是定义文件操作集，定义一个混杂设备，并完成混杂设备的初始化，注册混杂设备。结构体 miscdevice 描述一个混杂设备，定义在 linux/miscdevice.h 头文件中。

```
struct miscdevice  {
    int minor;                            // 次设备号
    const char *name;                     // 混杂设备的名字，也是设备文件的名字
    const struct file_operations *fops;   // 文件操作集
    struct list_head list;
    struct device *parent;
    struct device *this_device;
    const char *nodename;
    umode_t mode;
};
```

（2）混杂设备的注册和注销

注册和注销分别使用 misc_register 和 misc_deregister 函数。

```
int misc_register (struct miscdevice * misc);
int misc_deregister (struct miscdevice *misc);
```

（3）GPIO 口

GPIO 是嵌入式平台最常见的一个硬件模块，所以 Linux 内核将 GPIO 的访问过程封装成了标准的接口函数，这些接口函数在调用的时候和平台无关。GPIO 口号是与硬件相关的。每个 GPIO 都有一个 GPIO 口号，使用 GPIO 口号来识别 / 区分一个具体的 GPIO。GPIO 号的定义在 /arch/arm/plat-s5p6818/common/cfg_type.h 中，内容如下所示：

```
enum {
    PAD_GPIO_A      = (0 * 32),
    PAD_GPIO_B      = (1 * 32),
    PAD_GPIO_C      = (2 * 32),
    PAD_GPIO_D      = (3 * 32),
    PAD_GPIO_E      = (4 * 32),
    PAD_GPIO_ALV    = (5 * 32),
};
```

GPIOC24 的 GPIO 口 号 为：PAD_GPIO_C+24，GPIOC25 的 GPIO 口 号 为：PAD_GPIO_C+25。

（4）GPIO 标准接口函数

GPIO 标准接口函数在 linux/gpio.h 头文件中定义，包括 GPIO 的申请和释放、配置 GPIO 为输出或输入、获取 GPIO 的输入值或设置 GPIO 的输出值。

```
int gpio_request (unsigned gpio, const char *label);      // 申请 GPIO
void gpio_free (unsigned gpio);                           // 释放 GPIO
int gpio_direction_input (unsigned gpio);                 // 设置 GPIO 为输入模式
int gpio_direction_output (unsigned gpio, int value);     // 设置 GPIO 为输出，输出 value 电平
int gpio_get_value (unsigned gpio);                       // 获取 GPIO 的值
void gpio_set_value (unsigned gpio, int value);           // 设置 GPIO 输出 value 值
```

4. 编写驱动程序

编写 dc_motor.c 驱动程序如下：

```c
#include <linux/kernel.h>
#include <linux/module.h>
#include <linux/miscdevice.h>
#include <linux/fs.h>
#include <linux/types.h>
#include <linux/moduleparam.h>
#include <linux/slab.h>
#include <linux/ioctl.h>
#include <linux/cdev.h>
#include <linux/delay.h>
#include <linux/gpio.h>
#include <mach/gpio.h>
#include <mach/platform.h>
#include <asm/gpio.h>
#define DEVICE_NAME  "dc_motor"                          //设备名字
// 电机引脚
static int motor_gpios[] = {
    (PAD_GPIO_C + 24 ),
    (PAD_GPIO_C + 25 ),
};
#define MOTOR_NUM            ARRAY_SIZE (motor_gpios)     // 电机的数量
// 电机初始化
static void motor_init (void)
{
    gpio_set_value (motor_gpios[0], 0 );
    gpio_set_value (motor_gpios[1], 0 );
}
// 电机正传
static void motor_foreward (void)
{
    gpio_set_value (motor_gpios[0], 1 );
    gpio_set_value (motor_gpios[1], 0 );
}
// 电机反转
static void motor_rollback (void)
{
    gpio_set_value (motor_gpios[1], 1 );
    gpio_set_value (motor_gpios[0], 0 );
}
static int gec6818_motor_open (struct inode *inode, struct file *filp)
{
    printk (DEVICE_NAME ": open\n");
    motor_init();
    return 0;
}
static long gec6818_motor_ioctl (struct file *filp, unsigned int cmd, unsigned long arg)
{
    switch (cmd) {
        case 0:
```

```
            if(arg > MOTOR_NUM){
                return −EINVAL;
            }
            motor_init();
            printk ("Motor Stop.\n");
            break;

        case 1:
            if(arg > MOTOR_NUM){
                return −EINVAL;
            }
            motor_rollback();
            printk ("Motor Rollback.\n");
            break;
        case 4:
            if(arg > MOTOR_NUM){
                return −EINVAL;
            }
            motor_foreward();
            printk ("Motor Foreward.\n");
            break;
        default:
            return −EINVAL;
    }
    return 0;
}
static struct file_operations gec6818_motor_dev_fops = {
    .owner                  = THIS_MODULE,
    .unlocked_ioctl         = gec6818_motor_ioctl,
    .open = gec6818_motor_open
};
static struct miscdevice gec6818_motor_dev = {
    .minor                  = MISC_DYNAMIC_MINOR,
    .name                   = DEVICE_NAME,
    .fops                   = &gec6818_motor_dev_fops,
};
static int __init gec6818_motor_dev_init (void)
{
    int ret;
    int i;

    for(i = 0; i < MOTOR_NUM; i++){
        ret = gpio_request (motor_gpios[i], "MOTOR");
        if(ret){
            printk ("%s : request GPIO %d for MOTOR failed, ret = %d\n", DEVICE_NAME,
            motor_gpios[i], ret);
            return ret;
        }
        gpio_direction_output (motor_gpios[i], 0);
    }
    gpio_set_value (motor_gpios[0], 0);
    gpio_set_value (motor_gpios[1], 0);
```

```
    ret = misc_register (&gec6818_motor_dev);
    printk (DEVICE_NAME"\tinitialized\n");
    return ret;
}
static void __exit gec6818_motor_dev_exit (void)
{
    int i;
    for (i = 0; i < MOTOR_NUM; i++) {
        gpio_free (motor_gpios[i]);
    }
    misc_deregister (&gec6818_motor_dev);
}
module_init (gec6818_motor_dev_init);
module_exit (gec6818_motor_dev_exit);
// 驱动的描述信息: #modinfo   *.ko , 驱动的描述信息并不是必需的。
MODULE_AUTHOR ("mnust@163.com");                    // 驱动的作者
MODULE_DESCRIPTION ("Dc_Motor of driver");          // 驱动的描述
MODULE_LICENSE ("GPL");                             // 遵循的协议
```

编写驱动程序的 Makefile 文件可参考前面 LED 驱动的 Makefile 文件。

5. 编写测试程序

编写测试程序 test.c 如下:

```
#include <stdio.h>
#include <stdlib.h>
#include <unistd.h>
#include <sys/ioctl.h>
#include <sys/types.h>
#include <sys/stat.h>
#include <fcntl.h>
#define PATH       "/dev/dc_motor"                   // 绝对路径
int main (void)
{
    int fd;
    unsigned int val;
    fd = open (PATH, O_RDWR);                        // 打开设备, 成功返回 0
    if (fd < 0) {
        perror ("Failed to open!\n");
        exit (1);
    }
    do {
        printf (" Please select how to operate the DC motor.\n");
        printf ("0 ->Stop\n");
        printf ("1 -> Rollback\n");
        printf ("4 -> Foreward\n");
        printf ("9 -> Exit!\n");
        scanf ("%d", &val);

        if (val == 9)
            break;
        ioctl (fd, val, 0);
```

```
    }while（1）;
    close（fd）;
    return 0;
}
```

6. 运行加载

将 test.c 交叉编译后的可执行文件下载到板子中，加载驱动并执行应用程序。

```
[root@GEC6818 /IOT]#lsmod
[root@GEC6818 /IOT]#insmod dc_motor.ko
[root@GEC6818 /IOT]#./test
[root@GEC6818 /IOT]#rmmod dc_motor.ko
```

test 程序运行起来后，按下 1，直流电机正转；按下 4，直流电机反转；按下 0，直流电机停止；按下 9，退出程序。

6.3.4 PWM 驱动

1. 电路原理图

蜂鸣器电路连接图如图 6.5 所示。

根据 GPIO 功能复用可得，PWM2 的引脚为 GPIOC14。

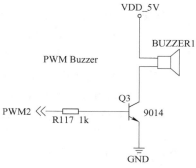

图 6.5 蜂鸣器电路连接图

2. 寄存器简介

PWM 相关的寄存器如图 6.6 所示。

- Base Address: 0xC001_7000h (TIMER)
- Base Address: 0xC001_8000h (PWM)

寄存器名称	偏移地址	描述	复位值
TCFG0	0x00h	时钟分频和死区配置寄存器	0x0000_0101
TCFG1	0x04h	时钟多路选择和DMA模式选择寄存器	0x0000_0000
TCON	0x08h	定时器控制寄存器	0x0000_0000
TCNTB0	0x0Ch	定时器0计数缓冲寄存器	0x0000_0000
TCMPB0	0x10h	定时器0比较寄存器	0x0000_0000
TCNTO0	0x14h	定时器0监控寄存器	0x0000_0000
TCNTB1	0x18h	定时器1计数缓冲寄存器	0x0000_0000
TCMPB1	0x1Ch	定时器1比较寄存器	0x0000_0000
TCNTO1	0x20h	定时器1监控寄存器	0x0000_0000
TCNTB2	0x24h	定时器2计数缓冲寄存器	0x0000_0000
TCMPB2	0x28h	定时器2比较寄存器	0x0000_0000
TCNTO2	0x2Ch	定时器2监控寄存器	0x0000_0000
TCNTB3	0x30h	定时器3计数缓冲寄存器	0x0000_0000
TCMPB3	0x34h	定时器3比较寄存器	0x0000_0000
TCNTO3	0x38h	定时器3监控寄存器	0x0000_0000
TCNTB4	0x3Ch	定时器4计数缓冲寄存器	0x0000_0000
TCNTO4	0x40h	定时器4监控寄存器	0x0000_0000
TINT_CSTAT	0x44h	定时器中断控制和状态寄存器	0x0000_0000

图 6.6 PWM 相关的寄存器

3. 原理

PWM 输出的原理：PWM 输出脚，默认为低电平，PWM 计数器 TCNTn 的初始值等于 TCNTBn，当 TCNTn 的值递减到等于 TCMPBn 的值时，PWM 输出高电平，当 PWM 计数器递减到 0 时，输出又变为低电平，如此周而复始。

4. 编写驱动程序

编写 PWM 驱动使用内核 pwm 的相关函数。这些函数在 linux/pwm.h 中定义。包括以下函数。

```
struct pwm_device *pwm_request (int pwm_id, const char *label);      // 用于申请 pwm
void pwm_free (struct pwm_device *pwm);                              // 释放所申请的 pwm
int pwm_config (struct pwm_device *pwm, int duty_ns, int period_ns);  // 配置 pwm 占空比
int pwm_enable (struct pwm_device *pwm);                             // 使能 pwm
void pwm_disable (struct pwm_device *pwm);                           // 禁止 pwm
```

例如：struct pwm_device * pwm0 = NULL；
　　　pwm0= pwm_request（1，"pwm0"）；
　　　pwm_config（pwm0，500000，1000000）；
　　　pwm_enable（pwm0）；
　　　pwm_disable（pwm0）；
　　　pwm_free（pwm0）；

此驱动实现为一个字符设备，通过 ioctl 函数来设置相关寄存器的值，以此来实现 PWM 波形的输出与禁止。

```
#include <linux/module.h>
#include <linux/kernel.h>
#include <linux/cdev.h>
#include <linux/uaccess.h>
#include <linux/fs.h>
#include <linux/ioport.h>
#include <linux/miscdevice.h>
#include <linux/ioctl.h>
#include <linux/delay.h>
#include <linux/gpio.h>
#include <cfg_type.h>

#include <linux/platform_device.h>
#include <linux/err.h>
#include <linux/io.h>
#include <linux/init.h>
#include <linux/pwm.h>
#include <linux/slab.h>

#include <mach/platform.h>
#include <mach/devices.h>
#include <mach/soc.h>

#define DEVICE_NAME              "pwm"
#define PWM_IOCTL_SET_FREQ       1
```

```
#define PWM_IOCTL_STOP                  0
#define NS_IN_1HZ                       (1000000000UL)
#define BUZZER_PWM_ID                   2
#define BUZZER_PMW_GPIO                 (PAD_GPIO_C + 14)


static struct pwm_device *pwm2buzzer;
static struct semaphore lock;
static void pwm_set_freq (unsigned long freq) {
    int period_ns = NS_IN_1HZ / freq;
    pwm_config (pwm2buzzer, period_ns / 2, period_ns);
    pwm_enable (pwm2buzzer);
}
static void pwm_stop (void) {
    pwm_config (pwm2buzzer, 0, NS_IN_1HZ / 100);
    pwm_disable (pwm2buzzer);
}
static int gec6818_pwm_open (struct inode *inode, struct file *file) {
    if (!down_trylock (&lock))
        return 0;
    else
        return -EBUSY;
}
static int gec6818_pwm_close (struct inode *inode, struct file *file) {
    up (&lock);
    return 0;
}
static long gec6818_pwm_ioctl (struct file *filep, unsigned int cmd,
        unsigned long arg)
{
    switch (cmd) {
        case PWM_IOCTL_SET_FREQ:
            if (arg == 0 )
                return -EINVAL;
            pwm_set_freq (arg);
            break;
        case PWM_IOCTL_STOP:
        default:
            pwm_stop();
            break;
    }
    return 0;
}
static struct file_operations gec6818_pwm_ops = {
    .owner                  = THIS_MODULE,
    .open                   = gec6818_pwm_open,
    .release                = gec6818_pwm_close,
    .unlocked_ioctl         = gec6818_pwm_ioctl,
};
static struct miscdevice gec6818_misc_dev = {
    .minor = MISC_DYNAMIC_MINOR,
    .name = DEVICE_NAME,
    .fops = &gec6818_pwm_ops,
```

```
};
static int __init gec6818_pwm_dev_init (void) {
    int ret;
    ret = gpio_request (BUZZER_PMW_GPIO, DEVICE_NAME);
    if(ret) {
        printk ("request GPIO %d for pwm failed\n", BUZZER_PMW_GPIO);
        return ret;
    }
    gpio_direction_output (BUZZER_PMW_GPIO, 0);
    pwm2buzzer = pwm_request (BUZZER_PWM_ID, DEVICE_NAME);
    if(IS_ERR (pwm2buzzer)) {
        printk ("request pwm %d for %s failed\n", BUZZER_PWM_ID, DEVICE_NAME);
        return -ENODEV;
    }
    pwm_stop();
    gpio_free (BUZZER_PMW_GPIO);
    sema_init (&lock, 1);
    ret = misc_register (&gec6818_misc_dev);
    printk (DEVICE_NAME "\tinitialized\n");
    return ret;
}
static void __exit gec6818_pwm_dev_exit (void) {
    pwm_stop();
    misc_deregister (&gec6818_misc_dev);
}
module_init (gec6818_pwm_dev_init);
module_exit (gec6818_pwm_dev_exit);
MODULE_LICENSE ("GPL");
MODULE_AUTHOR ("mnust@163.com");
MODULE_DESCRIPTION ("S5PV6818 PWM Driver");
MODULE_VERSION ("V1.0");
```

编写驱动程序的 Makefile 文件可参考前面 LED 驱动的 Makefile 文件。

5. 编写应用程序

编写测试程序 buzzer.c 如下：

```
#include <stdio.h>
#include <stdlib.h>
#include <string.h>
#include <unistd.h>
#include <sys/ioctl.h>
#include <sys/types.h>
#include <sys/stat.h>
#include <fcntl.h>
#include <sys/select.h>
#include <sys/time.h>
#include <errno.h>
#include <limits.h>

#define   BUZZER_IOCTL_SET_FREQ 1
#define   BUZZER_IOCTL_STOP 0
```

```c
void Usage（char *args）
{
    printf（"Usage：%s <on/off> <freq>\n"，args）;
    return ;
}
int main（int argc , char **argv）
{
    int buzzer_fd;
    unsigned long freq = 0;
    char *endstr, *str;

    if（argc==3）{
        buzzer_fd = open（"/dev/pwm", O_RDWR）;
        if（buzzer_fd<0）{
            perror（"open device："）;
            exit（1）;
        }
        str = argv[2];
        errno = 0;
        freq = strtol（str , &endstr, 0）;
        if（（errno == ERANGE &&（freq == LONG_MAX ||freq ==LONG_MIN））||（errno !=0 && freq ==0））{
            perror（"freq："）;
            exit（EXIT_FAILURE）;
        }
        if（endstr ==str）{
            fprintf（stderr , "Please input a digits for freq\n"）;
            exit（EXIT_FAILURE）;
        }
        if（!strncmp（argv[1], "on", 2））{
            ioctl（buzzer_fd, BUZZER_IOCTL_SET_FREQ , freq ）;
        }
        else if（!strncmp（argv[1], "off", 3））{
            ioctl（buzzer_fd , BUZZER_IOCTL_STOP , freq）;
        }
        else{
            close（buzzer_fd）;
            exit（EXIT_FAILURE）;
        }
    }
    else if（argc ==2）{
        buzzer_fd = open（"/dev/pwm", O_RDWR）;
        if（buzzer_fd<0）{
            perror（"open device："）;
            exit（1）;
        }
        if（!strncmp（argv[1], "off", 3））{
            ioctl（buzzer_fd , BUZZER_IOCTL_STOP , freq）;
        }
        else{
            close（buzzer_fd）;
            exit（EXIT_FAILURE）;
        }
```

```
    }
    else {
        Usage (argv[0]);
        exit (EXIT_FAILURE);
    }


    close (buzzer_fd);
    return 0;
}
```

6. 运行加载

将 buzzer.c 交叉编译后的可执行文件下载到板子中，加载驱动并执行应用程序。

```
[root@GEC6818 /IOT]# insmod buzzer_drv.ko
[root@GEC6818 /IOT]# lsmod
button_drv 5240 0 – Live 0xbf000000

[root@GEC6818 /IOT]#./buzzer on 100      // 蜂鸣器鸣响，输入不同的值可以使蜂鸣器发出不同频率的声音
[root@GEC6818 /IOT]# ./buzzer off        // 蜂鸣器停止鸣响
```

执行 buzzer 程序，例如 ./buzzer on 100，on 是使蜂鸣器鸣响，100 这个数字是使蜂鸣器发出不同频率的声音，这个数字可以改变。off 是使蜂鸣器停止鸣响。

习题与练习

1. 主设备号和次设备号的重要作用是什么？
2. 常用的字符设备驱动开发函数主要有哪些？
3. 结合 GEC6818 平台，编写一个继电器驱动程序。

第 7 章 Linux 系统移植

教学目标

1. 了解嵌入式系统 BootLoader 基本概念和框架结构，了解 BootLoader 引导操作系统的过程，了解 U−Boot 的代码结构、编译方式；
2. 掌握 S5P6818 下的 U−Boot 移植方法；
3. 了解内核源码结构及内核启动过程；
4. 掌握 S5P6818 平台的 Linux 内核移植；
5. 了解 Linux 文件系统的工作原理和层次结构，了解根文件系统下各目录的用途；
6. 掌握构建根文件系统、移植 busybox、制作文件系统的方法。

重点内容

1. S5P6818 下的 U−Boot 移植方法；
2. S5P6818 平台的 Linux 内核移植；
3. 构建根文件系统、移植 busybox。

7.1 U−Boot 编译与移植

嵌入式 Linux 系统从软件的角度通常可以分为以下 4 个层次。①引导加载程序，固定在固件（firmware）中的 boot 代码（可选）和 BootLoader。CPU 在运行 BootLoader 之前先运行一段固化的程序，如 x86 结构的 CPU 是先运行 BIOS 中的固件，然后才运行硬盘第一个分区（MBR）中的 BootLoader。② Linux 内核。特定于嵌入式硬件平台的定制内核以及内核的启动参数。内核的启动参数可以是内核默认，或是由 BootLoader 传递给它。③文件系统。包括根文件系统和建立于 Flash 内存设备之上的文件系统。包含了 Linux 系统能够运行所必须的应用程序、库等。④用户应用程序。特定于用户的应用程序，它们存储在文件系统中。在嵌入系统的固态存储设备上有相应的分区存储，如图 7.1 所示为一个典型的分区结构。

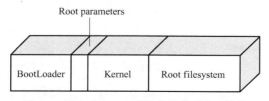

图 7.1 嵌入式 Linux 系统中的典型分区结构

"Root parameters" 分区中存放一些可设置的参数，比如 IP 地址、串口波特率、要传递给内核的命令行参数等。正常启动的 BootLoader 首先运行，然后它将内核复制到内存中，并且在内存某个固定的地址设置好要传递给内核的参数，最后运行内核。内核启动之后，它会挂载（mount）根文件系统（Root filesystem），启动文件系统中的应用程序。

7.1.1 BootLoader 基本概念

1. BootLoader 简介

定义：系统上电之后，需要一段程序来进行初始化，如关闭看门狗、改变系统时钟、初始化存储控制器、将更多的代码复制到内存中等。最后它能将操作系统内核复制到内存中运行，称这段程序为 BootLoader。

功能：BootLoader 是一小段程序，它在系统上电时开始执行，初始化硬件设备，准备好软件环境，最后调用操作系统内核。

专用性：BootLoader 的实现依赖于具体硬件，在嵌入式系统中硬件配置各有差别，即使是相同的 CPU，它的外设（比如 Flash）也可能不同，所以不可能有一个 BootLoader 支持所有的 CPU、所有的电路板。因此需要进行 BootLoader 移植。

2. BootLoader 的工作方式

一般来说，CPU 上电后，会从某个地址开始执行。如 MIPS 结构的 CPU 会从 0xBFC00000 取第一条指令，ARM 结构的 CPU 则从地址 0x00000000 开始。嵌入式开发板中，需要把存储器件 ROM 或 Flash 等映射到这个地址，BootLoader 就存放在这个地址开始处且上电就执行。典型工作过程如图 7.2 所示。

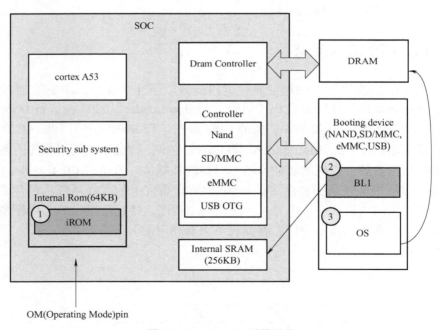

图 7.2　BootLoader 引导过程

iROM 是放置在 SOC 内部的一个 64KB 的程序存储器（ROM），它负责初始化系统启动所必须的基础功能，例如时钟和栈。iROM 从外部的特殊启动引导设备中加载 BL1 image 到 Soc 内部的 256KB 的 SRAM（iRAM）中，启动引导设备由启动模式

（OM）引脚决定。

BL1（BootLoader 1）是由三星提供的二进制文件，没有源码，当它通过 iROM 中固化程序的安全验证后被加载到 iRAM 中运行，负责初始化中断设置栈。然后，BL1 又把启动设备上另一个特定位置处的程序读入片内内存 iRAM，并执行它。这被称为 BL2（BootLoader 2），是需要自己编写源码。

BL2 负责初始化系统时钟和 DRAM 控制器，在初始化 DRAM 控制器之后，BL2 将从启动引导设备中把 OS image 加载到 DRAM 中，并跳转到 DRAM 中执行。

BootLoader 可以分为以下两种操作模式（Operation Mode）。

1）启动加载（BootLoader）模式。上电后，BootLoader 从板子上的某个固态存储设备上将操作系统加载到 RAM 中运行，整个过程并没有用户的介入。产品发布时，BootLoader 工作在这种模式下。

2）下载（Downloading）模式。这种模式下，开发人员可以使用各种命令，通过串口连接或网络连接等通信手段从主机（Host）下载文件（比如内核映像、文件系统映像），将它们直接放在内存运行或是烧入 Flash 类固态存储设备中。例如文件系统下载：

```
set  bootargs  lcd=at070tn92  tp=gslx680-linux  root=/dev/nfs  init=/linuxrc
nfsroot=169.254.32.110：/home/baiyun/source/rootfs
ip=169.254.32.100：169.254.32.110：169.254.32.1：255.255.255.0::eth0：on
console=ttySAC0，115200
```

3. BootLoader 两个工作阶段

BootLoader 的启动过程可以分为单阶段（Single-Stage）、多阶段（Multi-Stage）两种。通常多阶段的 BootLoader 大多都是两阶段的启动过程。第一阶段使用汇编来实现，它完成一些依赖于 CPU 体系结构的初始化，并调用第二阶段的代码；第二阶段则通常使用 C 语言来实现，以实现更复杂的功能，而且使代码有更好的可读性和可移植性。

1）BootLoader 第一阶段的功能：
➢ 硬件设备初始化。
➢ 为加载 BootLoader 的第二阶段代码准备 RAM 空间。
➢ 复制 BootLoader 的第二阶段代码到 RAM 空间中。
➢ 设置好栈。
➢ 跳转到第二阶段代码的 C 入口点。

第一阶段进行的硬件初始化一般可包括：关闭 WATCHDOG、关中断、设置 CPU 的速度和时钟频率、RAM 初始化等。

2）BootLoader 第二阶段的功能：
➢ 初始化本阶段要使用到的硬件设备。
➢ 检测系统内存映射（Memory Map）。
➢ 将内核映像和根文件系统映像从 Flash 上读到 RAM 空间中。
➢ 为内核设置启动参数。
➢ 调用内核。

4. 常用 BootLoader

BootLoader 种类繁多，如 x86 上有 LILO、GRUB 等。对于 ARM 架构的 CPU，有

U-Boot、Vivi 等。下面列出 Linux 的开放源代码的 BootLoader 及其支持的体系架构，如表 7.1 所示。

表 7.1 开放源代码的 Linux 引导程序

BootLoader	Monitor	描述	x86	ARM	PowerPC
LILO	否	Linux 磁盘引导程序	是	否	否
GRUB	否	GNU 的 LILO 替代程序	是	否	否
Loadlin	否	从 DOS 引导 Linux	是	否	否
ROLO	否	从 ROM 引导 Linux 而不需要 BIOS	是	否	否
Etherboot	否	通过以太网启动 Linux 系统的固件	是	否	否
LinuxBIOS	否	完全替代 BUIS 的 Linux 引导程序	是	否	否
BLOB	是	LART 等硬件平台的引导程序	否	是	否
U-Boot	是	通用引导程序	是	是	是
RedBoot	是	基于 eCos 的引导程序	是	是	是
Vivi	是	Mizi 公司针对 SAMSUNG 的 ARMCPU 设计的引导程序	否	是	否

本书针对平台为 GEC6818 开发板，使用 U-Boot。U-Boot 支持大多 CPU，可以烧写 EXT4、JFFS2 文件系统映像，支持串口下载、网络下载，并提供了大量的命令。

7.1.2 U-Boot 编译

1. U-Boot 工程简介

U-Boot，全称为 Universal Boot Loader，即通用 BootLoader，是遵循 GPL 条款的开发源代码项目。它的名字"通用"有两层含义：可以引导多种操作系统、支持多种架构的 CPU。它支持如下操作：Linux、NetBSD、VxWorks、QNX、RTEMS、ARTOS、LynxOS 等，支持如下架构的 CPU：PowerPC、MIPS、x86、ARM、NIOS、XScale 等。可以从 ftp：// ftp.denx.de/pub/u-boot/ 获得最新版本。

2. U-Boot 源码结构

本书 S5P6818 的源码是通过三星官方获取的源码，目前最新的 U-Boot 并没有做类似的代码支持。U-Boot 根目录主要可以分为以下几类：平台相关的或开发板相关的、通用的函数、通用的设备驱动程序、文档、实例程序、U-Boot 工具。子目录的功能与作用如表 7.2 所示。

表 7.2 U-Boot 顶层目录说明

目录	特性	解释说明
board	开发板相关	对应不同配置的电路板（即使 CPU 相同）
include		头文件和开发板配置文件，开发板的配置文件都放在 include/configs/ 目录下，U-Boot 没有 make menuconfig 类似的菜单来进行可视化配置，需要手动地修改配置文件中的宏定义
lib	通用的函数	通用的库函数，比如 printf 等
common		通用的函数，多是对下一层驱动程序的进一步封装

（续）

目录	特性	解释说明
disk		硬盘接口程序
drivers		各类具体设备的驱动程序，基本上可以通用，它们通过宏从外面引入平台／开发板相关的函数
fs	通用的设备驱动程序	文件系统
net		各种网络协议
post		上电自检程序
doc	文档	开发、使用文档
examples	实例程序	一些测试程序，可以使用 U-Boot 下载后运行
tools	工具	制作 S-Record、U-Boot 格式映象的工具，比如 mkimage

移植后 GECS5P6818 中顶层 U-Boot 中文件内容如下：

```
cw@dell：~ /6818GEC/GEC6818uboot$ ls
2ndboot      disk            GECuboot.bin  net                      README       u-boot.bin
api          doc             include       nsih-1G16b-533M.txt  readme.txt   u-boot.lds
arch         drivers         Kbuild        nsih-1G16b-800M.txt  scripts      u-boot.map
board        dts             lib           nsih-2G16b-533M.txt  snapshot.commit  u-boot.srec
boards.cfg   env.txt         Licenses      nsih-2G16b-800M.txt  System.map
common       examples        MAKEALL       nsih-2G8b.txt            test
config.mk    fs              Makefile      nsih.txt                 tools
CREDITS      GEC6818-sdmmc.sh mkconfig     post                     u-boot
cw@dell：~ /6818GEC/GEC6818uboot$
```

3. U-Boot 的编译

U-Boot 中有几千个文件，要想了解对于某款开发板，使用哪些文件、哪个文件首先执行、文件的依赖关系等可以查看 Makefile。

假设目前已有一套与某款嵌入式开发板配套的 U-Boot，开发板名称 <board_name>，则可执行"make <board_name>_config"命令进行配置，然后执行"make all"，就可以生成如下 3 个文件。

➢ u-boot.bin：二进制可执行文件，就是可以直接烧入 ROM、NOR Flash 的文件。

➢ u-boot：ELF 格式的可执行文件。

➢ u-boot.srec：Motorola S-Record 格式的可执行文件。

示例 7.1　已知针对 GEC6818 开发平台移植后的 U-Boot 文件名为 GECuboot.bin。请完成编译与下载过程。

1）输入：make GEC6818_config，生成 GECS5P6818 平台的相关配置。

```
cw@dell：~ /6818GEC/GEC6818uboot$ make GEC6818_config
Configuring for GEC6818 board...
cw@dell：~ /6818GEC/GEC6818uboot$
```

2）输入编译命令：

> make ARM=ARCH CROSS_COMPILE=../prebuilts/gcc/linux-x86/arm/arm-eabi-4.8/bin/arm-eabi-。

其中，ARM=ARCH CROSS_COMPILE=../prebuilts/gcc/linux-x86/arm/arm-eabi-4.8/bin/arm-eabi-，可以根据实际情况指定编译器路径，或可将本部分添加到顶层 Makefile 文件中，则输入编译命令可只输入：make（注：选择的编译器需支持编译 U-Boot）。

```
cw@dell：~ /6818GEC/GEC6818uboot$ make ARM=ARCH CROSS_COMPILE=../prebuilts/gcc/linux-x86/arm/
arm-eabi-4.8/bin/arm-eabi-
    GEN        include/autoconf.mk.dep
    GEN        include/autoconf.mk
    CHK        include/config/uboot.release
    CHK        include/generated/version_autogenerated.h
    CHK        include/generated/timestamp_autogenerated.h
    UPD        include/generated/timestamp_autogenerated.h
    CC         lib/asm-offsets.s
    GEN        include/generated/generic-asm-offsets.h
    CC         arch/arm/lib/asm-offsets.s
    GEN        include/generated/asm-offsets.h
    HOSTCC     tools/dumpimage.o
    HOSTCC     tools/image-host.o
    HOSTCC     tools/mkenvimage.o
    HOSTCC     tools/mkimage.o
    HOSTLD     tools/mkenvimage
    HOSTLD     tools/dumpimage
    HOSTLD     tools/mkimage
......
    LD         net/built-in.o
    CC         examples/standalone/hello_world.o
    CC         examples/standalone/stubs.o
    LD         examples/standalone/libstubs.o
    LD         examples/standalone/hello_world
    OBJCOPY    examples/standalone/hello_world.srec
    OBJCOPY    examples/standalone/hello_world.bin
    LD         u-boot
    OBJCOPY    u-boot.srec
    OBJCOPY    u-boot.bin
./tools/mk6818 GECuboot.bin nsih.txt 2ndboot u-boot.bin
NSIH：189 line processed.
NSIH：512 bytes generated.
Generate destination file：GECuboot.bin
```

3）结果为 GECuboot.bin。

4）下载测试。

① 连线：串口线、OGT 数据线、电源线。

② 采用 fastboot 进行下载，修改下载工具中 auto.bat 文件，如图 7.3 所示。

③ 打开下载终端，其中端口请根据电脑自行修改，如图 7.4 所示。

④ 连接正常后，进入 U-Boot 并输入：fastboot，再双击 auto.bat 即可自主完成启动文件下载。

说明：对于本书使用的粤嵌 S5P6818 开发板，已经在顶层作了 shell 脚本，只需要输入 ./mk –u 就可以实现 U–Boot 编译。编译 U–Boot 成功后，会在 tools 子目录下生成一些工具，比如 mkimage。将它们复制到 /usr/local/bin 目录下可直接使用。如编译内核会使用 mkimage 来生成 U–Boot 格式的内核映像文件 uImage。

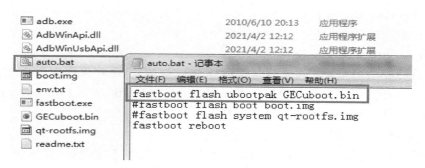

图 7.3　修改 auto.bat 文件内容

图 7.4　终端配置

7.1.3　U–Boot 命令

1. 常用命令

1）print：得到所有命令列表。

2）help：help test，列出 test 功能的使用说明。

3）ping：测试与其他设备网络是否连通。

4）setenv：设置环境变量，如 setenv serverip 192.168.0.1。

5）saveenv：设置好环境变量以后，保存变量值。

6）tftp：tftp 32000000 vmlinux，把 server（IP= 环境变量中设置的 serverip）中 /tftpdroot/ 下的 vmlinux 通过 TFTP 读入到物理内存 32000000 处。

7）bootm：启动 U–Boot　tools 制作的压缩 Linux 内核，bootm 3200000。

8）md：修改 RAM 中的内容，md 32000000（内存的起始地址）。

2. U-Boot 命令制作

内核的启动，是通过 U-Boot 命令来实现的。U-Boot 中每个命令都通过 U_BOOT_CMD 宏来定义，格式如下：U_BOOT_CMD（_name，_maxargs，_rep，_cmd，_usage，_help），各项参数的意义如下：

_name：命令的名字，它不是一个字符串。

_maxargs：最大的参数。

_rep：命令是否可重复，可重复是指运行一个命令后，下次敲回即可再次运行。

_cmd：对应的函数指针，类型为（*cmd）（struct cmd_tbl_s*，int，int，char*[]）。

_usage：简单的使用说明，这是个字符串。

_help：较详细的使用说明，这是个字符串。

示例 7.2　在 U-Boot 中增加一条 test 命令，命令接收 1 个参数，根据不同参数打印输出不同字符。

1）进入 common，目录下新增一个 cmd_test.c 文件，并且复制一份模板。

```
cw@dell: ~ /6818GEC/GEC6818uboot$ cd common/
cw@dell: ~ /6818GEC/GEC6818uboot/common$ cp cmd_help.c cmd_test.c
cw@dell: ~ /6818GEC/GEC6818uboot/common$ vi cmd_test.c
```

2）打开 cmd_test.c，按要求修改，制作命令代码框架如下：

```c
#include <common.h>
#include <command.h>

static int do_help (cmd_tbl_t *cmdtp, int flag, int argc, char * const argv[])
{
    ......
}

U_BOOT_CMD (
    ......
);
```

3）修改后如下：

```c
#include <common.h>
#include <command.h>

static int do_test (cmd_tbl_t *cmdtp, int flag, int argc, char * const argv[])
{
    if(argc != 2)
    {
        printf ("update params num err\n");
        return 1 ;
    }
    if( 0 == strncmp ("uboot", argv[1], sizeof ("uboot" )))
    {
        printf ("update uboot success\n");
    }
```

```
        else if( 0 == strncmp ("image", argv[1], sizeof ("image")))
        {
            printf ("update image success\n");
        }
        else if( 0 == strncmp ("rootfs", argv[1], sizeof ("rootfs")))
        {
            printf ("update rootfs success\n");
        }
        return 0;
}
U_BOOT_CMD (test，4，1，do_test，"help information test"，"xxx");
```

4）保存，并修改本级 Makefile 文件，添加编译语句。

```
ifndef CONFIG_SPL_BUILD
obj-y += main.o
obj-y += command.o
obj-y += exports.o
obj-y += hash.o
obj-y +=cmd_test.o
```

5）编译与下载。

```
cw@dell：～/6818GEC/GEC6818uboot/common$ cd ..
cw@dell：～/6818GEC/GEC6818uboot$ make ARM=ARCH CROSS_COMPILE=../prebuilts/gcc/linux-x86/arm/
arm-eabi-4.8/bin/arm-eabi-
    GEN          include/autoconf.mk.dep
    GEN          include/autoconf.mk
    GEN          include/autoconf.mk
    CHK          include/config/uboot.release
    CHK          include/generated/version_autogenerated.h
......
    LD           examples/standalone/hello_world
    OBJCOPY examples/standalone/hello_world.srec
    OBJCOPY examples/standalone/hello_world.bin
    LD           u-boot
    OBJCOPY      u-boot.srec
    OBJCOPY      u-boot.bin
./tools/mk6818 GECuboot.bin nsih.txt 2ndboot u-boot.bin
NSIH：189 line processed.
NSIH：512 bytes generated.
Generate destination file：GECuboot.bin
```

下载过程同示例 7.1，运行结果如下：

```
GEC6818# test    uboot
update uboot success
GEC6818# test    image
update image success
GEC6818# test    rootfs
update rootfs success
```

3. U-Boot 外设移植

LED 灯的硬件连接如图 7.5 所示，本节实现开机上电后在 U-Boot 中启动 LED 灯，实现 LED 灯的亮灭。

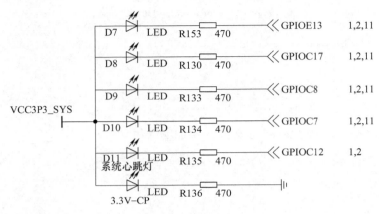

图 7.5　LED 电路图

移植过程如下：

第一步：在 board_r.c 中的初始化函数指针数组中添加新初始化函数指针，如下列代码所示。初始化函数名称为 init_led。

```
init_fnc_t init_sequence_r[] = {
    initr_trace,
    initr_reloc,
        ..........
        ..........
        init_led;
    run_main_loop,
};
```

第二步：在 board_r.c 文件中实现 init_led 函数，初始化 LED。

```
int init_led (void)
{
    // 配置 GPIOC17/8/7 的功能为 GPIO
    #define GPIOCALTFN0 * (unsigned int*) 0xC001C020
    GPIOCALTFN0 &= ~ (0xF << 14);
    GPIOCALTFN0 |= (0x01 << 14 | 0x01 << 16);
    #define GPIOCALTFN1 * (unsigned int*) 0xC001C024
    GPIOCALTFN1 &= ~ (0x3 << 2);
    GPIOCALTFN1 |= (0x01 << 2);
    // 配置 GPIOC17/8/7 为输出模式
    #define GPIOCOUTENB * (unsigned int*) 0xC001C004
    GPIOCOUTENB |= (0x1 << 17 | 0x1 << 8 | 0x1 << 7);
    // 设置 GPIOC17/8/7 输出电平
    #define GPIOCOUT * (unsigned int*) 0xC001C000
    GPIOCOUT &= ~ (0x1 << 17 | 0x1 << 8 | 0x1 << 7);
    return 0;
}
```

　　第三步：自定义一条命令，实现控制 LED 灯，在 common 目录下增加 cmd_led.c 文件。

```
#include <common.h>
#include <command.h>
#define GPIOCALTFN0 * (unsigned int*) 0xC001C020
#define GPIOCALTFN1 * (unsigned int*) 0xC001C024
#define GPIOCOUTENB * (unsigned int*) 0xC001C004
#define GPIOCOUT * (unsigned int*) 0xC001C000
#define GPIOEALTFN0 * (unsigned int*) 0xC001E020
#define GPIOEOUTENB * (unsigned int*) 0xC001E004
#define GPIOEOUT * (unsigned int*) 0xC001E000
static int do_testled (cmd_tbl_t *cmdtp, int flag, int argc, char * const argv[])
{
    int status;
    const char *led_cmd, *status_cmd = NULL;
    if(argc < 2)
        show_usage:
        return CMD_RET_USAGE;
    led_cmd = argv[1];
    if(argc > 2)
    {
        status_cmd = argv[2];
        if (!strcmp (status_cmd, "ON"))
            status = 0;
        else if (!strcmp (status_cmd, "OFF"))
            status = 1;
        else
            goto show_usage;
    }
    // 以控制一个灯为例，给出程序。其他灯控制方式类似
    if(!strcmp (led_cmd, "LED3"))
    {
        printf ("LED3 is test\n");
        // 配置 GPIOC8 的功能为 GPIO
        GPIOCALTFN0 &= ~ (0x3 << 16);
        GPIOCALTFN0 |= (0x01 << 16);
        // 配置 GPIOC8 为输出模式
        GPIOCOUTENB |= (0x1<<8);
        // 设置 GPIOC8 输出电平
        GPIOCOUT &= ~ (0x1<<8);
        GPIOCOUT |= (status<<8);
    }
}
U_BOOT_CMD (testled, 3, 0, do_testled, "testled led control", "<LED1|LED2|LED3|LED4> <ON|OFF>\n");
```

　　第四步：修改 common 目录下的 Makefile 文件，添加 cmd_led.c 的编译支持。编译语句为 obj-y += cmd_led.o。

　　第五步：下载测试。

　　编译与下载方式同示例 7.1，下载完成后输入以下指令测试 LED3 灯的控制，可以实现 GPIOC8 控制的 D9 灯亮灭。

```
GEC6818#    testled    LED3    OFF
GEC6818#    testled    LED3    ON
```

7.1.4　U-Boot 启动编译链接过程

通过 7.1.2、7.1.3 小节可知，编译 U-Boot 成功后，可以生成用于烧写的二进制文件 U-boot.bin。本小节将简单分析 U-Boot 的编译过程。输入 make 命令后工程管理器将运行 Makefile 中的内容，因此能查看顶层 Makefile 中主要内容。

1. Makefile 分析

本节以 GEC6818 为例，在顶层 Makefile 中可以看到如下代码：

```
outputmakefile:
ifneq ($(KBUILD_SRC),)
    $(Q) ln -fsn $(srctree) source
    $(Q) $(CONFIG_SHELL) $(srctree)/scripts/mkmakefile \
        $(srctree) $(objtree) $(VERSION) $(PATCHLEVEL)
endif
srctree          := $(if $(KBUILD_SRC),$(KBUILD_SRC),$(CURDIR))
objtree          := $(CURDIR)
src              := $(srctree)
obj              := $(objtree)
VPATH            := $(srctree)$(if $(KBUILD_EXTMOD),:$(KBUILD_EXTMOD))
export srctree objtree VPATH
MKCONFIG         := $(srctree)/mkconfig
export MKCONFIG
...
%_config:: outputmakefile
    @$(MKCONFIG) -A $(@:_config=)
```

如果在根目录下编译，则其中 MKCONFIG 就是根目录下的 mkconfig 文件。$(@:_config=) 的结果就是将 "GEC6818_config" 中的 "_config" 去掉，结果为 "GEC6818"。所以 "make GEC6818_config" 实际上就是执行如下命令：

```
./mkconfig -A GEC6818
```

打开顶层目录中的 mkconfig，在文件开头的第 6 行给出了它的用法：

```
# Parameters:  Target  Architecture  CPU  Board [VENDOR] [SOC]
```

下面分步骤分析 mkconfig 的作用。

1）确定开发板名称 BOARD_NAME，相关代码如下：

```
if [ \($# -eq 2 \) -a \( "$1" = "-A" \) ] ; then
    # Automatic mode
    line=`awk '($0 !~ /^#/ && $7 ~ /^"$2"$/) { print $1, $2, $3, $4, $5, $6, $7, $8 }' $srctree/boards.cfg`
......
[ "${BOARD_NAME}" ] || BOARD_NAME="${7%_config}"
```

然后打开 boards.cfg 文件可以看到：

```
# Status, Arch, CPU: SPLCPU,   SoC,   Vendor,   Board name, Target,   Options, Maintainers
Active  arm  slsiap         s5p6818  s5p6818    GEC6818  GEC6818  –
```

执行完成最后一句话之后，可以得到 BOARD_NAME 为 GEC6818。

2）创建到平台 / 开发板的相关头文件的链接。

```
# Create link to architecture specific headers
#
if [ –n "$KBUILD_SRC" ] ; then
    mkdir –p ${objtree}/include
    LNPREFIX=${srctree}/arch/${arch}/include/asm/
    cd ${objtree}/include
    mkdir –p asm
else
    cd arch/${arch}/include
fi
rm –f asm/arch
if [ "${soc}" ] ; then
    ln –s ${LNPREFIX}arch–${soc} asm/arch
elif [ "${cpu}" ] ; then
    ln –s ${LNPREFIX}arch–${cpu} asm/arch
fi

if [ –z "$KBUILD_SRC" ] ; then
    cd ${srctree}/include
fi
```

3）创建 Makefile 包含的文件 include/config.mk，如下所示：

```
#
# Create include file for Make
#
( echo "ARCH      = ${arch}"
    if [ ! –z "$spl_cpu" ] ; then
    echo 'ifeq ($ (CONFIG_SPL_BUILD), y) '
    echo "CPU       = ${spl_cpu}"
    echo "else"
    echo "CPU       = ${cpu}"
    echo "endif"
    else
    echo "CPU       = ${cpu}"
    fi
    echo "BOARD   = ${board}"
    [ "${vendor}" ] && echo "VENDOR = ${vendor}"
    [ "${soc}"    ] && echo "SOC      = ${soc}"
    exit 0  )> config.mk
```

最后生成的 inlcude/config.mk 文件：

```
ARCH          = arm
CPU           = slsiap
BOARD         = GEC6818
```

```
VENDOR      = s5p6818
SOC         = s5p6818
```

4）创建开发板相关的头文件 include/config.h，如下所示：

```
# Create board specific header file
if [ "$APPEND" = "yes" ] # Append to existing config file
then
    echo >> config.h
else
    > config.h              # Create new config file
fi
echo "/* Automatically generated – do not edit */" >>config.h
for i in ${TARGETS} ; do
    i="`echo ${i} | sed '/=/ {s/=/  /; q; } ; { s/$/  1/; }'`"
    echo "#define CONFIG_${i}" >>config.h ;
done
echo "#define CONFIG_SYS_ARCH    \"${arch}\""  >> config.h
echo "#define CONFIG_SYS_CPU     \"${cpu}\""       >> config.h
echo "#define CONFIG_SYS_BOARD \"${board}\"" >> config.h
[ "${vendor}" ] && echo "#define CONFIG_SYS_VENDOR \"${vendor}\"" >> config.h
[ "${soc}"    ] && echo "#define CONFIG_SYS_SOC     \"${soc}\""       >> config.h
[ "${board}"  ] && echo "#define CONFIG_BOARDDIR board/$BOARDDIR" >> config.h
cat << EOF >> config.h
#include <config_cmd_defaults.h>
#include <config_defaults.h>
#include <configs/${CONFIG_NAME}.h>
#include <asm/config.h>
#include <config_fallbacks.h>
#include <config_uncmd_spl.h>
EOF
```

最后配置生成 include/config.h 文件：

```
#define CONFIG_SYS_ARCH    "arm"
#define CONFIG_SYS_CPU        "slsiap"
#define CONFIG_SYS_BOARD "GEC6818"
#define CONFIG_SYS_VENDOR "s5p6818"
#define CONFIG_SYS_SOC        "s5p6818"
#define CONFIG_BOARDDIR board/s5p6818/GEC6818
#include <config_cmd_defaults.h>
#include <config_defaults.h>
#include <configs/GEC6818.h>
#include <asm/config.h>
#include <config_fallbacks.h>
#include <config_uncmd_spl.h>
```

总结：

1）开发板名称 BOARD_NAME 等于 $1。

2）创建到平台 / 开发板相关头文件的链接。

3）创建顶层 Makefile 包含的文件 include/config.mk。

4）创建开发板相关的头文件 include/config.h。

根据以上 4 步可以知道，如果要在 board 目录下新建一个开发板 <board_name> 的目录，则在 include/configs 目录下也要建立一个文件 <board_name>.h，里面存放的就是开发板 <board_name> 的配置信息。

U-Boot 没有可视化配置界面，要手动修改配置文件 include/configs/<board_name>.h 来裁剪、设置 U-Boot。配置文件中有以下两类宏。

一类是选项（Options），前缀为" CONFIG_"，它们用于选择 CPU、SOC、开发板类型，设置系统时钟，选择设备驱动等。比如：

```
        /* when CONFIG_LCD */
#define CONFIG_FB_ADDR                    0x46000000
#define CONFIG_BMP_ADDR                   0x47000000
/* Download OFFSET */
#define CONFIG_MEM_LOAD_ADDR              0x48000000
```

另一类是参数（Setting），前缀为" CFG_"，它们用于设置 malloc 缓冲池的大小、U-Boot 的提示符、U-Boot 下载文件时的默认加载地址、Flash 的起始地址等。比如：

```
#define    CFG_IO_I2C3_SCL    ((PAD_GPIO_C + 15)| PAD_FUNC_ALT0)
#define    CFG_IO_I2C3_SDA    ((PAD_GPIO_C + 16)| PAD_FUNC_ALT0)
```

从编译和链接的过程可知，U-Boot 中几乎每个文件都被编译和链接，但是这些文件是否包含有效代码，则由宏开关来设置。比如对于网卡驱动 drivers/net/phy.c，它的格式如下：

```
#include<common.h> /* 将包含配置文件 include/configs/<board_name>.h*/
......
#ifdef CONFIG_PHY_REALTEK
    phy_realtek_init();
.......
#endif
```

如果定义了宏 CONFIG_PHY_REALTEK，则网卡驱动调用函数 phy_realtek_init()；否则文件无效。可以认为，" CONFIG_"除了设置一些参数外，主要用来设置 U-Boot 的功能、选择使用文件中的那一部分；而" CFG_"用来设置更细节的参数。

2. U-Boot 的编译、链接过程

配置完成后，执行" make all"即可编译，从 Makefile 中可以找到 U-Boot 需要编译的文件、文件执行顺序、可执行文件在内存中运行地址等。

确定用到的文件，下面所示为 Makefile 中与 ARM 相关的部分。

```
# load ARCH, BOARD, and CPU configuration
-include include/config.mk
ifeq($ (dot-config), 1)
# Read in config
-include include/autoconf.mk
-include include/autoconf.mk.dep
# load other configuration
include $ (srctree) /config.mk
```

```
ifeq ($ (wildcard include/config.mk),)
$ (error "System not configured – see README")
endif
```

include/config.mk 文件就是上文编译生成出来的，其中定义了 ARCH、CPU、BOARD、SOC 等 4 个变量的值为 arm、slsiap、GEC6818、s5p6818。继续查看 Makefile 文件。

```
# U–Boot objects....order is important (i.e. start must be first)
head–y : = $ (CPUDIR) /start.o
head–$ (CONFIG_4xx) += arch/powerpc/cpu/ppc4xx/resetvec.o
head–$ (CONFIG_MPC85xx) += arch/powerpc/cpu/mpc85xx/resetvec.o
HAVE_VENDOR_COMMON_LIB=$ (if$ (wildcard$ (srctree) /board/$ (VENDOR) /common/Makefile), y, n)
libs–y += lib/
libs–$ (HAVE_VENDOR_COMMON_LIB) += board/$ (VENDOR) /common/
......
libs–y              : = $ (patsubst %/, %/built–in.o, $ (libs–y))
u–boot–init         : = $ (head–y)
u–boot–main         : = $ (libs–y)
```

根据以上代码可知，先得到的 OBJS 的第一个值为"$(CPUDIR)/start.o"，即"arch/arm/cpu/slsiap/s5p6818/start.o"。最后所有的文件都是为了以下所服务：

```
u–boot.bin: u–boot FORCE
    $ (call if_changed, objcopy)
    $ (call DO_STATIC_RELA, $<, $@, $ (CONFIG_SYS_TEXT_BASE))
    $ (BOARD_SIZE_CHECK)
    ./tools/mk6818 GECuboot.bin nsih.txt 2ndboot u–boot.bin
......
u–boot:    $ (u–boot–init) $ (u–boot–main) u–boot.lds
    $ (call if_changed, u–boot__)
ifeq ($ (CONFIG_KALLSYMS), y)
    smap=`$ (call SYSTEM_MAP, u–boot) | \
        awk '$$2 ~ /[tTwW]/ {printf $$1 $$3 "\\\000"}'`; \
    $ (CC) $ (c_flags) –DSYSTEM_MAP="\"$${smap}\"" \
        –c $ (srctree) /common/system_map.c –o common/system_map.o
    $ (call cmd, u–boot__) common/system_map.o
endif
......
```

其中 u–boot.lds 文件如下所示：

```
OUTPUT_FORMAT ("elf32–littlearm", "elf32–littlearm", "elf32–littlearm")
OUTPUT_ARCH (arm)
ENTRY (_stext)
SECTIONS
{
. = 0x00000000;
. = ALIGN (4);
.text :
{
```

```
    * (.__image_copy_start)
    arch/arm/cpu/slsiap/s5p6818/start.o (.text*)
    arch/arm/cpu/slsiap/s5p6818/vectors.o (.text*)
    * (.text*)
}
. = ALIGN (4);
.rodata : { * (SORT_BY_ALIGNMENT (SORT_BY_NAME (.rodata*)))}
. = ALIGN (4);
.data : {
    * (.data*)
}
. = ALIGN (4);
. = .;
. = ALIGN (4);
.u_boot_list : {
    KEEP (* (SORT (.u_boot_list*)));
}
. = ALIGN (4);
.image_copy_end :
{
    * (.__image_copy_end)
}
.rel_dyn_start :
{
    * (.__rel_dyn_start)
}
.rel.dyn : {
    * (.rel*)
}
.rel_dyn_end :
{
    * (.__rel_dyn_end)
}
.end :
{
    * (.__end)
}
_image_binary_end = .;
. = ALIGN (4096);
.mmutable : {
    * (.mmutable)
}
.bss_start (OVERLAY) : {
    KEEP (* (.__bss_start));
    __bss_base = .;
}
.bss __bss_base (OVERLAY) : {
    * (.bss*)
    . = ALIGN (4);
    __bss_limit = .;
}
.bss_end __bss_limit (OVERLAY) : {
```

```
    KEEP (* (.__bss_end));
}
.dynsym _image_binary_end : { * (.dynsym) }
.dynbss : { * (.dynbss) }
.dynstr : { * (.dynstr*) }
.dynamic : { * (.dynamic*) }
.plt : { * (.plt*) }
.interp : { * (.interp*) }
.gnu.hash : { * (.gnu.hash) }
.gnu : { * (.gnu*) }
.ARM.exidx : { * (.ARM.exidx*) }
.gnu.linkonce.armexidx : { * (.gnu.linkonce.armexidx.*) }
}
```

由第 11 行可知，arch/arm/cpu/slsiap/s5p6818/start.o（.text*）被放在最前面，所以 U-Boot 的入口点在 arch/arm/cpu/slsiap/s5p6818/start.S 中。

7.1.5 U-Boot 启动代码分析

U-Boot 授予两阶段的 BootLoader，第一阶段的文件为 arch/arm/cpu/slsiap/s5p6818/ start.S 和 arch/arm/cpu/slsiap/s5p6818/low_init.S，前者是平台相关的，后者是开发板相关的，第二阶段从 arch/arm/lib/board.c 的 board_init_r 函数开始。进入 Start.s 代码如下：

```
#include <asm-offsets.h>
#include <config.h>
#include <version.h>
#include <asm/system.h>
#include <linux/linkage.h>
    .globl    _stext
_stext：
    b    reset
    ldr    pc, _undefined_instruction
    ldr    pc, _software_interrupt
    ldr    pc, _prefetch_abort
    ldr    pc, _data_abort
    ldr    pc, _not_used
    ldr    pc, _irq
    ldr    pc, _fiq
_undefined_instruction：         .word undefined_instruction
_software_interrupt：            .word software_interrupt
_prefetch_abort：               .word prefetch_abort
_data_abort：                   .word data_abort
_not_used：                     .word not_used
_irq：                          .word irq
_fiq：                          .word fiq
    .balignl 16, 0xdeadbeef
.globl TEXT_BASE
TEXT_BASE：
    .word          CONFIG_SYS_TEXT_BASE
.globl _bss_start_ofs
_bss_start_ofs：
```

```
          .word __bss_start – _stext
.globl _bss_end_ofs
_bss_end_ofs:
          .word __bss_end – _stext
.globl _end_ofs
_end_ofs:
          .word _end – _stext
/*
  * Reset handling
*/
          .globl reset
reset:
          bl    save_boot_params
          / * set the cpu to SVC32 mode */
          mrs          r0, cpsr
          bic          r0, r0, #0x1f
          orr          r0, r0, #0xd3
          msr          cpsr, r0
          /* disable watchdog */
          ldr          r0, =0xC0019000
          mov r1, #0
          str          r1, [r0]
          /* the mask ROM code should have PLL and others stable */
          #ifndef CONFIG_SKIP_LOWLEVEL_INIT
          bl          cpu_init_cp15
          bl          cpu_init_crit
          #endif
          #ifdef CONFIG_RELOC_TO_TEXT_BASE
relocate_to_text:
          / * relocate u–boot code on memory to text base
            * for nexell arm core (add by jhkim)
            */
          adr          r0, _stext                    /* r0 <– current position of code    */
          ldr          r1, TEXT_BASE                 /* test if we run from flash or RAM */
          cmp          r0, r1                        /* don't reloc during debug          */
          beq clear_bss
          ldr          r2, _bss_start_ofs
          add          r2, r0, r2                    /* r2 <– source end address         */
copy_loop_text:                                       // 复制代码
          ldmia        r0!, {r3–r10}                 /* copy from source address [r0]    */
          stmia        r1!, {r3–r10}                 /* copy to      target address [r1] */
          cmp          r0, r2                        /* until source end addreee [r2]    */
          ble          copy_loop_text
          ldr          r1, TEXT_BASE                 /* restart at text base */
          mov pc, r1
clear_bss:
          #ifdef CONFIG_MMU_ENABLE
          bl          mmu_turn_on
          #endif
          ldr          r0, _bss_start_ofs
          ldr          r1, _bss_end_ofs
          ldr          r4, TEXT_BASE                 /* text addr */
```

```
        add         r0, r0, r4
        add         r1, r1, r4
        mov r2, #0x00000000                             /* clear */
clbss_l: str        r2, [r0]                            /* clear loop... */
        add         r0, r0, #4
        cmp         r0, r1
        bne         clbss_l
        ldr         sp, = (CONFIG_SYS_INIT_SP_ADDR)
        bic         sp, sp, #7                          /* 8-byte alignment for ABI compliance */
        sub         sp, #GD_SIZE                        /* allocate one GD above SP */
        bic         sp, sp, #7                          /* 8-byte alignment for ABI compliance */
        mov r9, sp                                      /* GD is above SP */
        mov r0, #0
        bl          board_init_f
        mov sp, r9                                      /* SP is GD's base address */
        bic         sp, sp, #7                          /* 8-byte alignment for ABI compliance */
        sub         sp, #GENERATED_BD_INFO_SIZE         /* allocate one BD above SP */
        bic         sp, sp, #7                          /* 8-byte alignment for ABI compliance */
        mov r0, r9                                      /* gd_t *gd */
        ldr         r1, TEXT_BASE                       /* ulong text */
        mov r2, sp                                      /* ulong sp */
        bl          gdt_reset
        /* call board_init_r (gd_t *id, ulong dest_addr)*/
        mov r0, r9                                      /* gd_t */
        ldr         r1, = (CONFIG_SYS_MALLOC_END)       /* dest_addr for malloc heap end */
        /* call board_init_r */
        ldr         pc, =board_init_r                   /* this is auto-relocated! */ 重要
#else                                                   /* CONFIG_RELOC_TO_TEXT_BASE */
        bl          _main
        #endif
ENTRY (c_runtime_cpu_setup)
        /* If I-cache is enabled invalidate it*/
        #ifndef CONFIG_SYS_ICACHE_OFF
        mcr         p15, 0, r0, c7, c5, 0      @ invalidate icache
        #ifndef CONFIG_MACH_S5P6818
        mcr         p15, 0, r0, c7, c10, 4     @ DSB
        mcr         p15, 0, r0, c7, c5, 4      @ ISB
        #endif
        #endif
        /* Set vector address in CP15 VBAR register */
        ldr         r0, =_stext
        mcr         p15, 0, r0, c12, c0, 0     @Set VBAR
        bx          lr
ENDPROC (c_runtime_cpu_setup)
/***********************************************************************
* void save_boot_params (u32 r0, u32 r1, u32 r2, u32 r3 )
*     __attribute__ ((weak));
* Stack pointer is not yet initialized at this moment
* Don't save anything to stack even if compiled with -O0
***********************************************************************/
ENTRY (save_boot_params)
```

```
    bx          lr                              @ back to my caller
ENDPROC（save_boot_params）
    .weak       save_boot_params
ENTRY（cpu_init_cp15）
/ * Invalidate L1 I/D */
    mov r0, #0                                  @ set up for MCR
    mcr         p15, 0, r0, c8, c7, 0           @ invalidate TLBs
    mcr         p15, 0, r0, c7, c5, 0           @ invalidate icache
    mcr         p15, 0, r0, c7, c5, 6           @ invalidate BP array
#ifndef CONFIG_MACH_S5P6818
    mcr         p15, 0, r0, c7, c10, 4          @ DSB
    mcr         p15, 0, r0, c7, c5, 4           @ ISB
#endif
    /* disable MMU stuff and caches*/
    mrc         p15, 0, r0, c1, c0, 0
    bic         r0, r0, #0x00002000             @ clear bits 13（––V–）
    bic         r0, r0, #0x00000007             @ clear bits 2：0（–CAM）
    orr         r0, r0, #0x00000002             @ set bit 1（––A–）Align
    orr         r0, r0, #0x00000800             @ set bit 11（Z–––）BTB
#ifdef CONFIG_SYS_ICACHE_OFF
    bic         r0, r0, #0x00001000             @ clear bit 12（I）I–cache
#else
    orr         r0, r0, #0x00001000             @ set bit 12（I）I–cache
#endif
    mcr         p15, 0, r0, c1, c0, 0
    mov pc, lr                                  @ back to my caller
ENDPROC（cpu_init_cp15）
#ifndef CONFIG_SKIP_LOWLEVEL_INIT
ENTRY（cpu_init_crit）
    b           lowlevel_init                   @ go setup pll，mux，memory
ENDPROC（cpu_init_crit）
#endif
```

完成第一阶段初始化工作与复制代码后进入 board.c，最终运行到 main_loop()。

```
void board_init_r（gd_t *id, ulong dest_addr）
{
    ulong malloc_start;
    #if !defined（CONFIG_SYS_NO_FLASH）
    ulong flash_size;
    #endif
    gd–>flags |= GD_FLG_RELOC;        /* tell others：relocation done */
    bootstage_mark_name（BOOTSTAGE_ID_START_UBOOT_R, "board_init_r"）;
    monitor_flash_len =（ulong）&__rel_dyn_end –（ulong）_start;
    /* Enable caches */
    enable_caches();
    debug（"monitor flash len：%08lX\n", monitor_flash_len）;
    board_init(); /* Setup chipselects */
        .............................................
        .............................................
        .............................................
    console_init_r();       /* fully init console as a device */
```

```
        power_init_board();
        sprintf ((char *) memsz, "%ldk", (gd->ram_size / 1024) – pram);
        setenv ("mem", (char *) memsz);

        /* main_loop() can return to retry autoboot, if so just run it again. */
        for ( ; ; ) {
            main_loop();                                    // 重要
        }
        /* NOTREACHED – no way out of command loop except booting */
    }
```

其中 main_loop 中会读取 bootdelay 和 bootcmd，在 bootdelay 时间内如果按下按键则进入命令行，否则执行 bootcmd 命令。main_loop 中部分代码如下：

```
void main_loop (void)
{
    const char *s;
    bootstage_mark_name (BOOTSTAGE_ID_MAIN_LOOP, "main_loop");
    #ifndef CONFIG_SYS_GENERIC_BOARD
    puts ("Warning: Your board does not use generic board. Please read\n");
    puts ("doc/README.generic-board and take action. Boards not\n");
    puts ("upgraded by the late 2014 may break or be removed.\n");
    #endif
    modem_init();
    #ifdef CONFIG_VERSION_VARIABLE
    setenv ("ver", version_string);          /* set version variable */
    #endif /* CONFIG_VERSION_VARIABLE */
    cli_init();
    run_preboot_environment_command();
    #if defined (CONFIG_UPDATE_TFTP)
    update_tftp (0UL);
    #endif /* CONFIG_UPDATE_TFTP */
    s = bootdelay_process();                            // 重要，bootdelay 时间设置
    if(cli_process_fdt (&s))
        cli_secure_boot_cmd (s);
    autoboot_command (s);                               // 重要，执行 bootcmd 命令
    cli_loop();
}
```

7.2 Linux 编译与移植

7.2.1 Linux 基本概念

1. Linux 版本及特点
Linux 内核的版本号可以从源代码的顶层目录下的 Makefile 中看到，比如下面几行，它们构成了 Linux 的版本号：3.6.39。

```
VERSION = 3
PATCHLEVEL = 6
SUBLEVEL = 39
```

其中的"VERSION"和"PATCHLEVEL"组成主版本号，比如 3.4、3.5、3.6 等。稳定的版本号用偶数表示（比如 3.4、3.6），开发中的版本号用奇数来表示（比如 3.3、3.5）。

"SUBLEVEL"称为次版本号，它不分奇偶，顺序递增。每隔 1 ～ 2 个月发布一个稳定版本。Linux 内核的最初版本在 1991 年发布，这是 Linus Torvalds 为他的 i386 开发的一个类 Minix 的操作系统。

Linux2.4 于 2001 年 1 月发布，它进一步地提升了 SMP 系统的扩展性，同时它也继承了很多用于支持桌面系统的特性：USB、PC 卡（PCMCIA）的支持，内置的即查即用等。

Linux2.6 于 2003 年 12 月发布，在 Linux2.4 的基础上做了极大地改进，从 2.6 版本后，内核支持更多的平台，从小规模的嵌入式系统到服务器级的 64 位系统；使用了新的调度器，进程的切换更高效；内核可被抢占，使得用户的操作可以得到更快速的响应；I/O子系统也经历很大修改，使得它在各种工作负荷下都更具响应性；模块子系统、文件系统都做了大量的改进。另外，以前使用 Linux 的变种 uClinux 来支持没有 MMU 的处理器，现在 2.6 版本的 Linux 中已经合入了 uClinux 的功能，也可以支持没有 MMU 的处理器。

登录 Linux 内核的官方网站 http：//www.kernel.org/，可以看到如图 7.6 所示的内容。

图 7.6　源码下载

2. 内核源码结构

Linux 内核的源码非常多，分散在超过 2 万多个文件中，因此需要了解 Linux 内核子目录结构，如表 7.3 所示：

表 7.3　Linux 内核子目录结构

目录名	描述
arch	体系结构相关的代码，对于每个架构的 CPU，arch 目录有一个对应的子目录，比如 arch/arm，arch/i286
block	块设备的通用函数
crypto	常用加密和散列算法（如 AES、SHA 等），还有一些压缩和 CRC 校验算法
drivers	所有的设备驱动程序，里面每一个子目录对应一类驱动程序，比如 drvers/block/ 为块设备驱动程序，drivers/char/ 为字符设备驱动程序，/srvers/mtd/ 为 NOR Flash、NAND FLash 等存储设备驱动程序
fs	Linux 支持的文件系统的代码，每个子目录对应一种系统，比如：fs/jffs2
include	内核头文件，有基本头文件（存放在 include/linux/ 目录下）、各种驱动或功能部件的头文件（比如 include/media/、include/mtd、include/net）、各种体系相关的头文件（比如 include/asm-arm、include/asm-i386）。当配置内核后，include/asm/ 是某个 include/asm-xxx（比如 include/asm-arm）的链接
init	内核的初始化代码（不是系统的引导代码），其中的 main.c 文件中的 start_kernel 函数是内核引导后运行的第一函数
ipc	进程间通信的代码
kernel	内核管理的核心代码，与处理器相关的代码位于 arch/*/kernel/ 目录下
lib	内核用到的一些库函数代码，比如 crc32.c、string.c，与处理器相关的库函数代码位于 arch/*/lib/ 目录下
mm	内存管理代码，与处理器相关的内存管理代码位于 arch/*/mm/ 目录下
net	网络支持代码，每个子目录对应于网络的一个方面
security	安全、密钥相关的代码
sound	音频设备的驱动程序
usr	用来制作一个压缩的 cpio 归档文件：initrd 的镜像，它可以作为内核启动后挂接（mount）的第一个文件系统（一般用不到）
documentation	内核文案
scripts	用于配置、编译内核的脚本文件

其内核源码代码的层次结构如图 7.7 所示：

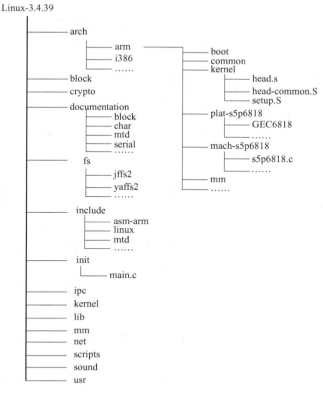

图 7.7　内核源码代码的层次结构

下载源码后解压进入源码顶层目录如下，其中首先要分析的三个重要文件为：Makefile、Kconfig、.config。.config 为隐藏文件，需输入 ls –a 查看，是编译后自动生成文件保存相关配置项，Kconfig 是生成配置菜单的重要文件。

```
cw@dell：～/6818GEC/kernel$ ls
android   Documentation      init      MAINTAINERS       samples     virt
arch      drivers            ipc       Makefile          scripts
block     firmware           Kbuild    mm                security
COPYING   fs                 Kconfig   net               sound
CREDITS   gec6818_linux_config  kernel  README          tools
crypto    include            lib       REPORTING–BUGS    usr
cw@dell：～/6818GEC/kernel$
```

7.2.2　Makefile 与 Kconfig 分析

1. Makefile 分析

根据已有知识可知 Makefile 决定了需要编译的文件、文件执行顺序、可执行文件在内存中的运行地址。这些都是通过 Makefile 来管理的。

Linux 内核源码中含有很多个 Makefile 文件，各层 Makefile 文件构成了 Linux 的 Makefile 树状体系，可以分为如表 7.4 所示的 4 类。

表 7.4　Linux 内核 Makefile 文件分类

名称	描述
顶层 Makefile	它是所有 Makefile 文件的核心，从总体上控制着内核的编译、链接
arch/$（ARCH）/Makefile	对应体系结构的 Makefile，它用来决定哪些体系结构相关的文件参与内核的生成，并提供了一些规则来生成特定格式的内核映像
Scriptes/Makefile.*	Makefile 共用的通用规则、脚本等
Kbuild Makefiles	各级子目录下的 Makefile，它们相对简单，被上一层 Makefile 调用来编译当前目录下的文件

1）打开顶层 Makefile 找到如下内容：

```
# Objects we will link into vmlinux / subdirs we need to visit
init-y              : = init/
drivers-y           : = drivers/ sound/ firmware/
net-y               : = net/
libs-y              : = lib/
core-y              : = usr/
......
ifeq（$（KBUILD_EXTMOD),）
core-y              += kernel/ mm/ fs/ ipc/ security/ crypto/ block/
```

可见顶层 Makefile 将这 13 个子目录分为 5 类：init-y、drivers-y、net-y、libs-y 和 core-y。

2）arch/$（ARCH）/Makefile，以 ARM 体系为例，在 arch/arm/Makefile 中可以看到如下内容：

```
head-y                          : = arch/arm/kernel/head$（MMUEXT）.o arch/arm/kernel/init_task.o
......
# If we have a machine-specific directory，then include it in the build.
core-y                          += arch/arm/kernel/ arch/arm/mm/ arch/arm/common/
core-y                          += arch/arm/net/
core-y                          += $（machdirs）$（platdirs）
drivers-$（CONFIG_OPROFILE)+= arch/arm/oprofile/
libs-y                          : = arch/arm/lib/ $（libs-y）
```

从 head-y 可知除前面 5 类子目录外，又出现了另一类：head-y，不过它直接以文件名出现。MMUEXT 在 arch/arm/Makefile 前面定义，对于没有 MMU 的处理器，MMUEXT 的值为 -nommu，使用文件 head-nommu.S；对于有 MMU 的处理器，MMUEXT 的值为空，使用文件 head.S。

arch/arm/Makefile 中一些 core-y 追加了内容，而 libs-y 则追加到库文件，这些都是体系结构相关的目录。编译内核将以此进入 init-y、core-y、libs-y、drivers-y 和 net-y 所列出的目录中执行它们的 Makefile，每个子目录都会生成一个 built-in.o（libs-y 所列目录下，有可能生成 lib.a 文件）。最后，head-y 所表示的文件将和文件 built-in.o、lib.a 一起链接成内核映像文件 vmlinux。

3）在配置内核时生成配置文件 .config，顶层 Makefile 使用如下语句，间接包含 .config 文件，以后就根据 .config 中定义的各个选项决定编译哪些文件。.config 的格式摘选部分内容如下：

```
CONFIG_LOCALVERSION="-gec"
CONFIG_CRYPTO=y
CONFIG_DEFAULT_MMAP_MIN_ADDR=4096
CONFIG_IP_NF_IPTABLES=y
CONFIG_CMDLINE="console=ttySAC0，115200n8
CONFIG_ARCH_S5P6818=y
```

顶层 Makefile 中，可以看到如下代码：

```
vmlinux-init                    : = $（head-y）$（init-y）
vmlinux-main                    : = $（core-y）$（libs-y）$（drivers-y）$（net-y）
vmlinux-all                     : = $（vmlinux-init）$（vmlinux-main）
vmlinux-lds                     : = arch/$（SRCARCH）/kernel/vmlinux.lds
export KBUILD_VMLINUX_OBJS      : = $（vmlinux-all）
```

vmlinux-all 表示所有构成内核映像文件 vmlinux 的文件，从 vmlinux-init 开始可知这些目标文件的顺序为：head-y、init-y、core-y、libs-y、drivers-y、net-y，即 arch/arm/head.o（假设没有 MMU，否则为 head-nommu.o）、arch/arm/kernel/init_task.o、init/built-in.o、usr/built-in.o 等。

其中 vmlinux-lds 表示链接脚本为 arch/$（SRCARCH）/kernel/vmlinux.lds。对于 ARM 体系，链接脚本就是 arch/arm/kernel/vmlinux.lds，它由 arch/arm/kernel/vmlinux.lds.S 文件生成，规则在 scripts/Makefile.build 中，如下所示：

```
$（obj）/%.lds: $（src）/%.lds.S FORCE
    $（call if_changed_dep, cpp_lds_S）
```

现将生成的 arch/arm/kernel/vmlinux.lds 摘录如下：

```
SECTIONS
{
....
/DISCARD/ : {
  *（.ARM.exidx.exit.text）
  *（.ARM.extab.exit.text）

  *（.exitcall.exit）
  *（.discard）
  *（.discard.*）
}
. = 0xC0000000 + 0x00008000;          /* 代码段起始地址，这是个虚拟地址 */
.head.text : {
  _text = .;
  *（.head.text）
}
.text : { /* 真正的代码段          */
  _stext = .; /* 代码和只读数据的开始    */
    .......
}
```

顶层 Makefile 和 arch/$（ARCH）/Makefile 决定根目录下哪些子目录、arch/$（ARCH）/目录下哪些文件和目录被编进内核。各级子目录下的 Makefile 决定所在目录下哪些文件被编进内核,哪些文件被编成模块(即驱动程序)等。最后顶层 Makefile 按照一定的顺序组织文件,根据链接脚本 arch/$(ARCH)/kernel/vmlinux.lds 生成内核映像文件 vmlinux。

2. Kconfig 分析

针对开发板做内核移植时需要先进行相关配置,例如配置对网卡驱动的支持,支持串口,支持某种声卡驱动等,内核代码中有上万个文件,Kconfig 用于配置哪些文件编译或不编译。

(1)Kconfig 作用

在内核目录下执行"make menuconfig"时,将打开如图 7.8 所示的菜单,此为内核的配置界面。通过配置界面,可以选择芯片类型、选择需要支持的文件系统、去除不需要的选项等,这就称为"配置内核"。也有其他形式的配置界面,比如"make config"命令启动字符配置界面,对于每个选项都会依次出现提示信息。

所有配置工具都是通过读取 arch/$(ARCH)/Kconfig 文件来生成配置界面的,这个文件是所有配置文件的总入口,它呈树状结构且包含其他目录的 Kconfig 文件。

图 7.8　内核配置界面(菜单形式)

内核源码的每个子目录中,都有一个 Kconfig 文件。Kconfig 用于配置内核,是各种配置界面的源文件。内核的配置工具读取各个 Kconfig 文件,生成配置界面以树状的菜单形式组织,主菜单下有若干个子菜单,子菜单下又有子菜单或配置选项。每个子菜单或选项可以有依赖关系,这些依赖关系用来确定它们是否显示,只有被依赖的父项已经被选中,子项才会显示。

Kconfig 文件的语法可以参考 Documentation/kbuild/Kconfig–language.txt 文件,下面讲述几个常用的语法,并在最后介绍菜单形式的配置界面操作方法。

(2)Kconfig 文件的基本要素

打开一个顶层 Kconfig,一般如下所示:

```
#
# Character device configuration
#
menu "Character devices"

source "drivers/tty/Kconfig"
source "drivers/char/beep/Kconfig"
```

```
source "drivers/char/humity/Kconfig"
source "drivers/char/led/Kconfig"

config DEVMEM
            bool "Memory device driver"
            default y
            help
            The memory driver provides two character devices, mem and kmem, which
            provide access to the system's memory. The mem device is a view of
            physical memory, and each byte in the device corresponds to the
            matching physical address. The kmem device is the same as mem, but
            the addresses correspond to the kernel's virtual address space rather
            than physical memory. These devices are standard parts of a Linux
            system and most users should say Y here. You might say N if very
            security conscience or memory is tight.
```

其中包含几类条目：config 条目、menu 条目、choice 条目、comment 条目、source 条目。

1）config 条目（entry）。

config 条目常被其他条目包含，用来生成菜单、进行多项选择等。config 条目用来配置一个选项，它用于生成一个变量，这个变量会连同它的值一起写入配置文件 .config 中。比如有一个 config 条目用来配置 CONFIG_LEDS_S5P6818，根据用户的选择，.config 文件中可能出现下面 3 种配置结果中的一个。

```
CONFIG_LEDS_S5P6818=y               # 对应的文件被编进内核
CONFIG_LEDS_S5P6818=m               # 对应的文件被编成模块
#CONFIG_LEDS_S5P6818                # 对应的文件没有被使用
```

下面代码选自 fs/yaffs2/Kconfig 文件，它用于配置 config YAFFS_YAFFS2 选项。

```
config YAFFS_YAFFS2
            bool "2048 byte（or larger）/ page devices"
            depends on YAFFS_FS
    default y
    help
        Enable YAFFS2 support -- yaffs for >= 2K bytes per page devices
                If unsure, say Y.
```

其中，config 是关键字，表示一个配置选择的开始；YAFFS_YAFFS2 是配置选项的名称，省略了前缀 "CONFIG_"。

bool 表示变量类型，即 CONFIG_YAFFS2 的类型。有 5 种类型：bool、tristate、string、hex 和 int，其中的 tristate 和 string 是基本类型，其他类型是它们的变种。bool 变量取值有两种：y 和 n；tristate 变量取值有 3 种：y、n 和 m；string 变量取值为字符串；hex 变量取值为十六进制的数据；int 变量取值为十进制的数据。

"bool" 之后的字符串是提示信息，在配置界面中上下移动光标选中它时，就可以通过按空格或回车键来设置 CONFIG_YAFFS2 的值。提示信息的完整格式如下，如果使用 "if<expr>"，则当 expr 为真时才显示提示信息。在实际使用时，prompt 关键字可以省略。

```
"prompt" <prompt> ["if" <expr>]
```

depends on YAFFS_FS 表示依赖关系，格式如下，只有 YAFFS_FS 配置选项被选中时，当前配置选项的提示信息才会出现，才能设置当前配置选项。注意，如果依赖条件不满足，则它取默认值。

```
"depends on"/"requires"<expr>
```

default 的默认值为 y，格式如下：

```
"default" <expr> ["if" <expr>]
```

help 之后表示帮助信息，帮助信息的关键字有如下两种，它们完全一样。当遇到一行的缩进距离比第一行帮助信息的缩进距离小时，表示帮助信息已经结束。

```
"help" or "---help---"
```

2）menu 条目。

menu 条目用于生成菜单，格式如下：

```
"menu" <prompt>
<menu options>
<menu block>
"endmenu"
```

实际使用时如以下实例。

```
menu "Character devices"

source "drivers/tty/Kconfig"
source "drivers/char/beep/Kconfig"
config FPE_NWFPE
config FPE_NWFPE_XP
    ... ...
endmenu
```

menu 后的字符串是菜单名，"menu"和"endmenu"之间可包含很多 config 条目。在配置界面上会出现如下字样的菜单，移动光标选中它后按回车键进入就会看到这些 config 条目定义的配置选项，如图 7.9 所示。

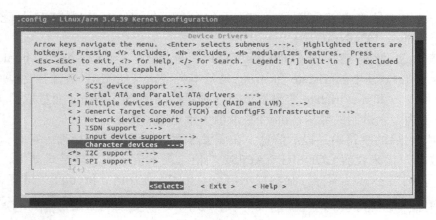

图 7.9　配置选项

3）choice 条目。

choice 条目将多个类似的配置选项组合在一起，供用户单选或多选，格式如下：

```
"choice"
<choice options>
<choice block>
"endchoice"
```

实际使用中，可在 "choice" 和 "endchoice" 之间定义多个 config 条目，如 arch/arm/Kconfig 中有如下代码：

```
choice
        prompt "ARM system type"
        default ARCH_VERSTATILE
config ARCH_INTEGRATOR
    ……
config ARCH_S5P6818
    ……
endchoice
```

prompt "ARM system type" 给出提示信息 "ARM system type"，光标选中它后按回车键进入，就可以看到多个 config 条目定义的配置选项。

对应界面在 System Type--->ARM system type（SLsiAP S5P6818），如图 7.10 所示。

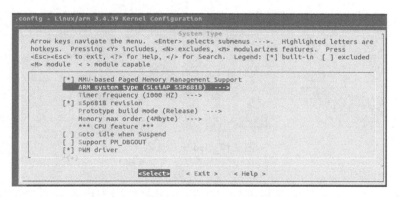

图 7.10　ARM system type（SLsiAP S5P6818）选项

进入 ARM system type（SLsiAP S5P6818）选项后如图 7.11 所示。

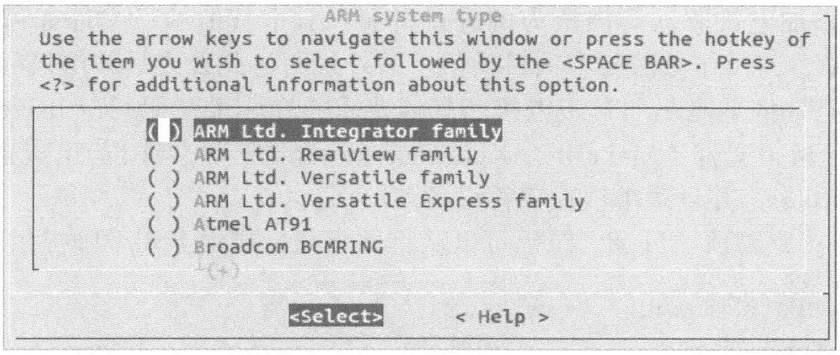

图 7.11　进入 ARM system type 主界面

choice 条目中定义的变量类型只能有两种：bool 和 tristate，不能同时有两种类型的变量。对于 bool 类型的 choice 条目，只能在多个选项中选择一个；对于 tristate 类型的 choice 条目，要么就把多个（可以是一个）选项都设为 m；要么就像 bool 类型的 choice 条目一样，只能选择一个。例如对于同一个硬件，它有多个驱动程序，可以选择将其中之一编译进内核中（配置选项设为 y），或者把它们都编译为模块（配置选项设为 m）。

4）source 条目。

source 条目用于读入另一个 Kconfig 文件，类似于 C 语言编程中的头文件功能。例如在内核源码目录 drivers/char 下要包含下一级 led 目录中的 Kconfig 文件，语法格式如下：

```
menu "Character devices"

source "drivers/tty/Kconfig"
source "drivers/char/beep/Kconfig"
source "drivers/char/humity/Kconfig"
source "drivers/char/led/Kconfig"
```

对应的界面在 Device Drivers---> Character devices---> [ ] X6818 led driver，进入选项可见 led 驱动选项，效果如图 7.12 所示。

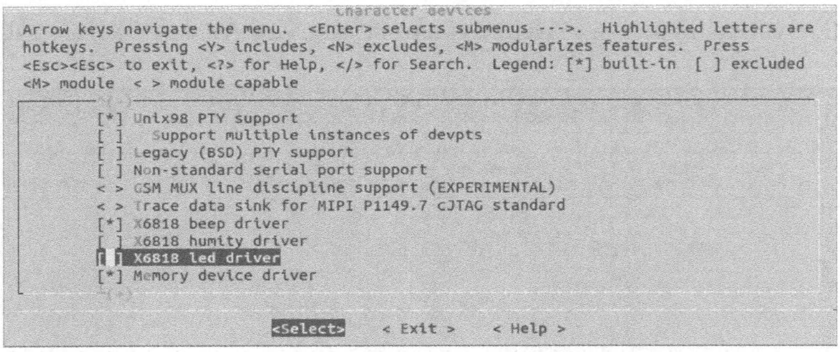

图 7.12　led 驱动选项

5）comment 条目。

comment 条目用于定义一些帮助信息，它在配置过程中出现在界面的第一行；并且这些帮助信息会出现在配置文件（作为注释）中。

3. 制作内核菜单案例

本案例以添加电机驱动到内核为例进行讲解，对于其他项目文件如需要添加到内核并做成菜单选项，其操作方法与本项目类似。另外说明，此处无具体电机驱动文件也可完成菜单制作，但是将不能驱动真实电机。具体要求：在驱动源码目录 drivers/char 下新建 motor 目录保存相关文件（Makefile、Kconfig、motor.c 驱动文件）。生成的菜单名称为：x6818_motor_driver，并且菜单项在字符设备菜单下。

1）进入内核源码顶层目录。源码可以从官网下载，或由上课教师提供。

```
cw@dell：～ /6818GEC/kernel$ ls
android   Documentation      init        MAINTAINERS      samples    virt
arch      drivers            ipc         Makefile         scripts
block     firmware           Kbuild      mm               security
```

```
COPYING     fs                  Kconfig    net              sound
CREDITS     gec6818_linux_config kernel     README          tools
crypto      include             lib        REPORTING-BUGS   usr
cw@dell：～ /6818GEC/kernel$
```

2）清除不必要的配置，还原到最初状态，输入 make　distclean。

```
cw@dell：～ /6818GEC/kernel$ make distclean
  CLEAN      .
  CLEAN      arch/arm/kernel
  CLEAN      drivers/video/logo
  CLEAN      firmware
  CLEAN      kernel/debug/kdb
  CLEAN      kernel
  CLEAN      lib
  CLEAN      usr
  CLEAN      arch/arm/boot/compressed
  CLEAN      arch/arm/boot
  CLEAN      .tmp_versions
  CLEAN      vmlinux
System.map .tmp_kallsyms2.S .tmp_kallsyms1.o .tmp_kallsyms1.S .tmp_kallsyms2.o .tmp_vmlinux1 .tmp_
vmlinux2 .tmp_System.map
  CLEAN      scripts/basic
  CLEAN      scripts/kconfig
  CLEAN      scripts/mod
  CLEAN      scripts
  CLEAN      include/config include/generated arch/arm/include/generated
  CLEAN      .config .config.old .version include/linux/version.h Module.symvers
cw@dell：～ /6818GEC/kernel$
```

查看源码目录下 arch/arm/configs 中预置的配置文件，可以选择与目标板相近的配置文件。

```
cw@dell：～ /6818GEC/kernel$ ls arch/arm/configs/
GEC6818_defconfig   x6818_defconfigbk
```

例如：选用 GEC6818_defconfig 预配置。使用命令 make GEC6818_defconfig 生成 .config 文件。

```
cw@dell：～ /6818GEC/kernel$ make GEC6818_defconfig
#
# configuration written to .config
#
cw@dell：～ /6818GEC/kernel$
```

3）进入路径 cd drivers/char/ 并新建保存文件的目录，此处新建目录为 motor。

```
cw@dell：～ /6818GEC/kernel$ cd drivers/char/
cw@dell：～ /6818GEC/kernel/drivers/char$ mkdir motor
```

4）进入 motor 新建 Makefile、Kconfig、motor.c。

```
cw@dell：～ /6818GEC/kernel/drivers/char$ cd motor/
```

```
cw@dell: ~ /6818GEC/kernel/drivers/char/motor$ touch Makefile Kconfig motor.c
cw@dell: ~ /6818GEC/kernel/drivers/char/motor$ ls
Kconfig   Makefile   motor.c
```

Kconfig 中内容与格式如下：

```
config X6818_MOTOR_DRIVER
        bool "x6818 motor driver"
        default y
        help
        compile for motor driver，y for kernel，m for module.
```

Makefile 中内容与格式如下：

```
obj–$（CONFIG_X6818_MOTOR_DRIVER）+=motor.o
```

5）在 motor 上一级目录 Makefile 与 Kconfig 中包含 motor 中的 Makefile 与 Kconfig，上一级目录 Kconfig 格式如下：

```
menu "Character devices"
source "drivers/tty/Kconfig"
source "drivers/char/beep/Kconfig"
source "drivers/char/humity/Kconfig"
source "drivers/char/led/Kconfig"
source "drivers/char/motor/Kconfig"
```

上一级目录 Makefile 格式如下：

```
obj–y           += mem.o random.o
obj–y           += beep/
obj–y           += motor/
obj–y           += humity/
```

6）输入 make menuconfig，进入图形配置界面（注：终端字体不能太大）。

进入界面选项 Device Drivers---> Character devices，可见 x6818 motor driver（NEW）选项，效果如图 7.13 所示。

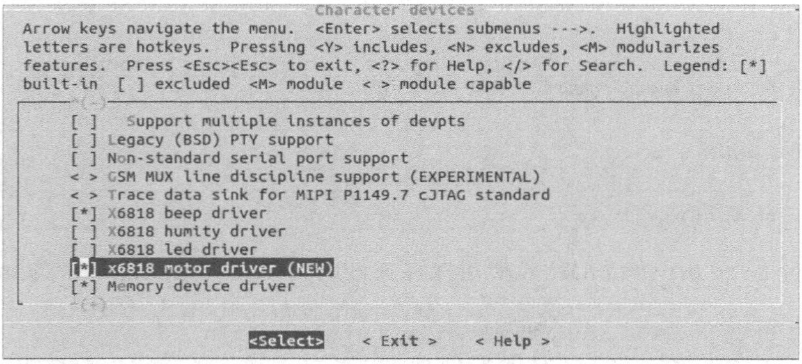

图 7.13　x6818 motor driver（NEW）选项

至此，菜单项配置结束，下一节讲解编译源码与下载测试。

7.2.3　内核编译与下载

通过 7.2.2 节，完成了简单菜单制作，接下来需要将内核编译后烧写到对应的实验箱或开发板中进行测试。本节编译与下载以粤嵌 GEC6818 实验箱为例。

1. 内核编译

根据上一节操作，我们已经完成 make　GEC6818_defconfig，生成了与 GEC6818 实验箱匹配的 .config 文件（注：此处不用再次输入）。现在需要完成以下几件事：①修改 Makefile 文件中的 ARCH 与 CROSS_COMPILE 变量的值（也可以输入命令时赋值）；②查看与修改平台的支持文件；③编译；④烧写。

1）修改顶层 Makefie。

```
ARCH              ?= arm
CROSS_COMPILE     ?= /home/cw/6818GEC/prebuilts/gcc/linux-x86/arm/arm-eabi-4.8/bin/arm-eabi-
#CROSS_COMPILE    ?= $(CONFIG_CROSS_COMPILE:"%"=%)
```

CROSS_COMPILE 变量赋值的路径为编译内核编译器所在路径。请区分编译内核与编译应用程序所使用的编译器不是同一个编译器。

2）查看与修改平台的支持文件。

根据自己设备体系结构选择相应的选项。粤嵌 GEC6818 实验平台选择信息为：make menuconfig --->　System Type　--->ARM system type（SLsiAP S5P6818） --->（X）SLsiAP S5P6818，界面如图 7.14 所示。

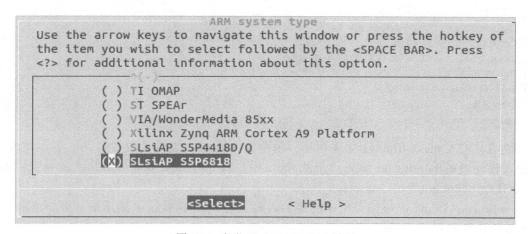

图 7.14　（X）SLsiAP S5P6818 界面

3）输入命令 make 编译。

为了排错方便，此处分步介绍生成 zImage、uImage 文件。输入 make 生成 zImage 文件。

```
cw@dell：～/6818GEC/kernel$ make GEC6818_defconfig
#
# configuration written to .config
#
cw@dell：～/6818GEC/kernel$ make
……
  AS              arch/arm/boot/compressed/ashldi3.o
```

```
LD              arch/arm/boot/compressed/vmlinux
OBJCOPY arch/arm/boot/zImage
Kernel：arch/arm/boot/zImage is ready
Building modules，stage 2.
MODPOST 3 modules
CC              drivers/bluetooth/rtk_btusb.mod.o
LD [M]drivers/bluetooth/rtk_btusb.ko
CC              drivers/media/video/ov5645.mod.o
LD [M]drivers/media/video/ov5645.ko
CC              drivers/scsi/scsi_wait_scan.mod.o
LD [M]drivers/scsi/scsi_wait_scan.ko
```

从结果可以看到 zImage 编译成功。

输入命令：make uImage 生成 U-Boot 引导启动的 uImage 文件。

```
cw@dell：～/6818GEC/kernel$ make uImage
    CHK             include/linux/version.h
    CHK             include/generated/utsrelease.h
make[1]："include/generated/mach-types.h" 已是最新。
    CALL            scripts/checksyscalls.sh
    CHK             include/generated/compile.h
    CHK             kernel/config_data.h
    Kernel：arch/arm/boot/Image is ready
    Kernel：arch/arm/boot/zImage is ready
    UIMAGE          arch/arm/boot/uImage
Image Name：      Linux-3.4.39-gec
Created：          Wed Jun   7 15：38：56 2023
Image Type：       ARM Linux Kernel Image（uncompressed）
Data Size：        5539400 Bytes = 5409.57 kB = 5.28 MB
Load Address：     40008000
Entry Point：      40008000
Image arch/arm/boot/uImage is ready
```

说明：输入 make uImage 如果报错，请检查 mkimage 文件是否放到 /bin 下。如没有，请进入编译过的 bootloader 源码目录的 tools 中，将 mkimage 复制到 /bin。命令为：sudo cp ../GEC6818uboot/tools/mkimage /bin。

vmlinux：Linux 内核编译出来的原始内核文件，elf 格式，未做压缩处理。该映像可用于定位内核问题，但不能直接引导 Linux 系统启动。

Image：Linux 内核编译时，使用 objcopy 处理 vmlinux 后生成的二进制内核映像。该映像未压缩，可直接引导 Linux 系统启动。

zImage：使用 gzip 压缩 Image 后，使用 objcopy 命令生成的 Linux 内核映像。该映像一般作为 U-Boot 的引导映像文件。

uImage：在 zImage 前面增加一个 64 字节的头，描述映像文件类型、加载位置、大小等信息。该映像是老版本 U-Boot 专用的引导映像。

4）制作 IMG 文件。

上一步中已完成 U-Boot 启动的 uImage 文件，针对 EMMC 接口并且使用 EXT4 文件系统，常需要将 uImage 转为后缀为 IMG 的文件。制作 IMG 文件的方式较多，此处以下列方式为例。

① 进入 arch/arm/boot 并新建 boot 目录（其他目录皆可）。

② 复制 uImage 进入新建的 boot 中。

③ 进入 boot 中。

④ 输入命令：make_ext4fs –s –l 67108864　boot.img　./。

```
cw@dell：~ /6818GEC/kernel$ cd arch/arm/boot
cw@dell：~ /6818GEC/kernel/arch/arm/boot$ mkdir boot
cw@dell：~ /6818GEC/kernel/arch/arm/boot$ cp zImage boot
cw@dell：~ /6818GEC/kernel/arch/arm/boot$ cd boot
cw@dell：~ /6818GEC/kernel/arch/arm/boot/boot$ ls
zImage
cw@dell：~ /6818GEC/kernel/arch/arm/boot/boot$ sudo apt install android-tools-fsutils
[sudo] cw 的密码：
正在读取软件包列表 ... 完成
正在分析软件包的依赖关系树
正在读取状态信息 ... 完成
... ...
正在处理用于 desktop-file-utils（0.23-1ubuntu3.18.04.2）的触发器 ...
正在处理用于 man-db（2.8.3-2ubuntu0.1）的触发器 ...
正在处理用于 gnome-menus（3.13.3-11ubuntu1.1）的触发器 ...
正在处理用于 mime-support（3.60ubuntu1）的触发器 ...
cw@dell：~ /6818GEC/kernel/arch/arm/boot/boot$ make_ext4fs –s –l 67108864　boot.img　./
Creating filesystem with parameters：
    Size: 67108864
    Block size: 4096
    Blocks per group: 32768
    Inodes per group: 4096
    Inode size: 256
    Journal blocks: 1024
    Label:
    Blocks: 16384
    Block groups: 1
    Reserved block group size: 7
Created filesystem with 13/4096 inodes and 2647/16384 blocks
cw@dell：~ /6818GEC/kernel/arch/arm/boot/boot$ ls
boot.img    zImage
```

注：若报错，则请安装 sudo apt-get install android-tools-fsutils。至此，内核镜像制作完毕。

2. 烧写（下载）

硬件连线：OTG 线、串口线、电源线，其中 OTG 线用于下载，串口线用于与超级终端连接。

1）Windows 下，下载并安装 secureCRT 工具（超级终端），打开工具，单击左上角"快速连接"按钮，如图 7.15 所示。

在 secureCRT 工具界面，设置"快速连接"的配置。选择协议为" Serial"，端口为" COM1"（请根据实际情况选择），波特率为"115200"，取消勾选流控" RTS/CTS"，如图 7.16 所示。

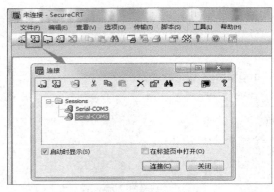

图 7.15　快速连接

图 7.16　串口配置

单击"连接"后，打开实验箱电源，secureCRT 终端输出实验箱启动信息，进入 U-Boot，输入 fastboot 命令。

2）下载。

Windows 下，使用 fastboot 工具下载。打开 fastboot 软件包，将编译好的 boot.img 复制到该文件夹下，如图 7.17 所示。

图 7.17　复制编译好的 boot.img

选中 auto.bat---> 鼠标右键 ---> 编辑，修改为如图 7.18 所示的格式。

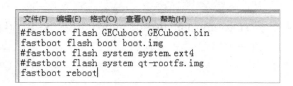

图 7.18　auto.bat 修改格式

双击 auto.bat 下载。

7.2.4　Linux 内核配置选项

Linux 内核配置选项多达上千个，逐一选择既费时且对开发人员的要求也比较高。因此一般是在某个默认配置文件的基础上进行修改，如可以先加载配置文件 arch/arm/

configs/GEC6818_defconfig，再增加、去除某些配置选项。以下从 3 部分介绍内核配置选项，先从整体介绍主菜单的类别，然后介绍与移植系统关系比较密切的 "System Type" "Device Drivers" 菜单。

1. 配置界面主菜单的类别

如表 7.5 所示，讲解了主菜单的类别，以后读者配置内核时，可以根据自己所要设置的功能进入某个菜单，然后根据其中各个配置选项的帮助信息进行配置。

表 7.5　配置界面主菜单的类别 / 功能

配置界面主菜单	描述
Genneral Setup	常规设置，比如增加附加的内核版本号、支持内存页交换（swap）功能、System V 进程间通信等。除非很熟悉其中的内容，否则一般使用默认配置
Enable loadable module support	可加载模块支持
Enable the block layer	块设备层：用于设置块设备的一些总体参数，比如是否支持大于 2TB 的块设备、是否支持大于 2TB 的文件、设置 I/O 调度器等。一般使用默认值即可
System Type	系统类型：选择 CPU 的架构、开发板类型等与开发板相关的配置选项
FIQ Mode Serial debugger	FIQ 模式串行调试器
Bus support	PCMCIA/CardBus 总线的支持，对于本书的开发板不用设置
Kernel Features	用于设置内核的一些参数，比如是否支持内核抢占（这对实时性有帮助）、是否支持动态修改系统时钟（timer tick）等
Boot options	启动参数，比如设置默认的命令行参数等，一般不用理会
CPU Power Management	CPU 的电源管理
Floating point emulation	浮点运算仿真功能
Userspace binary formats	可执行文件格式：一般都选择支持 ELF、a.out 格式
Power management options	电源管理选项
Networking suppport	支持网络功能
Devices Drivers	设备驱动程序：几乎包含了 Linux 的所有驱动程序
File systems	文件系统，可以在里面选择要支持的文件系统，比如：ext4
Kernel hacking	调试内核时的各种选项
Security options	安全选项：一般使用默认配置
Cryptographic API	加密选项
Library routines	库子程序，比如 CRC32 校验函数、zlib 压缩函数等。不包含在内核源码中的第三方内核模块可能需要这些库，可以全不选，内核中若有其他部分依赖它，会自动选上

2. "System Type" 菜单：系统类型

对于 arm 平台（在顶层 Makefile 中修改 "ARCH？ = arm"），执行 "make menuconfig" 后在配置界面选择 "System Type --->" 选项，进入界面选择 "ARM system type（SLsiAP S5P6818）--->"，进入界面选择 "（X）SLsiAP S5P6818"。ARM system type 用来选择体系结构，选中 "（X）SLsiAP S5P6818"，查看帮助信息可以知道它对应 CONFIG_ARCH_S5P6818 配置选项，如图 7.19 所示。

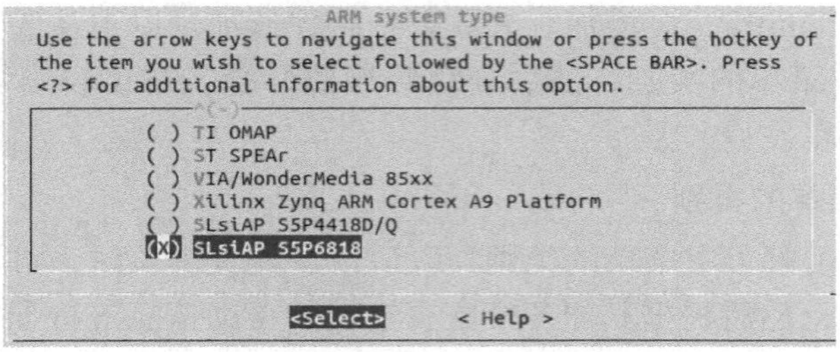

图 7.19　CONFIG_ARCH_S5P6818 配置选项

3. "Device Drivers" 菜单：设备驱动程序

执行"make menuconfig"后在配置界面选择"Device Drivers --->"选项，进入的界面如图 7.20 所示：

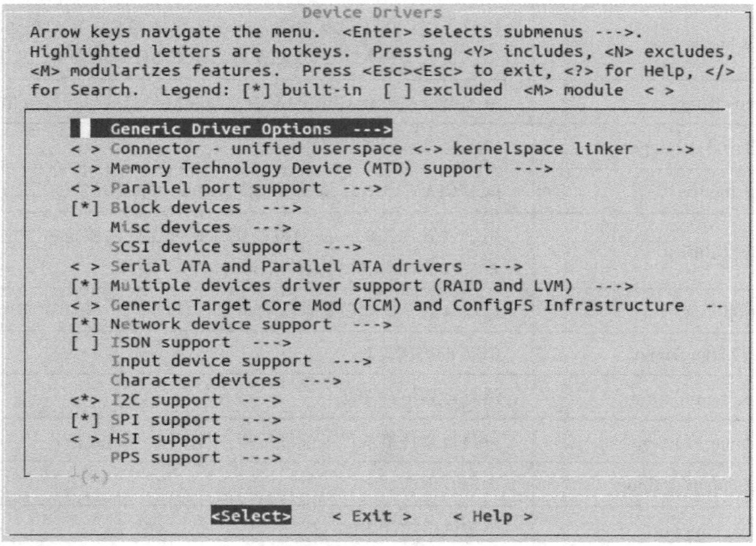

图 7.20　Device Drivers 配置

上图中各个子菜单与内核源码 /drivers/ 目录下各个子目录一一对应，如表 7.6 所示。在配置过程中可以参考这个表格找到对应的配置选项；在添加新驱动时，可以参考它决定代码放在哪个目录。

表 7.6　设备驱动程序配置子菜单分类 / 功能

"Device Drivers" 子菜单	描述
Generic Driver Options	对应 drivers/base 目录，这是设备驱动程序中一些基本和通用的配置选项
Connector – unified userspace <–> kernelspace linker	对应 drivers/connector 目录，一般不用理会
Memory Technology Device（MTD）support	对应 drivers/mtd 目录，它用于支持各种新型的存储设备，比如 NOR Flash、DDR3 Sdram
Parallel port support	对应 drivers/parport 目录，它用于支持各种并口设备，在一般嵌入式开发板中用不到
Block devices	对应 drivers/block 目录，包括回环设备、RAMDISK 等的驱动

（续）

"Device Drivers" 子菜单	描述
Misc devices	对应 drivers/misc 目录，用来支持一些不好分类的设备，称为杂项设备
SCSI device support	对应 drivers/scsi 目录，支持各种 SCSI 接口的设备
Serial ATA and Parallel ATA drivers	对应 drivers/ata 目录，支持 SATA 与 PATA 设备
Multiple devices driver support（RAID and LVM）	对应 drivers/md 目录，表示多设备支持（RAID 和 LVM）、RAID 和 LVM 的功能是使多个物理设备组建成一个单独的逻辑磁盘
Generic Target Core Mod（TCM）and ConfigFS Infrastructure	对应 drivers/target 目录，通用的核心目标和基础配置
Network device support	对应 drivers/net 目录，用来支持各种网络设备
ISDN support	对应 drivers/isdn 目录，用来提供综合业务数字网（Interated Service Digital Network）的驱动程序
Input device support	对应 drivers/input 目录，支持各类输入设备，比如键盘、鼠标等
Character devices	对应 drivers/char 目录，它包含各种字符设备的驱动程序。串口的配置选项也是从这个菜单调用的，但是串口的代码在 drivers/serial 目录下
I2C support	对应 drivers/i2c 目录，支持各类 I2C 设备
SPI support	对应 drivers/spi 目录，支持各类 SPI 设备
HSI support	对应 drivers/hsi 目录，支持各种 HSI 设备
PPS support	对应 drivers/pps 目录，支持各种 PPS 设备
PTP clock support	对应 drivers/ptp 目录，支持 PTP 时钟的设备
GPIO Suppor	对应 drivers/gpio 目录，GPIO 支持
Dallas's 1-wire support	对应 drivers/w1 目录，支持 1 线总线
Power supply class support	对应 drivers/power 目录，电源支持模块
Hardware Monitoring support	对应 drivers/hwmon 目录。当前主板大多都有一个监控硬件健康的设备用于监视温度/电压/风扇转速等，这些功能需要 I2C 的支持。在嵌入式开发板中一般用不到
Generic Thermal sysfs driver	对应 drivers/thermal，表示标准的 thermal 管理
Watchdog Timer Support	对应 drivers/watchdog，表示看门狗定时器驱动
Multifunction device drivers	对应 drivers/mfd 目录，用来支持多功能的设备
Multimedia support	对应 drivers/media 目录，包含多媒体驱动，比如 V4L（video for Linux），它用于向上提供统一的图像、声音接口
Graphics support	对应 drivers/video 目录，提供图形设备/显卡的支持
Sound card support	对应 sound 目录（它不在 drivers/ 目录下），用来支持各种声卡
HID Devices	对应 drivers/hid 目录，用来支持各种 USB-HID 设备，或者符合 USB-HID 规范的设备（比如蓝牙设备）。HID 表示 human interface device，比如各种 USB 接口的鼠标/键盘/游戏杆/手写板等输入设备
USB support	对应 drivers/usb 目录，包括各种 USB Host 和 USB Device 设备
MMC/SD/SDIO card support	对应 drivers/mmc 目录，用来支持各种 mmc/sd 卡

特别地，Character devices 对应 drivers/char 目录，它包含各种字符设备的驱动程序。例如制作内核菜单案例中的电机驱动选项即添加到本条目下。

7.2.5 Linux 内核启动过程描述

Linux 的启动过程可以分为两部分：架构 / 开发板相关的引导过程、后续通用启动过程。如图 7.21 所示，是 ARM 架构处理器上 Linux 内核 vmlinux 的启动过程。而其他格式的内核在进行与 vmlinux 相同流程之前会有一些独特的操作。如压缩式的内核 zImage，它首先进行自解压得到 vmlinux，然后执行 vmlinux 开始"正常的"启动流程。

第一阶段，引导阶段通常使用汇编语言编写，它首先检查内核是否支持当前架构的处理器，然后检查是否支持当前开发板。通过检查后，就为调用下一阶段的 start_kernel 函数做准备。这主要分如下两个步骤。

1）连接内核时使用的虚拟地址，所以要设置页表，使能 MMU。

2）调用 C 函数 start_kernel 之前的常规工作，包括复制数据段、清除 BBS 段，再调用 start_kernel 函数。

第二阶段的关键代码主要使用 C 语言编写。它进行内核初始化的全部工作。最后调用 rest_init 函数启动 init 过程，创建系统第一个进程——init 进程。

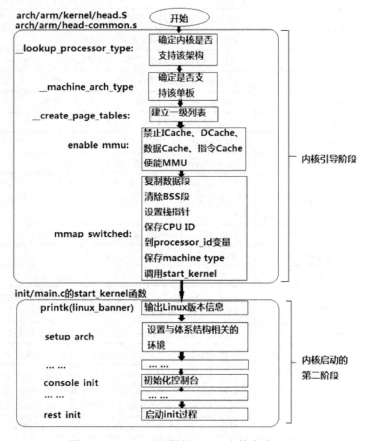

图 7.21　ARM 处理器的 Linux 内核启动过程

1. 引导阶段代码 head.S 分析

有前面对内核 Makefile 的分析，可知 arch/arm/kernel/head.S 是内核执行的第一个文件。另外，U-Boot 调用内核时，r1 寄存器中存储"机器类型 ID"，内核会用到它。

移植 Linux 内核时，对于 arch/arm/kernel/head.S，只需要关注开头几条指令，其代码
如下所示：

```
.arm
    __HEAD
ENTRY（stext）
THUMB (        adr     r9, BSYM（1f)）          @ Kernel is always entered in ARM.
THUMB (        bx      r9          )            @ If this is a Thumb-2 kernel,
THUMB (        .thumb              )            @ switch to Thumb now.
THUMB ( 1：                        )
    setmode    PSR_F_BIT | PSR_I_BIT | SVC_MODE, r9    @ ensure svc mode
                                                        @ and irqs disabled
    mrc        p15, 0, r9, c0, c0              @ get processor id
    bl         __lookup_processor_type        @ r5=procinfo r9=cpuid
    movsr10, r5                                @ invalid processor（r5=0）？
THUMB ( it     eq )                            @ force fixup-able long branch encoding
    beq        __error_p                       @ yes, error 'p'
#ifdef CONFIG_ARM_LPAE
    mrc        p15, 0, r3, c0, c1, 4  @ read ID_MMFR0
    and        r3, r3, #0xf                    @ extract VMSA support
    cmp        r3, #5                          @ long-descriptor translation table format？
THUMB ( it     lo )                            @ force fixup-able long branch encoding
    blo        __error_p                       @ only classic page table format
#endif
#ifndef CONFIG_XIP_KERNEL
    adr        r3, 2f
    ldmia      r3, {r4, r8}
    sub        r4, r3, r4                      @（PHYS_OFFSET – PAGE_OFFSET）
    add        r8, r8, r4                      @ PHYS_OFFSET
#else
    ldr        r8, =PHYS_OFFSET                @ always constant in this case
#endif
    /*
     * r1 = machine no, r2 = atags or dtb,
     * r8 = phys_offset, r9 = cpuid, r10 = procinfo
     */
    bl         __vet_atags
#ifdef CONFIG_SMP_ON_UP
    bl         __fixup_smp
#endif
#ifdef CONFIG_ARM_PATCH_PHYS_VIRT
    bl         __fixup_pv_table
#endif
    bl         __create_page_tables
    /*
     * The following calls CPU specific code in a position independent
     * manner.  See arch/arm/mm/proc-*.S for details.  r10 = base of
     * xxx_proc_info structure selected by __lookup_processor_type
     * above.  On return, the CPU will be ready for the MMU to be
     * turned on, and r0 will hold the CPU control register value.
     */
    ldr        r13, =__mmap_switched           @ address to jump to after
```

```
                                              @ mmu has been enabled
        adr        lr, BSYM（1f）              @ return（PIC）address
        mov r8, r4                             @ set TTBR1 to swapper_pg_dir
ARM （   add       pc, r10, #PROCINFO_INITFUNC          )
THUMB （          add   r12, r10, #PROCINFO_INITFUNC    )
THUMB （          mov   pc, r12                          )
1:  b           __enable_mmu
ENDPROC（stext）
```

setmode PSR_F_BIT | PSR_I_BIT | SVC_MODE，r9 @ ensure svc mode 可以确保进入管理（SVC）模式，并且禁止中断。

mrc   p15, 0, r9, c0, c0 通过读取协处理器 CP15 的寄存器 C0 获得 CPU ID。

bl   __lookup_processor_type 函数（这个函数将在下面讲述），确定内核是否支持当前机器（即开发板）。如果支持，r5 寄存器返回一个用来描述这个开发板的结构体的地址，否则 r5 的值为 0。

__lookup_processor_type 函数就是根据前面读出的 CPU ID（存在 r9 寄存器中），从 __proc_info_list 结构中找出匹配的，它的代码如下（在 arch/arm/kernel/head-common.S 中）：

```
#define ATAG_CORE 0x54410001
#define ATAG_CORE_SIZE（（2*4 + 3*4）>> 2）
#define ATAG_CORE_SIZE_EMPTY（（2*4）>> 2）
#ifdef CONFIG_CPU_BIG_ENDIAN
#define OF_DT_MAGIC 0xd00dfeed
........................
/*
 * The following fragment of code is executed with the MMU on in MMU mode,
 * and uses absolute addresses; this is not position independent.
 *
 *   r0   = cp#15 control register
 *   r1   = machine ID
 *   r2   = atags/dtb pointer
 *   r9   = processor ID
 */
        __INIT
__mmap_switched:
        adr   r3, __mmap_switched_data
        ldmia       r3!, {r4, r5, r6, r7}
        cmp  r4, r5                          @ Copy data segment if needed
1:  cmpne      r5, r6
        ldrne fp, [r4], #4
        strne fp, [r5], #4
        bne         1b
sockaddr_in
        mov fp, #0                           @ Clear BSS（and zero fp）
1:  cmp        r6, r7
        strcc fp, [r6], #4
        bcc         1b
ARM （   ldmia     r3, {r4, r5, r6, r7, sp}）
```

```
THUMB (          ldmia     r3, {r4, r5, r6, r7}        )
THUMB (          ldr       sp, [r3, #16]               )
        str    r9, [r4]                         @ Save processor ID
        str    r1, [r5]                         @ Save machine type
        str    r2, [r6]                         @ Save atags pointer
        bic    r4, r0, #CR_A                    @ Clear 'A' bit
        stmia         r7, {r0, r4}              @ Save control register values
        b      start_kernel
ENDPROC (__mmap_switched)
        .align        2
        .type __mmap_switched_data, %object
__mmap_switched_data:
        .long __data_loc                        @ r4
        .long _sdata                            @ r5
        .long __bss_start                       @ r6
        .long _end                              @ r7
        .long processor_id                      @ r4
        .long __machine_arch_type               @ r5
        .long __atags_pointer                   @ r6
        .long cr_alignment                      @ r7
        .long init_thread_union + THREAD_START_SP @ sp
        .size __mmap_switched_data, . - __mmap_switched_data
ENTRY (lookup_processor_type)
        stmfd         sp!, {r4 - r6, r9, lr}
        mov r9, r0
        bl            __lookup_processor_type
        mov r0, r5
        ldmfd         sp!, {r4 - r6, r9, pc}
ENDPROC (lookup_processor_type)
        __CPUINIT
__lookup_processor_type:
        adr           r3, __lookup_processor_type_data
        ldmia         r3, {r4 - r6}
        sub           r3, r3, r4                @ get offset between virt&phys
        add           r5, r5, r3                @ convert virt addresses to
        add           r6, r6, r3                @ physical address space
1:  ldmia         r5, {r3, r4}                  @ value, mask
        and           r4, r4, r9                @ mask wanted bits
        teq           r3, r4
        beq           2f
        add           r5, r5, #PROC_INFO_SZ     @ sizeof (proc_info_list)
        cmp           r5, r6
        blo           1b
        mov r5, #0                              @ unknown processor
2:  mov           pc, lr
ENDPROC (__lookup_processor_type)
/* Look in <asm/procinfo.h> for information about the __proc_info structure. */
        .align        2
        .type __lookup_processor_type_data, %object
__lookup_processor_type_data:
        .long .
        .long __proc_info_begin
```

```
        .long __proc_info_end
        .size __lookup_processor_type_data, . - __lookup_processor_type_data
__error_p:
#ifdef CONFIG_DEBUG_LL
        adr         r0, str_p1
        bl          printascii
        mov r0, r9
        bl          printhex8
        adr         r0, str_p2
        bl          printascii
        b           __error
str_p1:         .asciz          "\nError: unrecognized/unsupported processor variant ( 0x"
str_p2:         .asciz          ") .\n"
        .align
..........................
```

在调用 __enable_mmu 函数之前使用的都是物理地址，而内核却是以虚拟地址链接的。所以在访问 proc_info_list 结构前，先将它的虚拟地址转换为物理地址。

sub r3，r3，r4 获得物理地址和虚拟地址的差值。

下面的代码一次读取每个 proc_info_list 结构里面的两个成员（cpu_val 和 cpu_mask），判断 cpu_val 是否等于（r9&cpu_mask），r9 是 arch/arm/kernel/head.S 中调用 __lookup_processor_type 时传入的 CPU ID。如果比较结果相等，则表示当前 proc_info_list 结构适用于这个 CPU，直接返回这个结构的地址（存在 r5 中）。如果 __proc_info_begin、__proc_info_end 之间的所有 proc_info_list 结构都不支持这个 CPU，则返回 0（r5 等于 0）。最终程序进入 start_kernel。

2. start_kernel 函数部分代码分析

进入 start_kernel（在 init/main.c）之后，其代码部分语句如下：

```
asmlinkage void __init start_kernel (void)
{
..........................
    boot_cpu_init();
    page_address_init();
    printk (KERN_NOTICE "%s", linux_banner);
    setup_arch (&command_line);
    init_IRQ();
..........................
    console_init();
..........................
    page_cgroup_init();
    thread_info_cache_init();
..............
    proc_root_init();
..............
    rest_init();
}
```

移植 U-Boot 时，U-Boot 传给内核的参数有两类：预先存在某个地址的 tag 列表和调用内核时在 r1 寄存器中指定的机器类型 ID。后者在引导阶段的 __lookup_machine_ type 函数已经用到，而 tag 列表实际是由一个 tag_head 结构和一个联合体（union）组成，可设置内存 tag、命令行 tag，用以 U_Boot 和内核沟通。

（1）setup_arch 函数分析

setup_arch 函数，它在 arch/arm/kernel/setup.c 中定义，其部分代码如下：

```
oid __init setup_arch (char **cmdline_p)
{
    struct machine_desc *mdesc;
    setup_processor();                              // 进行处理器相关的一些设置
    mdesc = setup_machine_fdt (__atags_pointer);    // 获得开发板的 machine_desc 结构
    if (!mdesc)
        mdesc = setup_machine_tags (machine_arch_type);
    machine_desc = mdesc;
    machine_name = mdesc->name;
... ...
    /* populate cmd_line too for later use, preserving boot_command_line */
    strlcpy (cmd_line, boot_command_line, COMMAND_LINE_SIZE);
    *cmdline_p = cmd_line;
    parse_early_param();
    sort (&meminfo.bank, meminfo.nr_banks, sizeof (meminfo.bank[0]), meminfo_cmp, NULL);
    sanity_check_meminfo();
    arm_memblock_init (&meminfo, mdesc);
    paging_init (mdesc);
    request_standard_resources (mdesc);
... ...
}
```

首先，setup_processor 函数被用来进行处理器相关的一些设置，它调用引导阶段的 lookup_processor_type 函数（它的主体是前面分析过的 __lookup_processor_type 函数）以获得该处理器的 proc_info 结构。接下来 setup_machine 函数被用来获得开发板 machine_desc 结构，这通过调用 setup_machine_fdt 找到 mdesc。

文件 arch/arm/kernel/setup.c 对每种 tag 都定义了相应的处理函数，比如对于内存 tag、命令行 tag，使用如下两行代码指定它们的处理函数为 parse_tag_mem32、parse_tag_cmdline。

```
__tagtable (ATAG_MEM, parse_tag_mem32);
__tagtable (ATAG_CMDLINE, parse_tag_cmdline);
```

parse_tag_mem32 函数根据内存 tag 定义的内存起始地址、长度，在全局结构变量 meminfo 中增加内存的描述信息。以后内核就可以通过 meminfo 结构了解开发板的内存信息。

parse_tag_cmdline 只是简单地将命令行 tag 的内容复制到字符串 default_command_line 中保存下来，后面进一步处理。

（2）paging_init 函数分析

这个函数在 setup_arch 函数中的调用形式如下：

```
arm_memblock_init (&meminfo, mdesc);
paging_init (mdesc);
```

meminfo 中存放内存的信息，前面解释内存 tag 时确定构建了这个全局结构。

mdesc 就是前面 lookup_machine_machine_type 函数返回的 machine_desc 结构。对于 S5P6818 开发板，这个结构在 arch/arm/mach-s5p6818/cpu.c 中定义，如下所示：

```
#include <mach/iomap.h>
extern struct sys_timer nxp_cpu_sys_timer;
MACHINE_START (S5P6818, CFG_SYS_CPU_NAME)
    .atag_offset        =   0x00000100,
    .fixup              =   cpu_fixup,
    .map_io             =   cpu_map_io,
    .init_irq           =   nxp_cpu_irq_init,
    .handle_irq         =   gic_handle_irq,
    .timer              =   &nxp_cpu_sys_timer,
    .init_machine       =   cpu_init_machine,
#if defined CONFIG_CMA && defined CONFIG_ION
    .reserve            =   cpu_mem_reserve,
#endif
MACHINE_END
```

上面几行代码是移植 Linux 必须关注的数据结构。paging_init 函数在 arch/arm/mm/mmu.c 中定义，根据我们的移植目的（让内核可以在 S5P6818 上运行），只需要关注如下的流程：

```
paging_init -> devicemaps_init -> map_init()
```

对于 S5P6818 开发板，就是调用 cpu_map_io 函数，它也是在 arch/arm/mach-s5p6818/cpu.c 中定义，程序如下所示：

```
static void __init cpu_map_io (void)
{
    int cores = LIVE_NR_CPUS;
    /*
     * check memory map
     */
    unsigned long io_end = cpu_iomap_desc[ARRAY_SIZE (cpu_iomap_desc) -1].virtual +
                            cpu_iomap_desc[ARRAY_SIZE (cpu_iomap_desc) -1].length;
#if defined (CFG_MEM_PHY_DMAZONE_SIZE)
    unsigned long dma_start = CONSISTENT_END - CFG_MEM_PHY_DMAZONE_SIZE;
#else
    unsigned long dma_start = CONSISTENT_END - SZ_2M;    // refer to dma-mapping.c
#endif
    if (io_end > dma_start)
        printk (KERN_ERR "\n****** BUG: Overlapped io mmap 0x%lx with dma start 0x%lx ******\n",
            io_end, dma_start);
    /* debug */
    _IOMAP();
    /* make iotable */
    iotable_init (cpu_iomap_desc, ARRAY_SIZE (cpu_iomap_desc));
#if defined (CFG_MEM_PHY_DMAZONE_SIZE)
    printk (KERN_INFO "CPU : DMA Zone Size =%2dM, CORE %d\n", CFG_MEM_PHY_DMAZONE_
    SIZE>>20, cores);
```

```
        init_consistent_dma_size（CFG_MEM_PHY_DMAZONE_SIZE）;
#else
        printk（KERN_INFO "CPU：DMA Zone Size =%2dM，CORE %d\n", SZ_2M>>20, cores）;
#endif
        nxp_cpu_arch_init();
        nxp_board_base_init();
        nxp_cpu_clock_init();
        nxp_cpu_clock_print();
}
```

主要实现了三个功能，一是校验内存地址：check memory map；二是调试打印信息 _
IOMAP()；三是建立 io 列表 make iotable。

（3）console_init 函数分析

通过 arch/arm/configs/GEC6818_defconfig 中的定义：

```
CONFIG_CMDLINE="console=ttySAC0，115200n8 androidboot.hardware=GEC6818 androidboot.
console=ttySAC0 androidboot.serialno=0123456789abcdef initrd=0x49000000，0x1000000"
```

可以看出"console=ttySAC0"。console_init 函数被 start_kernel 函数调用，它在 drivers/tty/
ttty_io.c 文件中定义如下：

```
void __init console_init（void）
{
    initcall_t *call;
... ...
    call = __con_initcall_start;
    while（call < __con_initcall_end）{
        （*call）();
        call++;
    }
}
```

它调用地址范围 __con_initcall_start 至 __con_initcall_end 之间定义的每个函数，这
些函数使用 console_initcall 宏来指定。

（4）rest_init 函数分析

rest_init 中调用 kernel_thread 函数启动了 2 个内核线程，分别是 kernel_init 和 kthreadd。

```
static noinline void __init_refok rest_init（void）
{
    int pid;
    rcu_scheduler_starting();
    kernel_thread（kernel_init, NULL, CLONE_FS | CLONE_SIGHAND）;
    numa_default_policy();
    pid = kernel_thread（kthreadd, NULL, CLONE_FS | CLONE_FILES）;
    rcu_read_lock();
    kthreadd_task = find_task_by_pid_ns（pid, &init_pid_ns）;
    rcu_read_unlock();
    complete（&kthreadd_done）;

    init_idle_bootup_task（current）;
```

```
        schedule_preempt_disabled();

        cpu_idle();
}
```

进入内核线程 kernel_init，最终运行到 init_post，其代码如下：

```
static noinline int init_post（void）
{
    async_synchronize_full();
    free_initmem();
    mark_rodata_ro();
    system_state = SYSTEM_RUNNING;
    numa_default_policy();
    current->signal->flags |= SIGNAL_UNKILLABLE;
    if（ramdisk_execute_command）{
        run_init_process（ramdisk_execute_command）;
        printk（KERN_WARNING "Failed to execute %s\n",
                ramdisk_execute_command）;
    }
    if（execute_command）{
        run_init_process（execute_command）;
        printk（KERN_WARNING "Failed to execute %s.    Attempting "
                    "defaults...\n", execute_command）;
    }
    run_init_process（"/sbin/init"）;
    run_init_process（"/etc/init"）;
    run_init_process（"/bin/init"）;
    run_init_process（"/bin/sh"）;
    panic（"No init found.    Try passing init= option to kernel. "
        "See Linux Documentation/init.txt for guidance."）;
}
```

根据以上 init_post，当程序执行到其中 run_init_process（"/sbin/init"）或 run_init_process（"/etc/init"   run_init_process（"/bin/init"）或 run_init_process（"/bin/sh"）任意一条，则挂载文件系统，启动系统进程。由此可知要正常启动完整 Linux 操作系统，至少需要相应的进程文件。

7.2.6 基于设备树的 LED 配置

（1）配置界面条目位置
使用内核自带的 LED 驱动，内核配置目录如下：

```
Device Drivers   --->
    Character devices   --->
                    [ * ] X6818 led driver
```

（2）LED 驱动位置
LED 灯驱动文件为 drivers/char/leds/leds-gpio.c，此驱动采用的是 platform bus 的方式，然后打开 drivers/leds/Makefile，找到以下内容：

```
31 obj-$(CONFIG_LEDS_PCA9532)              += leds-pca9532.o
32 obj-$(CONFIG_LEDS_GPIO_REGISTER)        += leds-gpio-register.o
33 obj-$(CONFIG_LEDS_GPIO)                 += leds-gpio.o
34 obj-$(CONFIG_LEDS_LP3944)               += leds-lp3944.o
35 obj-$(CONFIG_LEDS_LP3952)               += leds-lp3952.o
36 obj-$(CONFIG_LEDS_LP55XX_COMMON)        += leds-lp55xx-common.o
37 obj-$(CONFIG_LEDS_LP5521)               += leds-lp5521.o
```

（3）LED 设备树的配置

默认配置文件 arch/arm/boot/dts/GEC6818.dts 对 LED 的描述如下：

```
27        leds {
28                compatible = "gpio-leds";
29
30                led2 {
31                        label = "red:system";
32                        gpios = <&gpx1 0 GPIO_ACTIVE_HIGH>;
33                        default-state = "off";
34                        linux,default-trigger = "heartbeat";
35                };
36
37                led3 {
38                        label = "red:user";
39                        gpios = <&gpk1 1 GPIO_ACTIVE_HIGH>;
40                        default-state = "off";
41                };
42        };
43
```

通过查看 LED 设备树说明手册 Documentation/devicetree/bindings/leds/leds-gpio.txt，了解 LED 设备树配置的方法：

1）compatible 属性值一定要为 "gpio-leds"，驱动会匹配这个属性是否符合要求，若匹配才会跳转；

2）lable 属性用于表示 LED 的名称；

3）gpios 属性用于配置 LED 控制对应的 GPIO；

4）default-state 属性用于定义 LED 的初始状态；

5）linux，default-trigger 属性用于设置 LED 的工作方式，这里设置为心跳指示灯。

打开实验箱底板和核心板原理图查看 LED 的电路。首先打开底板的原理图，如图 7.22 所示。

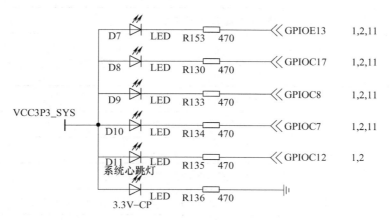

图 7.22　LED 驱动电路图

所以设备树修改有：LED 的 gpios 属性需要修改为 GPL2_0，并设置为系统指示灯。同时需要加入头文件 #include <dt-bindings/gpio/gpio.h>。

（4）开发板 LED 测试

根据上述内容配置好之后，重新编译 arch/arm/boot/dts/GEC6818.dts 设备树并烧写到开发板，能看到其正常工作。

7.3　Linux 文件系统制作

7.3.1　文件系统概念

Linux 支持多种文件系统，包括 ext3、ext4、vfat、ntfs、iso9660、jffs、romfs 和 nfs 等，为了对各类文件系统进行统一管理，Linux 引入了虚拟文件系统 VFS（Virtual File System），为各类文件系统提供一个统一的操作界面和应用编程接口。

Linux 启动时，第一个必须挂载的是根文件系统；若系统不能从指定设备上挂载根文件系统，则系统会出错而退出启动。不同的文件系统类型有不同的特点，因而根据存储设备的硬件特性、系统需求等有不同的应用场合。在嵌入式 Linux 应用中，主要的存储设备为 RAM（DRAM，SDRAM）和 ROM（常采用 FLASH 存储器），常用的基于存储设备的文件系统类型包括 jffs2，yaffs，cramfs，romfs，ramdisk，ramfs/tmpfs 等。

查看系统已挂载分区与文件系统 df -T，查看系统文件说明文档命令：man 5 fs。一般根文件系统包括如表 7.7 所示的目录。

表 7.7　文件系统目录

目录名	存放的内容
/bin	必备的用户命令，例如 ls、cp 等
/sbin	必备的系统管理员命令，例如 ifconfig、reboot 等
/dev	设备文件，例如 mtdblock0、tty1 等
/etc	系统配置文件，包括启动文件，例如 inittab 等
/lib	必要的链接库，例如 C 链接库、内核模块
/home	普通用户主目录
/root	root 用户主目录
/usr/bin	非必备的用户程序，例如 find、du 等
/usr/sbin	非必备的管理员程序，例如 chroot、inetd 等
/usr/lib	库文件
/var	守护程序和工具程序所存放的可变文件，例如日志文件
/proc	用来提供内核与进程信息的虚拟文件系统，由内核自动生成目录下的内容
/sys	用来提供内核与设备信息的虚拟文件系统，由内核自动生成目录下的内容
/mnt	文件系统挂接点，用于临时安装文件系统
/tmp	临时性的文件，重启后将自动清除

7.3.2　制作根文件系统

根文件系统首先是一种文件系统，但是相对于普通的文件系统，它的特殊之处在于，它是内核启动时所挂载的第一个文件系统，内核代码映像文件保存在根文件系统中，而系统引导启动程序会在根文件系统挂载之后从中把一些基本的初始化脚本和服务等加载到内存中运行。系统启动时基本功能。例如：

1）init 进程的应用程序在根文件系统上。

2）根文件系统提供了根目录 /。

3）内核启动后的应用层配置（etc 目录）在根文件系统上（可以认为，发行版 = 内核 + rootfs）。

4）Shell 命令程序在根文件系统上（如 ls、cd 等命令）。

最小根文件系统一般至少包含 bin、sbin、dev、lib、etc、mnt 等目录及其中的关键文件。

busybox 是一个集成了一百多个最常用 Linux 命令和工具的软件，是一个开源项目，遵循 GPL v2 协议。busybox 将众多的 UNIX 命令集合进一个很小的可执行程序中，可以用来替代 GNU fileutils、shellutils 等工具集。busybox 中各种命令与相应的 GNU 工具相比，所能提供的选项比较少，但是功能基本足够，俗称嵌入式系统中的"瑞士军刀"。

1. 文件系统配置

1）打开 https：//busybox.net/downloads/ 这个网址，获取 busybox 工具。本章以 busybox-1.26.2 为例进行配置。新建一个文件夹，复制 busybox 压缩包到该文件夹下，并解压 busybox-1.26.2.tar.bz2，进入解压缩后的目录，并清除预配置。

```
cw@dell：/mnt/hgfs/share$ cp busybox-1.26.2.tar.bz2 ~
cw@dell：/mnt/hgfs/share$ cd ~
cw@dell：~ $ mkdir rootfs
cw@dell：~ $ cd rootfs/
cw@dell：~ /rootfs$ cp ../busybox-1.26.2.tar.bz2 ./
cw@dell：~ /rootfs$ ls
busybox-1.26.2.tar.bz2
cw@dell：~ /rootfs$ tar -xjvf busybox-1.26.2.tar.bz2
busybox-1.26.2/
......
busybox-1.26.2/scripts/echo.c
busybox-1.26.2/scripts/randomtest.loop
busybox-1.26.2/Makefile.help
cw@dell：~ /rootfs$ cd busybox-1.26.2/
cw@dell：~ /rootfs/busybox-1.26.2$ ls
applets         e2fsprogs     mailutils           qemu_multiarch_testing
applets_sh      editors       Makefile            README
arch            examples      Makefile.custom     runit
archival        findutils     Makefile.flags      scripts
AUTHORS         include       Makefile.help       selinux
Config.in       init          make_single_applets.sh  shell
configs         INSTALL       miscutils           sysklogd
console-tools   libbb         modutils            testsuite
coreutils       libpwdgrp     networking          TODO
debianutils     LICENSE       printutils          TODO_unicode
docs            loginutils    procps              util-linux
```

```
cw@dell: ~ /rootfs/busybox-1.26.2$ sudo make distclean
[sudo] cw 的密码:
cw@dell: ~ /rootfs/busybox-1.26.2$
```

2）输入 make menuconfig，进入 busybox 配置界面，如图 7.23 所示。菜单各项表示编译后所能支持的工具或命令，例如"Editors --->"菜单进入后可以见"[*] vi(NEW)"，表示 busybox 编译后支持 vi 编辑器。其他选项请根据实际情况或者兴趣自行了解，本节案例全部选择默认配置。

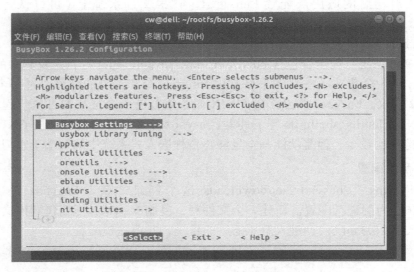

图 7.23　busybox 配置界面

在此进行一些简单配置：

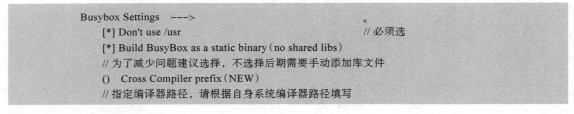

编译器路径设置如图 7.24 所示。

```
Please enter a string value. Use the <TAB> key to move from the input
field to the buttons below it.

/usr/local/arm/5.4.0/usr/bin/arm-linux-

                        <  Ok  >       < Help >
```

图 7.24　编译器路径设置

编译后，文件保存位置在（./_install）BusyBox installation prefix，如图 7.25 所示，此处可以默认，配置完成，退出时保存。

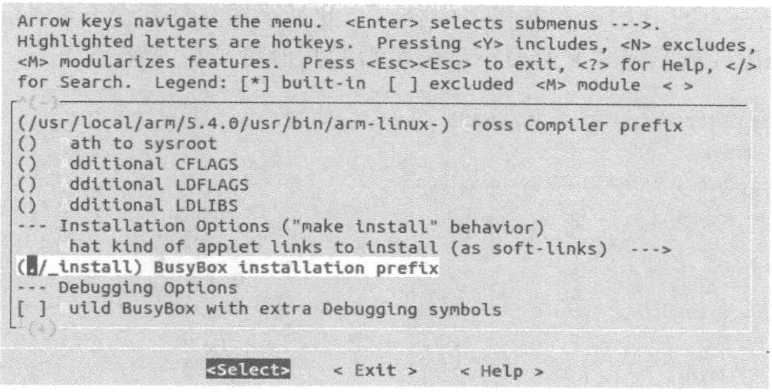

```
Arrow keys navigate the menu.  <Enter> selects submenus --->.
Highlighted letters are hotkeys.  Pressing <Y> includes, <N> excludes,
<M> modularizes features.  Press <Esc><Esc> to exit, <?> for Help, </>
for Search.  Legend: [*] built-in  [ ] excluded  <M> module  < >
 ┌─(-)
 │ (/usr/local/arm/5.4.0/usr/bin/arm-linux-)  ross Compiler prefix
 │ ()    ath to sysroot
 │ ()    dditional CFLAGS
 │ ()    dditional LDFLAGS
 │ ()    dditional LDLIBS
 │ --- Installation Options ("make install" behavior)
 │       hat kind of applet links to install (as soft-links)  --->
 │ (./_install) BusyBox installation prefix
 │ --- Debugging Options
 │ [ ]   uild BusyBox with extra Debugging symbols
 │
 └─(+)
```

               <Select>   < Exit >   < Help >

图 7.25　文件保存位置

3）编译。打开顶层 Makefile，修改编译器变量值。编译器路径请根据自己系统实际情况指定：ARCH ？ =arm，CROSS_COMPILE ？ =/usr/local/arm/5.4.0/usr/bin/arm-linux-。然后输入 make，编译结果如下：

```
cw@dell：～/rootfs/busybox-1.26.2$ make
  ……
   LINK      busybox_unstripped
Static linking against glibc, can't use --gc-sections
Trying libraries：crypt m
Library crypt is not needed, excluding it
Library m is needed, can't exclude it（yet）
Final link with：m
   DOC      busybox.pod
   DOC      BusyBox.txt
   DOC      busybox.1
   DOC      BusyBox.html
cw@dell：～/rootfs/busybox-1.26.2$
```

将编译好的文件全部复制到指定目录（此处为默认目录），输入 make install，复制成功，结果如下：

```
cw@dell：～/rootfs/busybox-1.26.2$ make install
  ……
   ./_install//sbin/watchdog -> ../bin/busybox
   ./_install//sbin/zcip -> ../bin/busybox
--------------------------------------------------
You will probably need to make your busybox binary
setuid root to ensure all configured applets will
work properly.
--------------------------------------------------
cw@dell：～/rootfs/busybox-1.26.2$
```

make install 后查看对应目录，了解目录结构，例如 _install、_install/bin、linuxrc。linuxrc 文件是链接脚本 bin/busybox 文件，查看 busybox 文件是可执行文件，此文件需要两个库文件。libm.so.6 和 libc.so.6 分别是数学库文件和 C 库文件。

查看 busybox 最终得到的文件，顶层目录下的 _install，进入该目录，可见已生成

bin、sbin、linuxrc 并且其中已存在相关内容，至此最小根文件系统 bin、sbin 已制作完成，后续将在 _install 目录下完成配置最小系统所需的其他目录与内容。

```
cw@dell：～ /rootfs/busybox-1.26.2$ ls _install/
bin  linuxrc  sbin
cw@dell：～ /rootfs/busybox-1.26.2$ ls _install/bin/
'['             egrep         lpr             pwdx          telnet
'[['            eject         ls              readlink      test
ash             env           lsattr          realpath      tftp
awk             envdir        lsof            reformime     time
……
dumpleases      login         pscan           tar
echo            logname       pstree          tcpsvd
ed              lpq           pwd             tee
cw@dell：～ /rootfs/busybox-1.26.2$ cd _install/
cw@dell：～ /rootfs/busybox-1.26.2/_install$ ls linuxrc -l
lrwxrwxrwx 1 cw cw 11 6 月    7 20：39 linuxrc –> bin/busybox
cw@dell：～ /rootfs/busybox-1.26.2/_install$ file bin/busybox
bin/busybox：ELF 32–bit LSB executable, ARM, EABI5 version 1（GNU/Linux）, statically linked, for GNU/
Linux 3.2.0, stripped
```

4）复制 lib 内容。在 _install 目录下新建 lib，找到交叉编译器所在路径下的 lib 目录，按依赖关系复制其中所有文件到新建的 lib 中（该方法将导致文件系统较大，可删掉不必要的较大文件）。

```
cw@dell：～ /rootfs/busybox-1.26.2/_install$ ls
bin  linuxrc  sbin
cw@dell：～ /rootfs/busybox-1.26.2/_install$ mkdir lib
cw@dell：～ /rootfs/busybox-1.26.2/_install$ sudo cp –a /usr/local/arm/5.4.0/usr/arm–none–linux–gnueabi/lib/* ./
lib
[sudo] cw 的密码：
cw@dell：～ /rootfs/busybox-1.26.2/_install$ ls lib/
libasan.a               libgfortran.la        libstdc++fs.la
libasan.la              libgfortran.so        libstdc++.la
libasan_preinit.o       libgfortran.so.3      libstdc++.so
libasan.so              libgfortran.so.3.0.0  libstdc++.so.6
libasan.so.2            libgfortran.spec      libstdc++.so.6.0.21
libasan.so.2.0.0        libitm.a              libstdc++.so.6.0.21–gdb.py
libatomic.a             libitm.la             libsupc++.a
libatomic.la            libitm.so             libsupc++.la
libatomic.so            libitm.so.1           libubsan.a
libatomic.so.1          libitm.so.1.0.0       libubsan.la
libatomic.so.1.1.0      libitm.spec           libubsan.so
libgcc_s.so             libsanitizer.spec     libubsan.so.0
libgcc_s.so.1           libstdc++.a           libubsan.so.0.0.0
libgfortran.a           libstdc++fs.a
cw@dell：～ /rootfs/busybox-1.26.2/_install$ ls
bin  lib  linuxrc  sbin
```

5）配置目录 etc 中文件。Linux 的通用配置文件基本在 /etc 目录下，文件较多，配置过程相对繁琐，一般可以直接利用一套现成的 etc 包。因此本知识点将大体讲解 etc 中的基本配置文件。创建 etc 目录，并创建 inittab 文件。

```
cw@dell：~ /rootfs/busybox–1.26.2/_install$ mkdir etc
cw@dell：~ /rootfs/busybox–1.26.2/_install$ ls
bin  etc  lib  linuxrc  sbin
cw@dell：~ /rootfs/busybox–1.26.2/_install$ gedit etc/inittab
```

① etc/inittab 中：init 的配置文件，格式：::sysinit：/etc/init.d/rcS，指定系统初始化脚本是 rcS，也可指定别的名字，参考格式如下：

```
#startup system
::sysinit：/bin/mount –t proc proc /proc
::sysinit：/bin/mount –o remount，rw /
::sysinit：/bin/mkdir –p /dev/pts
::sysinit：/bin/mkdir –p /dev/shm
::sysinit：/bin/mount –a
::sysinit：/bin/hostname –F /etc/hostname
::respawn：–/bin/sh
::ctrlaltdel：/sbin/reboot
::shutdown：/bin/umount –a –r
#now run any rc scripts
::sysinit：/etc/init.d/rcS
```

格式为：console id：runlevel：action：process，前两项忽略即可。

console id：运行级别

sysinit：系统初始化执行 /etc/init.d/rcS

respawn：开机 / 退出时启动 /bin/sh

ctrlaltdel：按下 Ctrl+Alt+Del 时执行 /sbin/reboot

shutdown：关机时执行 /bin/umount –a –r

执行的文件指的是当前 busybox 目录下对应的文件，其中，busybox/_install/etc/init.d/rcS 文件没有，需要自己创建。其他三个文件都有，在…/bin/sh 中。

② 创建编辑 etc/init.d/rcS（启动脚本文件）。

```
cw@dell：~ /rootfs/busybox–1.26.2/_install$ mkdir etc/init.d
cw@dell：~ /rootfs/busybox–1.26.2/_install$ vi etc/init.d/rcS
cw@dell：~ /rootfs/busybox–1.26.2/_install$ chmod +x etc/init.d/rcS
```

此文件是个 shell 脚本，功能是存放开机自启动命令。etc/init.d/rcS 内容如下：

```
#!/bin/sh
  # This is the first script called by init process
/bin/mount  –a           # 挂载所有可挂载设备
echo "hello world!"
```

此 shell 文件会使用 etc/fstab 文件，若不存在，则创建。

③ etc/fstab 文件：挂载相关信息列表。

创建 etc/fstab 如下：

```
cw@dell：~ /rootfs/busybox–1.26.2/_install$ vi etc/fstab
```

etc/fstab 文件内容如下：

# 分区	挂载点	文件系统类型	挂载参数	是否需要备份	是否做格式检查
proc	/proc	proc	defaults	0	0
tmpfs	/tmp	tmpfs	defaults	0	0
sysfs	/sys	sysfs	defaults	0	0
tmpfs	/dev	tmpfs	defaults	0	0

④ etc/profile：登录或启动时，Bourne 或 Cshells 执行的文件，包括环境变量路径等，如图 7.26 所示。

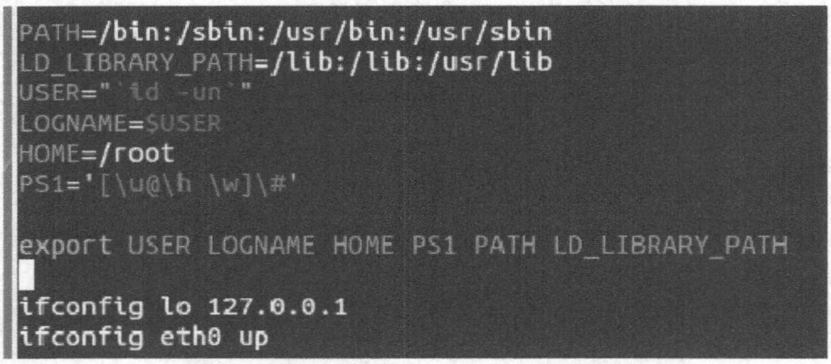

```
PATH=/bin:/sbin:/usr/bin:/usr/sbin
LD_LIBRARY_PATH=/lib:/lib:/usr/lib
USER="`id -un`"
LOGNAME=$USER
HOME=/root
PS1='[\u@\h \w]\#'

export USER LOGNAME HOME PS1 PATH LD_LIBRARY_PATH

ifconfig lo 127.0.0.1
ifconfig eth0 up
```

图 7.26　etc/profile 文件配置

6）创建必要的目录文件。

```
cw@dell: ~ /rootfs/busybox-1.26.2/_install$ mkdir tmp、dev、sys、proc、mnt、opt、home、var/run -p
cw@dell: ~ /rootfs/busybox-1.26.2/_install$ ls
bin  etc  lib  linuxrc  sbin  tmp、dev、sys、proc、mnt、opt、home、var
```

至此，配置最小系统所需的目录及内容基本完成。

2. 编译与下载

编译命令及格式与内核编译相似，文件系统比内核大，因此选择 512M，实际根文件系统远小于 512M，可以进行瘦身。

```
cw@dell: ~ /rootfs/busybox-1.26.2/_install$ sudo make_ext4fs -s -l 512M system.img ./
Creating filesystem with parameters：
    Size: 536870912
    Block size: 4096
    Blocks per group: 32768
    Inodes per group: 8192
    Inode size: 256
    Journal blocks: 2048
    Label:
    Blocks: 131072
    Block groups: 4
    Reserved block group size: 31
Created filesystem with 435/32768 inodes and 8238/131072 blocks
cw@dell: ~ /rootfs/busybox-1.26.2/_install$ ls
bin  lib      sbin      tmp、dev、sys、proc、mnt、opt、home、var
etc  linuxrc  system.img
```

此时，system.img 可以下载到开发板验证。当然如果没有硬件设备也可以使用 nfs 网络文件系统方式验证。下载方式与内核烧写工具步骤一样，此处仅说明 fastboot 中的 auto.bat 修改的选项，如图 7.27 所示。

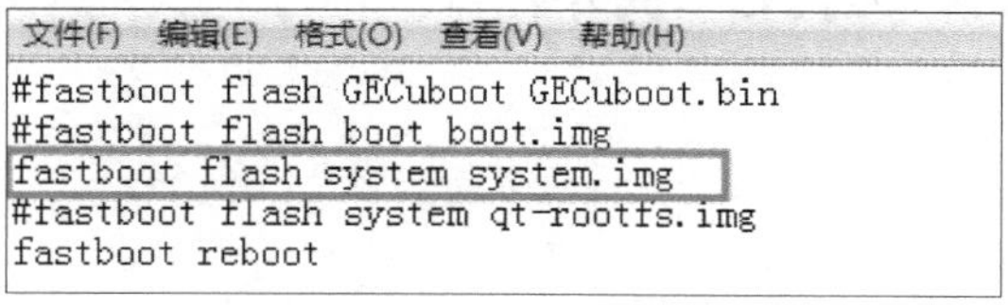

```
文件(F) 编辑(E) 格式(O) 查看(V) 帮助(H)
#fastboot flash GECuboot GECuboot.bin
#fastboot flash boot boot.img
fastboot flash system system.img
#fastboot flash system qt-rootfs.img
fastboot reboot
```

图 7.27　auto.bat 配置

习题与练习

1. 基于 S5P6818 平台移植 U-Boot。
2. 基于 S5P6818 平台移植 Linux 内核。
3. 构建根文件系统、移植 busybox 到 S5P6818 平台。

教学目标

1. 掌握 Qt 的安装；
2. 掌握 Qt 中的信号与槽机制；
3. 理解 Qt 工程中文件的作用；
4. 掌握 Qt/Embedded 应用程序开发的基本流程。

重点内容

1. Qt 的安装；
2. 简单工程的建立与实现；
3. 设计 Qt 实现 LED 灯控制。

8.1　Qt 简介

Qt 是跨平台的开发库，主要是开发图形用户界面（Graphical User Interface，GUI）应用程序，当然也可以开发非图形的命令行（Command User Interface，CUI）应用程序。Qt 支持众多的操作系统平台，如通用操作系统 Windows、Linux、Unix，智能手机系统 Android、iOS、Windows Phone，嵌入式系统 QNX、VxWorks 等，应用广泛。跨平台意味着只需编写一次程序，在不同平台上无须改动或只需少许改动后再编译，就可以形成在不同平台上运行的版本，这种跨平台功能为开发者提供了极大便利。当然 Qt 本身包含的功能模块也日益丰富，一直有新模块和第三方模块扩充。除了与操作系统底层结合特别紧密的，如驱动开发，需要利用操作系统本身的函数库实现之外，其他大部分的应用程序开发都可以用 Qt 实现。

Qt 最早是 1991 年由挪威的 Eirik Chambe-Eng 和 Haavard Nord 开发的。随后于 1994 年 3 月 4 日正式成立奇趣科技公司（Trolltech）。Qt 原本是商业授权的跨平台开发库，在 2000 年奇趣科技公司为开源社区发布了遵循 GPL（GNU General Public License）许可证的开源版本。在 2008 年，诺基亚公司收购了奇趣科技公司，并增加了 LGPL（GNU Lesser General Public License）的授权模式。诺基亚联合英特尔利用 Qt 开发了全新的智能手机系统 MeeGo，由于各种原因，诺基亚被迫放弃了 MeeGo，而 Qt 商业授权业务也于 2011 年 3 月出售给了芬兰 IT 服务公司 Digia。目前，自 Qt 5.2 版本发布以来，Qt 公司都在大力推广移动平台开发和商业应用，增加对 Android、iOS 等移动系统的开发支持。

8.2　Qt 安装

8.2.1　Qt 安装

要能在 Ubuntu 系统中开发 Qt 程序，需要 X11 桌面环境的 Qt 集成开发环境。Qt 官方已经打包好了一个工具包，只要安装即可获得 Qt 的集成开发环境。安装前，Ubuntu 需已经安装 g++ 编译器，如果没有，先安装 g++，然后安装以下依赖包。

```
cw@dell：~ $ sudo apt-get install libgl1-mesa-dev
```

从配套资料或从 Qt 官网上找到安装包 qt-opensource-linux-x64-5.7.0.run，复制到 Ubuntu 系统的主文件夹中，并双击 "qt-opensource-linux-x64-5.7.0.run" 文件运行安装。出现安装向导，跟着安装向导操作即可，如图 8.1 所示。单击 "下一步"，进入注册界面，单击 "Skip"，如图 8.2 所示。

图 8.1　Qt 安装欢迎界面

图 8.2　Qt 注册界面

进入设置界面，如图 8.3 所示，单击 "下一步" 进入路径配置界面，如图 8.4 所示。

图 8.3　设置界面

图 8.4　安装路径配置

安装路径配置完成后，单击 "下一步" 进入选择组件界面，如图 8.5 所示。组件默认配置，单击"下一步"如图 8.6 所示。

图 8.5　组件选择界面　　　　　　　　　　　　图 8.6　同意许可协议

勾选"同意"，单击"下一步"，完成配置，如图 8.7 所示，然后单击"安装"进入安装，稍等片刻，安装完成如图 8.8 所示。

图 8.7　完成配置界面　　　　　　　　　　　　图 8.8　Qt 安装完成界面

安装完成后，会自动打开 Qt Creator，如图 8.9 所示。

图 8.9　Qt Creator 界面

8.2.2　创建第一个 Qt 工程

（1）创建工程

安装完了 Qt 开发环境后，看看是否可以正常进行开发。启动 Qt Creator 后，文件 ---> 新建文件或项目，选择一个工程模版，如图 8.10 所示。Qt Creator 可以创建多种项目，Qt Widgets Application 是支持桌面平台的有图形用户界面的应用程序。

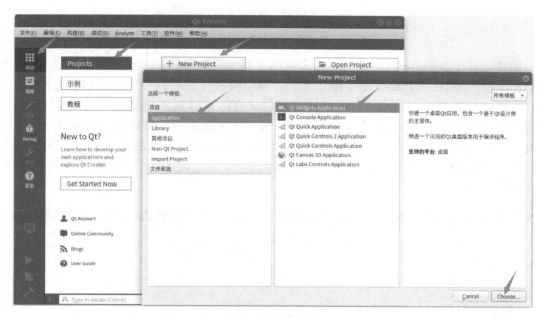

图 8.10　新建项目

选择" Qt Widgets Application"后出现填写工程名和对应的路径的窗口，如图 8.11 所示，填好后单击"下一步"，选择编译工具如图 8.12 所示。

图 8.11　项目名称和存储路径设置

图 8.12　选择编译工具

选择编译工具后单击"下一步"，出现图 8.13 所示界面，选择需要创建界面的基类，基类有 3 种，QMainWindow 是主窗口类，主窗口具有主菜单栏、工具栏和状态栏，类似于一般的应用程序的主窗口；QWidget 是所有具有可视界面类的基类，选择 QWidget 创建的界面对各种界面组件都可以支持；QDialog 是对话框类，可建立一个基于对话框的界面。在此选择"QWidget"作为基类，并修改类名为"MyWidget"。单击"下一步"，出现项目管理窗口，如图 8.14 所示，选择默认，单击"完成"，出现图 8.15 所示界面，表示工程已经建立完成。

图 8.13　选择界面基类

图 8.14　项目管理窗口

图 8.15　新建项目完成界面

（2）项目的文件组成和管理

完成了新建项目步骤后，在 Qt Creator 的左侧工具栏中有项目管理，项目名称节点下面分管着项目内的各种源文件。

01_hand.pro 是项目管理文件，包括一些对项目的设置项。双击打开，右侧是其具体内容，程序如下：

```
QT          += core gui                              // 项目中加入 core 和 gui 模块
greaterThan（QT_MAJOR_VERSION，4）: QT += widgets    //Qt 主版本大于 4 时，加入 widgets 模块
TARGET = 01_hand                                     // 目标       可执行文件名称
TEMPLATE = app                                       // 模板       应用程序模板 application
SOURCES += main.cpp\
        mywidget.cpp                                 // 源文件
HEADERS   += mywidget.h                              // 头文件
FORMS     += mywidget.ui                             // 界面文件
```

头文件组中是项目中的所有头文件（.h），本项目中有 mywidget.h，内容如下：

```
#ifndef MYWIDGET_H
#define MYWIDGET_H
#include <QWidget>                                   // 头文件      包含窗口类 QWidget
namespace Ui {                                       // 命名空间 Ui 包含一个类 MyWidget
class MyWidget;
}
class MyWidget : public QWidget                      // MyWidget 继承于窗口类 QWidget
{
    Q_OBJECT                                         // 允许类中使用信号和槽的机制
public：
    explicit MyWidget（QWidget *parent = 0 );        // 构造函数   默认参数 *parent = 0
    ～ MyWidget();                                   // 析构函数
private：
    Ui::MyWidget *ui;                                // 使用 Ui::MyWidget 定义的一个指针 ui
};
#endif // MYWIDGET_H
```

源文件组中是项目内的所有 C++ 源文件（.cpp），本项目中有两个源文件，main.cpp 和 mywidget.cpp，内容分别如下：

```
/***************** main.cpp *****************/
#include "mywidget.h"
#include <QApplication>                // 包含一个应用程序类的头文件
//main 程序入口，argc 命令行变量的数量，argv 命令行变量的数组
int main（int argc，char *argv[]）
{
    QApplication a（argc，argv);        // 定义并创建应用程序对象 a
    MyWidget w;                        // 定义并创建窗口对象 w，MyWidget 的父类是 QWidget
    w.show();                          // 显示窗口对象，默认就不会显示，必须要调用 show 显示窗口
    return a.exec();                   // 应用程序运行
}
/***************** mywidget.cpp *****************/
#include "mywidget.h"
#include "ui_mywidget.h"
// 执行父类 QWidget 的构造函数，创建一个 Ui::MyWidget 类的对象 ui。
MyWidget::MyWidget（QWidget *parent）:
    QWidget（parent），
```

```
        ui（new Ui::MyWidget）

{
        ui->setupUi（this）;                    // 此函数实现窗口的生成，各种属性的设置和信号与槽的关联

}
// 析构函数
MyWidget:: ～ MyWidget()
{
        delete ui;                            // 删除创建的指针 ui

}
```

界面文件组中是项目内所有的界面文件（.ui）。本项目中只有一个界面文件 mywidget.ui 是主窗口的界面文件，使用 XML 语言描述的界面。双击界面文件出现如图 8.16 所示界面。这个界面是 Qt Creator 中集成的 Qt Designer。窗口左侧是分组的组件面板，中间是设计的窗体。

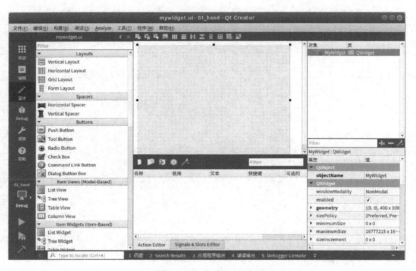

图 8.16　主窗口界面

设计界面如图 8.17 所示，增加 2 个 PushButton，并分别命名为 start 和 end，对象名更改为 btn_start 和 btn_end，增加一个 QProgressBar。

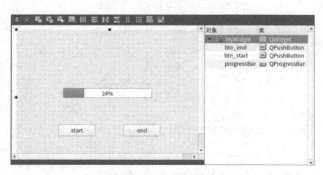

图 8.17　UI 界面设计

设计好界面后，选中"start"，右键"转到槽"，选中"clicked()"信号，单击"OK"，如图 8.18 所示，并修改程序如下：

图 8.18　转到槽

```
void myWidget::on_btn_start_clicked()
{
//start
    myTimer->start（100）;
}
```

"end"按钮以同样方式右键"转到槽"，选中"clicked()"信号，单击"OK"，并修改程序如下：

```
void myWidget::on_btn_end_clicked()
{
//end
    myTimer->stop();
}
```

此处用到了定时器，所以需要定义定时器 myTimer，一般在头文件中定义，修改 mywidget.h 文件内容如下：

```
#ifndef MYWIDGET_H
#define MYWIDGET_H
#include <QWidget>
#include <QTimer>
namespace Ui {
class MyWidget;
}
class MyWidget : public QWidget
{
    Q_OBJECT
public：
    explicit MyWidget（QWidget *parent = 0）;
    ~ MyWidget();
private slots：
    void on_btn_start_clicked();
    void on_btn_end_clicked();
    void TimerOut();
private：
    Ui::MyWidget *ui;
    QTimer *myTimer;
    int num;
};
#endif // MYWIDGET_H
```

在此声明了 num 变量，myTimer，TimerOut() 槽函数。修改 mywidget.cpp 程序如下：

```cpp
#include "mywidget.h"
#include "ui_mywidget.h"
MyWidget::MyWidget（QWidget *parent）:
    QWidget（parent），
    ui（new Ui::MyWidget）
{
    ui->setupUi（this）;
    num=0;
    ui->progressBar->setValue（0）;
    myTimer=new QTimer（this）;
    connect（myTimer，SIGNAL（timeout()），this，SLOT（TimerOut()））;
}
MyWidget:: ～ MyWidget()
{
    delete ui;
}
void MyWidget::on_btn_start_clicked()
{
    myTimer->start（100）;
}
void MyWidget::on_btn_end_clicked()
{
    myTimer->stop();
}
void MyWidget::TimerOut()
{
    num+=1;
    ui->progressBar->setValue（num）;
    if（num==101）
    {
        num=0;
    }
}
```

（3）项目编译、调试与运行

在项目左下端有如下图标，含义如表 8.1 所示。

表 8.1　图标含义

图标	作用	快捷键
	弹出菜单选择编译工具和编译模式，如 Debug 或 Release	
	直接运行程序，设置了断点无法调试	Ctrl+r
	Debug 模式编译，调试运行，可在程序中设置断点，若以 Release 模式编译，则无法调试	F5
	编译当前项目	Ctrl+b

单击 ▶，运行程序，出现如图 8.19 所示界面，单击"start"，进度条会每隔 1s 增加 1%，单击"end"，进度条会停止。

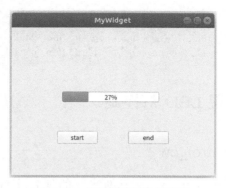

图 8.19　界面设计运行结果图

8.2.3　安装移植好的 Qt Embedded 库

在配套资料里面已经有一个现成的移植好的 Qt Embedded 库，复制现成的库 Qt-Embedded-5.7.0.tar.xz 到 Ubuntu 任意目录下，解压：

```
cw@dell：～ $ sudo tar Jxvf Qt-Embedded-5.7.0.tar.xz -C /usr/local/
```

设置环境变量，新建一个脚本。

```
cw@dell：～ $ sudo vim /usr/local/Qt-Embedded-5.7.0-env
```

添加内容：

```
export     QTDIR=/usr/local/Qt-Embedded-5.7.0/
#export    QT_QPA_FONTDIR=$QTDIR/lib/fonts
export     QMAKEDIR=$QTDIR/bin
export     LD_LIBRARY_PATH=$QTDIR/lib：$LD_LIBRARY_PATH
export     PATH=$QMAKEDIR/bin：$QTDIR/bin：/usr/local/arm/5.4.0/usr/bin：$PATH
#export    QT_QPA_PLATFORM_PLUGIN_PATH=$QTDIR/plugins
#export    QT_PLUGIN_PATH=$QTDIR/plugins
#export    QMAKESPEC=mkspecs/linux-arm-gnueabi-g++
export     QT_SELECT=qt5.7.0-arm
```

用 source 命令让其在当前终端临时有效。

```
cw@dell：～ $ source /usr/local/Qt-Embedded-5.7.0-env
```

验证是否起效，下面利用 01_hand 进行交叉编译，进入 01_hand 工程所在的目录。make 出现错误"error while loading shared libraries：libmpfr.so.4：cannot open shared object file：No such file or directory"，使用命令"sudo find / -name libmpfr.so.4"，查找 libmpfr.so.4，发现在 /usr/local/arm/5.4.0/usr/lib/libmpfr.so.4 中有，使用命令"sudo cp /usr/local/arm/5.4.0/usr/lib/libmpfr.so.4 /usr/lib/x86_64-linux-gnu/libmpfr.so.4"进行复制，得到可执行文件 01_hand。

```
cw@dell: ~ $ cd qt_project/01_hand/
cw@dell: ~ /qt_project/01_hand$ qmake
cw@dell: ~ /qt_project/01_hand$ make clean
cw@dell: ~ /qt_project/01_hand$ make
cw@dell: ~ /qt_project/01_hand$ ls
01_hand  01_hand.pro  01_hand.pro.user  main.cpp  main.o  Makefile  moc_mywidget.cpp  moc_
mywidget.o  mywidget.cpp  mywidget.h  mywidget.o  mywidget.ui  ui_mywidget.h
```

8.3　设计 Qt 界面实现 LED 灯控制

图 8.20　项目文件目录

8.3.1　新建工程 led_control_cw

新建一个工程，名为 led_control_cw。创建好的项目文件目录如图 8.20 所示。

8.3.2　添加 led.h

要想控制 S5P6818 板中的 LED 灯，首先要找到相对应的驱动，根据驱动编写对应代码，现将控制 LED 灯的程序进行封装，编辑 led.h 文件如下，需要将 led.h 文件添加到工程中。

```
#ifndef LED_H
#define LED_H
#include <stdio.h>
#include <stdlib.h>
#include <fcntl.h>
#include <unistd.h>
#include <sys/ioctl.h>
#include <qdebug.h>
#define TEST_MAGIC 'x'                    // 定义幻数
#define TEST_MAX_NR 2                     // 定义命令的最大序数
// 定义 LED 的魔幻数
#define LED1 _IO (TEST_MAGIC, 0 )
#define LED2 _IO (TEST_MAGIC, 1 )
#define LED3 _IO (TEST_MAGIC, 2 )
#define LED4 _IO (TEST_MAGIC, 3 )
#define LEDPATH "/dev/Led"
#define LEDON      0
#define LEDOFF   1
extern void ledOn（int num）;
extern void ledOFF（int num）;
#endif // LED_H
```

8.3.3　添加 led.cpp

led.h 文件中有两个函数 ledOn() 和 ledOFF() 定义在 led.cpp 中，实现控制 LED 灯，程序如下，需要将 led.cpp 添加到工程中。

```cpp
#include "led.h"
void ledOn (int num)
{
    int fd;
    fd = ::open (LEDPATH, O_RDWR);          // 打开设备下的 LED, 成功返回 0
    if (fd<0 )
    {
        qDebug ("Can not open /dev/LED\n");
    }
    switch (num) {
    case 1:
        ::ioctl (fd, LED1, LEDON);
        break;
    case 2:
        ::ioctl (fd, LED2, LEDON);
        break;
    case 3:
        ::ioctl (fd, LED3, LEDON);
        break;
    case 4:
        ::ioctl (fd, LED4, LEDON);
        break;
    default:
        break;
    }
    ::close (fd);
    return;
}
void ledOFF (int num)
{
    int fd;
    fd = ::open (LEDPATH, O_RDWR);          // 打开设备下的 LED, 成功返回 0
    if (fd<0 )
    {
        qDebug ("Can not open /dev/LED\n");
    }
    switch (num) {
    case 1:
        ::ioctl (fd, LED1, LEDOFF);
        break;
    case 2:
        ::ioctl (fd, LED2, LEDOFF);
        break;
    case 3:
        ::ioctl (fd, LED3, LEDOFF);
        break;
    case 4:
        ::ioctl (fd, LED4, LEDOFF);
        break;
    default:
        break;
    }
```

```
        ::close（fd）;
        return;
    }
```

8.3.4　设计界面

　　ui 文件中添加四个按钮，并将其更改名字为 led1、led2、led3、led4，更改对象名如图 8.21 所示。

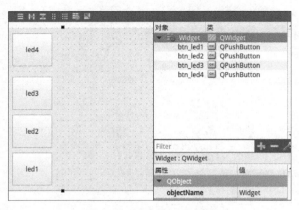

图 8.21　更改按钮对象名

8.3.5　编辑代码

　　修改 widget.h 文件中的代码，添加声明槽函数和变量，程序如下：

```
#ifndef WIDGET_H
#define WIDGET_H
#include <QWidget>
namespace Ui {
class Widget;
}
class Widget：public QWidget
{
    Q_OBJECT
public：
    explicit Widget（QWidget *parent = 0）;
    ～ Widget();
private：
    int num1;
    int num2;
    int num3;
    int num4;
private slots：
    void deal_led1();
    void deal_led2();
    void deal_led3();
    void deal_led4();
private：
```

```
    Ui::Widget *ui;
};
#endif // WIDGET_H
```

修改 widget.cpp 程序，实现按下按钮控制相对应的 LED 灯的亮灭，程序如下：

```cpp
#include "widget.h"
#include "ui_widget.h"
#include "led.h"
#include <QPushButton>
Widget::Widget（QWidget *parent）:
    QWidget（parent），
    ui（new Ui::Widget）
{
    ui->setupUi（this）;
    num1=0;
    num2=0;
    num3=0;
    num4=0;
    connect（ui->btn_led1, SIGNAL（clicked（bool）), this, SLOT（deal_led1()));
    connect（ui->btn_led2，&QPushButton::clicked，this，&Widget::deal_led2）;
    connect（ui->btn_led3，&QPushButton::clicked，this，&Widget::deal_led3）;
    connect（ui->btn_led4，&QPushButton::clicked，this，&Widget::deal_led4）;
}
Widget::~Widget()
{
    delete ui;
}
void Widget::deal_led1()
{
    num1+=1;
    if（num1%2==1）
    {
        ledOn（1）;
    }else{
        ledOFF（1）;
    }
    if（num1==2）{
        num1=0;
    }
}
void Widget::deal_led2()
{
    num2+=1;
    if（num2%2==1）
    {
        ledOn（2）;
    }else{
        ledOFF（2）;
    }
    if（num2==2）{
        num2=0;
```

```
    }
}
void Widget::deal_led3()
{
    num3+=1;
    if (num3%2==1)
    {
        ledOn (3);
    }else{
        ledOFF (3);
    }
    if (num3==2) {
        num3=0;
    }
}
void Widget::deal_led4()
{
    // ledOFF (4);
    num4+=1;
    if (num4%2==1)
    {
        ledOn (4);
    }else{
        ledOFF (4);
    }
    if (num4==2) {
        num4=0;
    }
}
```

8.3.6　编译下载

打开终端，使用 source 命令让当前终端临时有效，并进入工程进行编译得到可执行文件，将可执行文件复制到共享文件夹中。操作如下：

```
cw@dell：～ $ source /usr/local/Qt-Embedded-5.7.0-env
cw@dell：～ $ cd qt_project/led_control_cw/
cw@dell：～ /qt_project/led_control_cw$ qmake
cw@dell：～ /qt_project/led_control_cw$ make clean
cw@dell：～ /qt_project/led_control_cw$ make
cw@dell：～ /qt_project/led_control_cw$ cp led_control_cw /mnt/hgfs/share
```

打开 SecureCRT，进行串口配置，进入系统后输入"rx led_control_cw"，单击"传输"---> 发送 Xmodem（N）...，选择共享文件夹中的"led_control_cw"进行下载，下载后更改权限执行。操作如图 8.22 所示，执行后，单击触摸屏对应的 led1 ～ led4 按钮，可控制对应 LED 灯的亮灭。

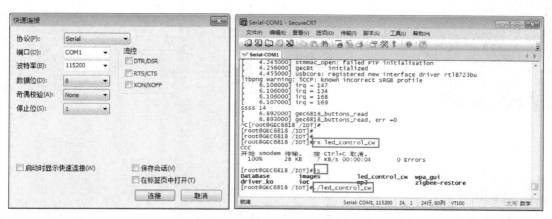

图 8.22　下载并执行 led_control_cw

习题与练习

1. 设计 Qt 工程实现电机的控制。

第 9 章 嵌入式项目实战

1. 能够根据任务要求独立设计嵌入式系统方案，设计方案能够满足任务要求，选择合适的嵌入式智能终端系统硬件方案，设计相应的嵌入式智能终端系统软件方案、软件流程图；

2. 掌握嵌入式系统的开发和测试方法，培养学生的实际工程能力；

3. 熟悉嵌入式系统的应用领域和解决方案，了解嵌入式系统在各个领域的应用情况，并能够根据实际需求选择合适的嵌入式系统解决方案。

嵌入式系统的应用领域和解决方案。

该项目需要使用的技术主要包括 Linux 操作系统相关知识，人工智能相关知识，网络通信相关知识，语音识别 API 的使用。通过设计本系统，学生将会对人工智能、语音识别的原理有较为基础的了解。

9.1 系统功能要求

采用 GEC6818 物联网综合实验箱，实现语音识别的多媒体系统设计，以 S5P6818 为核心，通过触摸实现图片切换、音乐播放、视频播放、语音识别控制以及与物联网结合。

本项目需要完成的基础功能包含以下几个方面：

1）电子相册，采用触摸方式实现图片的切换。

2）音乐播放器，采用触摸方式实现音乐的切换。

3）视频播放器，采用触摸方式实现视频的切换。

4）语音识别控制，能够实现录音、识别。

5）实现客户端与服务器功能，将语音识别功能放在服务端，根据识别结果控制开发板。

扩展功能：

1）上传语音识别服务端到阿里云服务器，实现外网访问服务器解析语音信号并控制开发板。

2）驱动应用，实现上位机监测与控制 ARM 端设备。

基本界面设计如图 9.1 所示。

图 9.1　主界面

9.2　部分硬件电路

1. 显示模块

显示模块使用液晶显示器（LCD）是以液晶为基本材料的显示组件。其通过控制液晶分子两端的电压来控制液晶分子的转动方向，继而控制每个像素点偏振光投射度而达到显示的目的。目前常称的 LCM（LCD Module）即为 LCD 模组，其包含了 LCD、控制驱动芯片、PCB 板、背光源、结构件以及连接器等诸多部件装配在一起的组件。显示模块电路如图 9.2 所示。

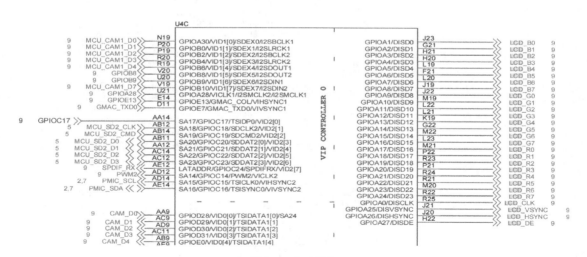

图 9.2　显示模块

2. 录音模块

录音模块使用板载麦克风，同时支持 3.5mm 耳机接入，其电路如图 9.3 所示。该录音模块通过引脚和 GEC6818 进行连接。在检测到屏幕被点击之后进行录音。

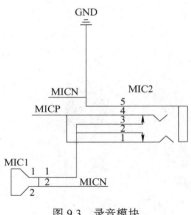

图 9.3 录音模块

3. 播放模块

音频播放需要使用外接耳机，接入核心板上的 3.5mm 输出接口（绿色），其电路如图 9.4 所示。当系统接收到 aplay 命令后，则播放选择的音频。

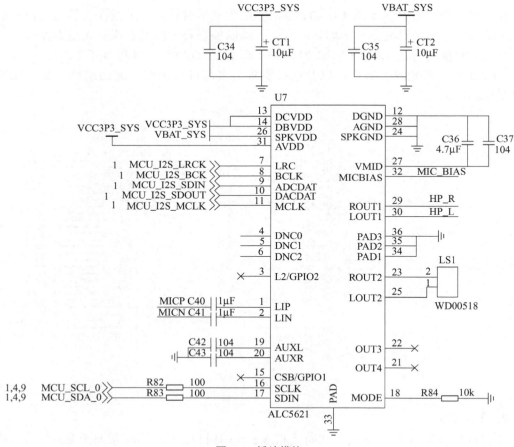

图 9.4 播放模块

9.3　系统程序设计

1. 主程序设计

```c
int main (void)
{
    init_tcp();
    printf ("1、显示欢迎界面 !\n");
    showbmp ("welcome.bmp");
    printf ("2、显示欢迎界面结束 !\n");
    close_lcd();
    int x, y, id;
    int fd111 = open (PATH, O_RDWR);
    while (1)
    {
        get_pos (&x, &y);                                          // 触发录音
        system ("arecord –d3 –c1 –r16000 –fS16_LE  –twav  abc.wav");   // 录音
        send_file();
        read (socked, &id, 4);
        printf ("%d\n", id);
        if (id==0)
        {
            printf ("error wav...");
            //system ("aplay 2.wav");                              // 没有识别结果，请再说一遍！
        }
        else if (id == 1)
        {
            printf ("open LED");
            ledOn (1);
            ledOn (2);
    ledOn (3);
            ledOn (4);
        }
        else if (id == 2)
        {
            printf ("close LED");
            ledOFF (4);
    ledOFF (1);
    ledOFF (2);
    ledOFF (3);
        }
        else if (id == 5)
        {
            printf ("HIDILAO");
            showbmp ("haidilao.bmp");
            system ("aplay hdl.wav");
        }
        else if (id == 12)
        {
            system ("aplay 1.wav");
        }
```

```
        else if (id == 14)
        {
            ioctl (fd111, 1, 0);
        }
        else if (id == 15)
        {
            ioctl (fd111, 4, 0);
        }
        else if (id == 16)
        {
            ioctl (fd111, 0, 0);
        }
    }
    close (socked);
}
```

2. 图片显示

在 Linux 中，一切皆文件，LCD 显示屏对应的设备文件为 /dev/fb0。如果想让 LCD 显示屏显示颜色，就是把颜色写入到 LCD 显示屏对应的设备文件中，查看 LCD 设备文件相关信息。

```
[root@GEC6818 /IOT]#ls –l /dev/fb0
crw-rw----    1 root    root            29,    0 Jan 1 1970 /dev/fb0
```

图片显示函数：

```
void showbmp (char *bmpname)
{
    //1. 打开文件夹，以可读可写方式打开 LCD
    lcd = open ("/dev/fb0", O_RDWR);
    if (lcd==-1)
    {
        perror (" 打开 lcd 失败 ");
        return ;
    }
    //2. 映射相当于 intFB[1024*600]
    int *FB=mmap (NULL, 1024*600*4, PROT_READ|PROT_WRITE, MAP_SHARED, lcd, 0);
    if (FB==MAP_FAILED)
    {
        perror (" 映射失败 ");
        return ;
    }
    bzero (FB, 1024*600*4);
    int bmp = open (bmpname, O_RDWR);
    if (bmp==-1)
    {
        perror (" 打开 bmp 失败 ");
        return ;
    }
    char head_buf[54];
    read (bmp, head_buf, 54);
```

```
        char color[1024*600*3];
        read（bmp, color, 1024*600*3）;
        int i, j;
        for（i=0; i<600; i++）
        {
            for（j=0; j<1024; j++）
            {
                FB[1024*（599-i)+j] = color[3*（1024*i+j)+2]<<16|color[3*（1024*i+j)+1]<<8|color[3*（1024*i+j)];
            }
        }
        //3. 关闭所有内容
        close（bmp）;
        munmap（FB, 1024*600*4）;
        close（lcd）;
}
```

3. 触摸屏使用

触摸屏对应的设备文件为 /dev/event0，封装在输入子系统中，查看实验箱输入子系统相关设备。cd /dev/input，cat /dev/input/event0，没有输出，触摸屏是一个阻塞性设备，只有有数据才有对应输出，当手触摸到触摸屏时立即有输出，但是是一些乱码。

输入子系统对应头文件是 /linux/input.h。查看头文件可以看到描述输入子系统的结构体为 input_event。内容如下：

```
struct input_event {
    struct timeval time;        // 时间戳
    __u16 type;                 // 事件类型
    __u16 code;                 // 事件编码
    __s32 value;                // 事件的值
};
```

事件类型：

```
#define EV_SYN              0x00
#define EV_KEY              0x01
#define EV_REL              0x02
#define EV_ABS              0x03
#define EV_MSC              0x04
#define EV_SW               0x05
#define EV_LED              0x11
#define EV_SND              0x12
#define EV_REP              0x14
#define EV_FF               0x15
#define EV_PWR              0x16
#define EV_FF_STATUS        0x17
#define EV_MAX              0x1f
#define EV_CNT              （EV_MAX+1）
```

同步事件的代码：

```
#define SYN_REPORT          0
#define SYN_CONFIG          1
```

```
#define SYN_MT_REPORT          2
#define SYN_DROPPED            3
#define SYN_TIME_SEC           4
#define SYN_TIME_NSEC          5
```

按键事件的代码：

```
#define KEY_RESERVED           0
#define KEY_ESC                1
#define KEY_1                  2
#define KEY_2                  3
#define KEY_3                  4
#define KEY_4                  5
#define KEY_5                  6
#define KEY_6                  7
#define KEY_7                  8
#define KEY_8                  9
#define KEY_9                  10
#define KEY_0                  11
#define KEY_MINUS              12
#define KEY_EQUAL              13
```

触摸屏坐标事件的代码：

```
#define ABS_X                  0x00      // 触摸的 x 位置
#define ABS_Y                  0x01      // 触摸的 y 位置
#define ABS_Z                  0x02
#define ABS_RX                 0x03
#define ABS_RY                 0x04
#define ABS_RZ                 0x05
```
在此主要获取触摸屏的坐标，相对应的 type、code、value 值对应的含义如下：
```
type：3，code：0，value：963      //x 轴坐标
type：3，code：1，value：200      //y 轴坐标
…
type：1，code：330，value：1      // 接触屏幕
…
type：1，code：330，value：0      // 离开屏幕（退出获取触摸）
```

获取触摸屏触摸坐标函数：

```
void get_pos (int *x_addr, int *y_addr)
{
    //1. 打开触摸屏
    int ts = open ("/dev/input/event0", O_RDONLY);
    if (ts==-1)
    {
        perror (" 打开触摸屏失败 ");
        return;
    }
    //2. 读取触摸屏
    struct input_event ts_buf;
    while (1)
    {
```

```
        read（ts，&ts_buf，sizeof（ts_buf））;                //阻塞，直到有人点击了屏幕
        //printf（"type：%d，code：%d，value：%d\n"，ts_buf.type，ts_buf.code，ts_buf.value）;
        if（ts_buf.type==3&&ts_buf.code==0）
        {
            *x_addr=ts_buf.value;
        }
        if（ts_buf.type==3&&ts_buf.code==1）
        {
            *y_addr=ts_buf.value;
        }
        if（ts_buf.type==1&&ts_buf.code==330&&ts_buf.value==0）
            break;
    }
    close（ts）;
}
```

4. 音乐播放

```
system（"aplay 1.wav"）;
```

5. LED 灯控制
LED 灯控制程序如下：

```
void ledOn（int num）
{
    int fd;
    fd = open（LEDPATH，O_RDWR）;              // 打开设备下的 LED，成功返回 0
    if（fd<0）
    {
        perror（"Can not open /dev/LED\n"）;
        exit（1）;
    }
    switch（num）{
        case 1：
            ioctl（fd，LED1，LEDON）;
            break;
        case 2：
            ioctl（fd，LED2，LEDON）;
            break;
        case 3：
            ioctl（fd，LED3，LEDON）;
            break;
        case 4：
            ioctl（fd，LED4，LEDON）;
            break;
        default：
            break;
    }
    close（fd）;
}
void ledOFF（int num）
```

```
{
    int fd;
    fd = open (LEDPATH, O_RDWR);                    // 打开设备下的 LED，成功返回 0
    if (fd<0)
    {
        perror ("Can not open /dev/LED\n");
        exit (1);
    }
    switch (num) {
        case 1：
            ioctl (fd, LED1, LEDOFF);
            break;
        case 2：
            ioctl (fd, LED2, LEDOFF);
            break;
        case 3：
            ioctl (fd, LED3, LEDOFF);
            break;
        case 4：
            ioctl (fd, LED4, LEDOFF);
            break;
        default：
            break;
    }
    close (fd);
}
```

6. 电机控制

电机控制程序如下：

```
void motor (int vall)
{
    int fd;
    unsigned int val;
    fd111 = open (PATH, O_RDWR);                    // 打开设备，成功返回 0
    if (fd < 0) {
        perror ("Failed to open!\n");
        exit (1);
    }
    do{
        //printf ("0：停止；\t 1：反转；\t 4：正转；\t 9：退出 !\n");
        ioctl (fd, vall, 0);
    }while (1);
    close (fd);
    return 0;
}
```

7. 语音识别

（1）下载离线 SDK

1）登录科大讯飞官方网站注册账号并登录，如图 9.5 所示。

图 9.5 登录官网注册账号并登录

2）选择资料库，选择 SDK 下载，如图 9.6 所示。

图 9.6 进入下载 SDK 界面

3）创建应用，如图 9.7 所示。

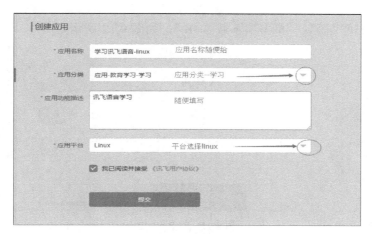

图 9.7 创建应用

4）在创建应用栏，输入相关信息，如图 9.8 所示。

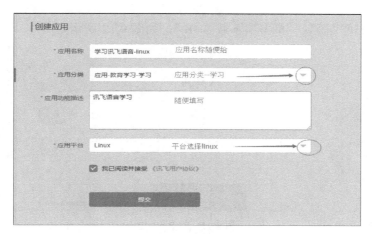

图 9.8 输入相关信息

5）完成后，单击"SDK 下载"按钮，下载 SDK，如图 9.9 所示。

图 9.9　下载 SDK

6）单击"单个服务 SDK 下载"进入界面如图 9.10 所示，选择离线命令词识别。

图 9.10　选择离线命令词识别

7）选择 Linux 平台，如图 9.11 所示。

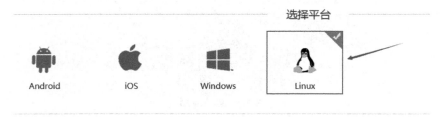

图 9.11　选择 Linux 平台

8）选择学习讯飞语音，单击"下载 SDK"，如图 9.12 所示。

图 9.12　下载 SDK

9）将下载的 SDK 离线包解压，解压后的文件内容如图 9.13 所示。

图 9.13　SDK 文件目录

10）查看 README 说明，文件内容如图 9.14 所示。

```
1   README for Linux_aitalk
2   ----------------------
3   bin:
4   |-- msc
5       |-- msc.cfg（作用：msc调试、生成msc日志）
6       |-- res
7           |-- asr（资源文件）
8       |-- wav
9           |-- ddhghlj.pcm
10          |-- ddhgdw.pcm
11      |-- call.bnf
12
13  doc:
14  |-- iFlytek MSC Reference Manual（API文档，HTML格式）
15  |-- BNF Grammar Development Manual.pdf
16
17  include: 调用SDK所需头文件
18
19  libs:
20  |-- x86
21      |-- libmsc.so（32位动态库）
22  |-- x64
23      |-- libmsc.so（64位动态库）
```

图 9.14　README 文件内容

（2）分析源码

1）将下载到的源码压缩包 ▨ Linux_aitalk_exp 进行解压，得到 Linux_aitalk_exp 文件夹，如图 9.15 所示。进入此文件夹，找到 README.txt 文件，尝试了解工程文件的作用。其中 bin 中有可执行文件，samples 中是源程序及编译工具，include 中是调用 SDK 所需头文件，libs 中是对应的动态库。

2）进入 samples/ asr_offline_sample。asr_offline_sample 是离线识别的示例代码，相关文件如图 9.16 所示。

图 9.15　SDK 文件　　　　　　　　　　　图 9.16　asr_offline_sample 项目文件

① 64bit_make.sh。

64bit_make.sh 是 64 位的执行文件 shell 文件，功能是编译 asr_offline_sample.c 文件，输入命令 ./ 64bit_make.sh 可以得到 asr_offline_sample.c 的可执行文件，可执行文件在 bin 目录中，名为 asr_offline_sample。直接运行 ./ asr_offline_sample，会出现缺少动态库提示。动态库在 x64 中，将 libs/x64/libmsc.so 复制到 /lib 中（加上 sudo），如图 9.17 所示。

```
baiyun@MINNAN:/mnt/hgfs/22/day4/Linux_aitalk_exp/bin$ cd ../libs/x64/
baiyun@MINNAN:/mnt/hgfs/22/day4/Linux_aitalk_exp/libs/x64$ ls
libmsc.so
baiyun@MINNAN:/mnt/hgfs/22/day4/Linux_aitalk_exp/libs/x64$ cp libmsc.so /lib
```

图 9.17　复制 libs/x64/libmsc.so 到 /lib 操作命令

② call.bnf。

bin 中 call.bnf 是识别的语法文件，能识别开灯！，id=1；关灯！，id=2。

```
#BNF+IAT 1.0 UTF-8;
!grammar cmd;                        // 语法为 cmd
!slot <cmd>;                         // 建立 1 个槽
!start <cmdstart>;                   // 定义开始规则
// 定义 cmdstart 规则，该规则可以由 cmd 实现
<cmdstart>: <cmd>;
// 定义 cmd 规则
<cmd>: 开灯 !id（1）| 关灯 !id（2）| 播放 MP3!id（5）| 播放视频 !id（12）| 电机正转 !id（14）| 电机反转 !id（15）| 电机停止 !id（16）;
```

③ 分析 asr_offline_sample.c。

a. 获取需要识别的语音文件 get_audio_file()。

```
const char* get_audio_file（void）
{
        return "1.wav";                // 识别的文件
}
```

b. 进行离线语法识别 run_asr（UserData *udata）。

识别结果在 rec_rslt 中，对 rec_rslt 内容进行提取即可得到识别结果，如图 9.18 所示。

```
//获取识别结果
while (MSP_REC_STATUS_COMPLETE != rss_status && MSP_SUCCESS == errcode) {
    rec_rslt = QISRGetResult(session_id, &rss_status, 0, &errcode);
    usleep(150 * 1000);
}
printf("\n识别结束: \n");
printf("=====================================================\n");
int a=0;
if(NULL != rec_rslt)
{
    printf("结果为: %s\n", rec_rslt);
    char *p=strstr(rec_rslt,"confidence");
    int confidence = atoi(p+11);
    printf("置信度为: %d\n",confidence);
    p=strstr(rec_rslt,"id=");
    int id = atoi(p+4);
    printf("id为: %d\n",id);
}
else
    printf("没有识别结果! \n");
printf("=====================================================\n");

goto run_exit;
```

图 9.18　识别结果提取

④ 字符串相关函数。

strstr()：从一个字符串中寻找另一个字符串（strstr.c）。

atoi()：将字符串转整形。

⑤ 编译运行。

a. 编译。

在 ....../ Linux_aitalk_exp/samples/asr_offline_sample 目录中执行 ./64bit_make.sh，生成可执行文件 asr_offline_sample，操作如图 9.19 所示。

```
baiyun@MINNAN:/mnt/hgfs/share/day4/Linux_aitalk_exp/samples/asr_offline_sample$ ls
32bit_make.sh  64bit_make.sh  asr_offline_sample.c  asr_offline_sample.o  Makefile
baiyun@MINNAN:/mnt/hgfs/share/day4/Linux_aitalk_exp/samples/asr_offline_sample$ ./64bit_make.sh
```

图 9.19　执行命令 ./64bit_make.sh

b. 运行可执行文件 asr_offline_sample。

在 ....../Linux_aitalk_exp/bin 目录中运行可执行文件，命令为 " ./ asr_offline_sample "。操作如图 9.20 所示。

```
=====================================
更新离线语法词典...
更新词典成功!
更新离线语法词典完成，开始识别...
开始识别...
>>>>>
识别结束:
=====================================
结果为: <?xml version='1.0' encoding='utf-8' standalone='yes' ?><nlp>
  <version>1.1</version>
  <rawtext>关灯 </rawtext>
  <confidence>89</confidence>
  <engine>local</engine>
  <result>
    <focus>关灯 </focus>
    <confidence>94</confidence>
    <object>
      <关灯  id="2">关灯 </关灯 >
    </object>
  </result>
</nlp>

置信度为: 89
id为: 2
=====================================
请按任意键退出...
```

图 9.20　运行结果

从图 9.20 可以看出识别的音频结果为：置信度为 89，id 为 2。

练习：修改 call.bnf 文件需要识别的关键字，准备语音文件，识别并获取语音文件中的结果 "confidence" 和 "cmd id"，并打印输出到终端。

（3）安装录音命令

ALSA：Linux 处理音频文件的源码包。将源码包 alsa.tar.gz 发送到实验箱（默认当前路径 /IOT）中（rx alsa.tar.gz）。

1）建立一个目录，名为 /home/gec/alsa，命令为：mkdir /home/gec/alsa –p。

2）将压缩包解压到 /home/gec/alsa，命令为：tar xzvf alsa.tar.gz –C /home/gec/alsa。

3）使用命令：cd /home/gec/alsa/bin。

4）进入到 bin 目录中，里面有 aplay（播放命令）和 arecord（录音命令），将这两个命令复制到 /bin 中，命令为：cp aplay arecord /bin。

5）库文件在 alsa/lib 中，将 libasound.so.2.0.0 重命名为 libasound.so.2，将 libasound. so.2 复制到 /lib 中。命令为：

```
cp libasound.so.2.0.0 /lib
cd /lib
mv libasound.so.2.0.0 libasound.so.2
```

6）使用命令：arecord –d3 –c1 –r16000 –fs16_LE –twav abc.wav。其中，–d3 为录音时长 3 秒，–twav 为生成录音文件格式，abc.wav 为生成的文件名。

aplay 文件名为播放文件名。使用命令：aplay abc.wav。

实验箱核心板中上端粉色端子是音频输入，带有麦克风功能，绿色为音频输出，需要外接设备才能听到。

```
memset (&asr_data, 0, sizeof (UserData));
    printf (" 构建离线识别语法网络 ...\n");
    ret = build_grammar (&asr_data);        // 第一次使用某语法进行识别，需要先构建语法网络，获取语法 ID，
                                            // 之后使用此语法进行识别，无需再次构建

    if(MSP_SUCCESS != ret){
        printf (" 构建语法调用失败 !\n");
        goto exit;
    }
    while (1 != asr_data.build_fini)
        usleep (300 * 1000);
    if(MSP_SUCCESS != asr_data.errcode)
        goto exit;
    init_tcp();                             // 等待对方连接
    printf (" 离线识别语法网络构建完成，开始识别 ...\n");
    while (1)
    {
        ret = run_asr (&asr_data);
        if(MSP_SUCCESS != ret){
            printf (" 离线语法识别出错：%d \n", ret);
            goto exit;
        }
    }
```

8. 网络通信（socket）

网络通信函数：

```
void send_file()
{
    //1. 发送 abc.wav
    int fd = open ("abc.wav", O_RDWR);
    if (fd<0)
    {
        perror (" 打开失败 ");
        return ;
    }
    //2. 获取文件大小
    int len = lseek (fd, 0, SEEK_END);
```

```
        lseek（fd，0，SEEK_SET）;
        printf（" 这个文件大小为 %d\n"，len）;
        //3. 发送文件大小
        write（socked，&len，4）;
        //4. 发送文件内容
        char buf[1024];
        int size;
        while（1）
        {
            size = read（fd，buf，1024）;
            write（socked，buf，size）;
            len-=size;
            if（len==0）
            {
                break;
            }
        }
        close（fd）;
}
```

9. 调试步骤及分析

1）在 Linux 虚拟机运行 arm_offline_sample 文件，如图 9.21 所示。在实验箱运行 project 文件，如图 9.22 所示。

```
baiyun@MINNAN:/mnt/hgfs/share-0133/Linux_aitalk_exp/bin$
baiyun@MINNAN:/mnt/hgfs/share-0133/Linux_aitalk_exp/bin$
baiyun@MINNAN:/mnt/hgfs/share-0133/Linux_aitalk_exp/bin$ ./asr_offline_sample
构建离线识别语法网络...
构建语法成功！ 语法ID:cmd
绑定成功
连接成功
离线识别语法网络构建完成，开始识别...
接收完毕
开始识别...
>>>>>>>>>>>>>>>>
```

图 9.21　构建离线语法网络

```
[root@GEC6818 /IOT]#
[root@GEC6818 /IOT]#
[root@GEC6818 /IOT]#./project
连接成功
1、显示欢迎界面!
2、显示欢迎界面结束!
Recording WAVE 'abc.wav' : Signed 16 bit Little Endian, Rate 16000 Hz, Mono
这个文件大小为96044
L5
Recording WAVE 'abc.wav' : Signed 16 bit Little Endian, Rate 16000 Hz, Mono
这个文件大小为96044
L4
Recording WAVE 'abc.wav' : Signed 16 bit Little Endian, Rate 16000 Hz, Mono
这个文件大小为96044
L6
Recording WAVE 'abc.wav' : Signed 16 bit Little Endian, Rate 16000 Hz, Mono
这个文件大小为96044
5
打开bmp失败: No such file or directory
```

图 9.22　点击屏幕可实现录音

2）点击屏幕开始录音，如图 9.23 所示，实验箱可以录制语音，并且显示录制文件大小发送给服务端，Linux 端接收语音文件后开始识别，如图 9.24 所示。

```
[root@GEC6818 /IOT]#
[root@GEC6818 /IOT]#
[root@GEC6818 /IOT]#./project
连接成功
1、显示欢迎界面!
2、显示欢迎界面结束!
Recording WAVE 'abc.wav' : Signed 16 bit Little Endian, Rate 16000 Hz, Mono
这个文件大小为96044
L5
Recording WAVE 'abc.wav' : Signed 16 bit Little Endian, Rate 16000 Hz, Mono
这个文件大小为96044
L4
Recording WAVE 'abc.wav' : Signed 16 bit Little Endian, Rate 16000 Hz, Mono
这个文件大小为96044
L6
Recording WAVE 'abc.wav' : Signed 16 bit Little Endian, Rate 16000 Hz, Mono
这个文件大小为96044
5
打开bmp失败: No such file or directory
```

图 9.23　成功录制音频

```
开始识别...
>>>>>>>>>>>>>>>
识别结束:
==========================================================
置信度为: 73
id为: 14
==========================================================
接收完毕
开始识别...
>>>>>>>>>>>>>>>
识别结束:
==========================================================
置信度为: 51
id为: 16
==========================================================
接收完毕
```

图 9.24　服务端接收识别

3）根据返回的不同 id 值，实验箱可成功运行相对应代码，实现程序功能，如电机转动，如图 9.25 所示；点亮 LED 灯，如图 9.26 所示。

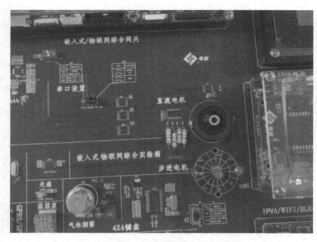

图 9.25　电机转动

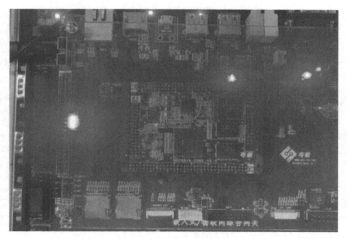

图 9.26　点亮 LED 灯

习题与练习

1. 基于 GEC6818 平台制作远程视频会议系统。
2. 基于 GEC6818 平台制作基于嵌入式 ARM 的广告机系统。
3. 基于 GEC6818 平台制作基于阿里云的智能影音系统。

参 考 文 献

[1] 刘洪涛，周凯 . ARM 嵌入式体系结构与接口技术：Cortex–A53 版　微课版 [M]. 北京：人民邮电出版社，2022.

[2] 冯新宇，蒋洪波，程坤 . 嵌入式 Linux 系统开发：基于 ARM 处理器通用平台 [M]. 2 版 . 北京：清华大学出版社，2023.

[3] 周立功 . ARM 嵌入式系统基础教程 [M]. 2 版 . 北京：北京航空航天大学出版社，2023.

[4] 弓雷 . ARM 嵌入式 Linux 系统开发详解 [M]. 2 版 . 北京：清华大学出版社，2014.

[5] 朱华生，吕莉，熊志文，等 . 嵌入式系统原理与应用：基于 ARM 微处理器和 Linux 操作系统　修订版 [M]. 北京：清华大学出版社，2018.

[6] 李建祥 . 嵌入式 Linux 系统开发入门宝典：基于 ARM Cortex–A8 处理器 [M]. 北京：清华大学出版社，2016.

[7] 三星科技 . S5P6818 芯片技术手册 [Z]. 2014.

[8] 李建祥，瞿苏 . 嵌入式 Linux 操作系统：基于 ARM 处理器的移植、驱动、GUI 及应用设计　微课视频版 [M]. 北京：清华大学出版社，2022.

[9] 李俊 . 嵌入式 Linux 设备驱动开发详解 [M]. 北京：人民邮电出版社，2008.

[10] 华清远见嵌入式培训中心 . 嵌入式 Linux 系统开发标准教程 [M]. 北京：人民邮电出版社，2009.

[11] 肖特斯 . Linux 命令行大全 [M]. 2 版 . 门佳，李伟译 . 北京：人民邮电出版社，2021.

[12] 博韦，西斯特 . 深入理解 LINUX 内核 [M]. 陈莉君，张琼声，张宏伟，译 . 北京：中国电力出版社，2007.